GENÉTICA BÁSICA

Revisão técnica:

Liane Nanci Rotta
Graduada em Farmácia Bioquímica
Graduada em Biomedicina
Especialista em Análises Clínicas
Mestre e Doutora em Bioquímica

B395g Becker, Roberta Oriques.
      Genética básica / Roberta Oriques Becker, Barbara Lima Fonseca ; [revisão técnica : Liane Nanci Rotta]. – Porto Alegre: SAGAH, 2018.

      ISBN 978-85-9502-637-7

      1. Genética da população humana. I. Fonseca, Barbara Lima. II.Título.

      CDU 608.1:575:612.6.05

Catalogação na publicação: Karin Lorien Menoncin – CRB 10/2147

GENÉTICA BÁSICA

Roberta Oriques Becker
*Graduada em Biomedicina
Mestre em Ciências da Saúde
Doutora em Ciências da Saúde*

Bárbara Lima da Fonseca Barbosa
Bacharel em Biomedicina

Porto Alegre,
2018

© Grupo A Educação S.A., 2018

Gerente editorial: *Arysinha Affonso*

Colaboraram nesta edição:
Assistente editorial: *Cecília Eger*
Editora: *Carolina Ourique*
Capa: *Paola Manica | Brand&Book*
Preparação de original: *Marina Waquil e Lara de Almeida*
Editoração: *Ledur Serviços Editoriais Ltda.*

> **Importante**
> Os *links* para *sites* da *web* fornecidos neste livro foram todos testados, e seu funcionamento foi comprovado no momento da publicação do material. No entanto, a rede é extremamente dinâmica; suas páginas estão constantemente mudando de local e conteúdo. Assim, os editores declaram não ter qualquer responsabilidade sobre qualidade, precisão ou integralidade das informações referidas em tais *links*.

Reservados todos os direitos de publicação ao GRUPO A EDUCAÇÃO S.A.
(Sagah é um selo editorial do GRUPO A EDUCAÇÃO S.A.)

Rua Ernesto Alves, 150 – Floresta
90220-190 Porto Alegre RS
Fone: (51) 3027-7000

SAC 0800 703-3444 – www.grupoa.com.br

É proibida a duplicação ou reprodução deste volume, no todo ou em parte, sob quaisquer formas ou por quaisquer meios (eletrônico, mecânico, gravação, fotocópia, distribuição na Web e outros), sem permissão expressa da Editora.

IMPRESSO NO BRASIL
PRINTED IN BRAZIL

APRESENTAÇÃO

A recente evolução das tecnologias digitais e a consolidação da internet modificaram tanto as relações na sociedade quanto as noções de espaço e tempo. Se antes levávamos dias ou até semanas para saber de acontecimentos e eventos distantes, hoje temos a informação de maneira quase instantânea. Essa realidade possibilita a ampliação do conhecimento. No entanto, é necessário pensar cada vez mais em formas de aproximar os estudantes de conteúdos relevantes e de qualidade. Assim, para atender às necessidades tanto dos alunos de graduação quanto das instituições de ensino, desenvolvemos livros que buscam essa aproximação por meio de uma linguagem dialógica e de uma abordagem didática e funcional, e que apresentam os principais conceitos dos temas propostos em cada capítulo de maneira simples e concisa.

Nestes livros, foram desenvolvidas seções de discussão para reflexão, de maneira a complementar o aprendizado do aluno, além de exemplos e dicas que facilitam o entendimento sobre o tema a ser estudado.

Ao iniciar um capítulo, você, leitor, será apresentado aos objetivos de aprendizagem e às habilidades a serem desenvolvidas no capítulo, seguidos da introdução e dos conceitos básicos para que você possa dar continuidade à leitura.

Ao longo do livro, você vai encontrar hipertextos que lhe auxiliarão no processo de compreensão do tema. Esses hipertextos estão classificados como:

Saiba mais

Traz dicas e informações extras sobre o assunto tratado na seção.

Fique atento

Alerta sobre alguma informação não explicitada no texto ou acrescenta dados sobre determinado assunto.

Exemplo

Mostra um exemplo sobre o tema estudado, para que você possa compreendê-lo de maneira mais eficaz.

Link

Indica, por meio de *links* e códigos QR*, informações complementares que você encontra na *web*.

https://sagah.maisaedu.com.br/

Todas essas facilidades vão contribuir para um ambiente de aprendizagem dinâmico e produtivo, conectando alunos e professores no processo do conhecimento.

Bons estudos!

---

* Atenção: para que seu celular leia os códigos, ele precisa estar equipado com câmera e com um aplicativo de leitura de códigos QR. Existem inúmeros aplicativos gratuitos para esse fim, disponíveis na Google Play, na App Store e em outras lojas de aplicativos. Certifique-se de que o seu celular atende a essas especificações antes de utilizar os códigos.

PREFÁCIO

O estudo da genética cresceu de forma extraordinária nos últimos anos. Suas descobertas são numerosas. Diversas áreas dependerão cada vez mais do conhecimento sobre genética, especialidade da biologia que estuda a natureza química dos genes e o mecanismo de transferência das informações neles contidas e compartilhadas ao longo das gerações. A genética auxilia na identificação de anormalidades cromossômicas, frequentemente associadas a patologias, muitas delas durante o desenvolvimento embrionário. Como ciência aplicada, promove a utilização de terapias gênicas como medidas corretivas, em caráter preventivo e curativo.

A maior colaboração para a genética atual foi dada pelo monge Gregor Mendel, por meio de seus experimentos com ervilhas e a proposição de leis (segregação independente), mesmo antes de conhecermos a estrutura da molécula de DNA. A genética atual abrange temas polêmicos, como Projeto Genoma Humano, terapia gênica, clonagem, transgênicos, organismos geneticamente modificados, aconselhamento genético e diagnóstico pré-natal. Todos esses assuntos são abordados de maneira didática e ilustrada neste livro, propiciando uma excelente ferramenta aos leitores em seu estudo de genética.

SUMÁRIO

Unidade 1

Introdução à genética 13
Roberta Oriques Becker
- De Mendel ao Projeto Genoma Humano 14
- Interrelação entre genética básica e medicina clínica 16
- Conceitos básicos em genética 20

As leis de Mendel: teoria da hereditariedade 27
Roberta Oriques Becker
- Teoria cromossômica da herança 28
- Mendel e a meiose 30
- Extensões da primeira lei e do heredograma 34

Cariótipo e morfologia dos cromossomos 41
Roberta Oriques Becker
- Estrutura e morfologia dos cromossomos 41
- Classificação morfológica dos cromossomos 46
- Cariótipo 49

Ciclo celular, gametogênese humana e fertilização 55
Roberta Oriques Becker
- Ciclo celular 56
- Mitose e meiose 61
- Gametogênese e fertilização 69

Unidade 2

Alterações cromossômicas 75
Roberta Oriques Becker
- Mutações cromossômicas 76
- Síndromes cromossômicas numéricas 86
- Síndromes de alterações estruturais 90

Padrão de herança genética 97
Roberta Oriques Becker
- Herança genética autossômica 98
- Herança genética ligada ao X 103
- Herança mitocondrial e holândrica 108

Estudo dos grupos sanguíneos 115
Roberta Oriques Becker
  Sistemas de grupos sanguíneos eritrocitários 116
  Genética e determinação antigênica 119
  Sistemas ABO e Rh em transfusões sanguíneas 129

Unidade 3

Genética molecular 135
Barbara Lima Fonseca
  As estruturas do DNA e RNA 135
  Replicação e reparo do DNA 141
  O código genético 145

Estudo dos ácidos nucleicos: composição química,
estrutura, tipos de moléculas e funções 153
Barbara Lima Fonseca
  Composição dos ácidos nucleicos 154
  Tipos de ácidos nucleicos 158
  Funções dos ácidos nucleicos 163

Mecanismo de replicação do DNA 167
Barbara Lima Fonseca
  A replicação do DNA é semiconservativa 167
  Etapas de replicação do DNA 170
  Elementos necessários para a replicação 176

Expressão gênica: transcrição e processamento do RNA 181
Barbara Lima Fonseca
  Regulação da expressão gênica 181
  Transcrição e o processamento do RNA 186
  Tradução e código genético 190

Unidade 4

Alterações no material genético: mutações e
mecanismos de reparo 195
Roberta Oriques Becker
  As bases moleculares das mutações gênicas 196
  Mecanismos de reparo biológico 203
  Efeitos das mutações espontâneas e induzidas 212

Genética do câncer..**219**
Roberta Oriques Becker
Alterações genéticas e epigenéticas no câncer... 220
Oncogenes e supressores tumorais 227
Terapias epigenéticas para o câncer.. 237

Diagnóstico molecular **243**
Roberta Oriques Becker
Técnicas de biologia molecular e suas aplicações.. 244
A importância das técnicas de biologia molecular... 262

UNIDADE 1

Introdução à genética

Objetivos de aprendizagem

Ao final deste texto, você deve apresentar os seguintes aprendizados:

- Explicar o que é genética e a sua importância para a vida e para a sociedade.
- Identificar as aplicações da genética na área das ciências biomédicas.
- Reconhecer os conceitos importantes em genética.

Introdução

Desde os primórdios, as questões referentes à hereditariedade têm despertado o interesse da espécie humana. Na Grécia antiga, os filósofos Aristóteles e Hipócrates associaram a transmissão de características humanas importantes com o cultivo de sêmen no ambiente uterino. No século XVII, os cientistas Leeuwenhoek e de Graaf relacionaram essa transmissão com a existência dos óvulos e dos espermatozoides. Contudo, foram os experimentos com ervilhas de jardim, realizados pelo monge austríaco Gregor Mendel, que estabeleceram as bases da genética. A partir desse momento, diversos eventos marcaram a história da genética humana, como a descrição da estrutura molecular do ácido desoxirribonucleico (DNA) e a realização do mapeamento do genoma humano, que permitiu reconhecer o papel dos fatores genéticos na etiologia de diversas doenças.

Neste capítulo, você vai entender o que é genética e quais são os seus principais conceitos. Além disso, compreenderá a importância dela para a vida e para a sociedade, tanto como ciência básica quanto aplicada à área das ciências biomédicas.

De Mendel ao Projeto Genoma Humano

Essa jornada começa em um mosteiro, localizado na Europa central, onde o monge Gregor Mendel realizou experimentos com ervilhas de jardim (Figura 1a). Ao observar características das ervilheiras (p. ex., cor da flor e altura da planta), Mendel concluiu que as características dos seres vivos seguem um modo previsível de transmissão dos pais para os filhos. Sendo um par de genes, os quais se separam durante a formação dos óvulos e dos espermatozoides, os responsáveis pelo controle dessas características. Esse trabalho, publicado em 1865, só foi reconhecido pela comunidade científica 35 anos depois, quando os pesquisadores Hugo De Vries, Carl Correns e Erich von Tschermak-Seysenegg confirmaram os resultados obtidos pelo monge. Dessa forma, os experimentos utilizando ervilhas de jardim foram responsáveis pelo estabelecimento das bases da genética. Contudo, o termo **genética** (do grego *geno*; fazer ou nascer) foi determinado somente em 1906, pelo biólogo William Bateson, sendo definido como o ramo da biologia dedicado ao estudo da hereditariedade e da variação de características visíveis dentre os organismos (BORGES-OSÓRIO; ROBINSON, 2013; KLUG et al., 2012).

Saiba mais

A escolha da ervilha de jardim, como modelo experimental de Gregor Mendel, está relacionada com os seguintes fatores: (1) a facilidade de crescimento, uma vez que a planta reproduz-se facilmente e cresce até a maturidade em uma única estação; (2) a possibilidade de realizar hibridizações (cruzamentos) artificiais; e (3) a capacidade de observar diversos aspectos visíveis, os quais nos referimos como caracteres ou características, como, por exemplo, a cor e a forma da semente ou a cor e a posição da flor (KLUG et al., 2012).

Os pesquisadores Sutton e Boveri (1903), após observaram os cromossomos durante a divisão celular, propuseram que eles seriam os portadores dos genes, termo usado por Wilhelm Johannsen para nomear os fatores hereditários descobertos por Mendel. Posteriormente, na década de 1940, a análise molecular permitiu identificar componentes do material genético, como o ácido desoxirribonucleico (DNA). Entre as grandes descobertas da genética molecular estão a descrição da estrutura molecular do DNA, por James Watson e Francis Crick (Figura 1b), em 1953 (A DESCOBERTA...., 2005, documento on-line), e a determinação dos processos de transcrição do DNA para o ácido ribonucleico (RNA) e, desse último, para uma sequência de aminoácidos na proteína. Com introdução das tecnologias de manipulação e análise do DNA na década de 1970, foi possível determinar quais são os genes associados à produção de proteínas humanas essenciais, assim como associar as mutações nesses genes com a ocorrência de diversas doenças. O Projeto Genoma Humano (PGH), finalizado em 2003, permitiu o sequenciamento de todos os cromossomos humanos, trazendo significativos avanços para a medicina. Os avanços observados na genética permitiram uma melhor compreensão da patogênese das doenças (p. ex., diabetes melito e doenças cardiovasculares), assim como uma melhora no manejo dos pacientes. A maior contribuição dessa jornada, iniciada com um monge e suas ervilhas, é a prevenção de doenças, seja por meio do rastreamento de indivíduos de risco ou do aprimoramento do diagnóstico e do aconselhamento genético (BORGES-OSÓRIO; ROBINSON, 2013).

Figura 1. (a) O jardim do mosteiro onde Gregor Mendel realizava seus experimentos. (b) Watson e Crick com um modelo de DNA.
Fonte: (a) Klug et al. (2012, p. 3); (b) Schaefer e Thompson Junior (2015, p. 6).

Fique atento

A testagem genética já é uma parte importante da medicina do século XXI e permite a detecção de genes relacionados a diversas doenças, como a anemia falciforme, a fibrose cística, a hemofilia, a distrofia muscular e a fenilcetonúria (SCHAEFER; THOMPSON JUNIOR, 2015).

Com exceção dos traumatismos, os fatores genéticos desempenham um papel importante papel na etiologia das doenças, sendo difícil determinar uma doença que não apresente relação com os componentes genéticos. Mesmo nas doenças infecciosas, como a gripe, os fatores genéticos estão relacionados com a resposta do sistema imunológico frente aos agentes exógenos. Dessa forma, o desenvolvimento da genética básica está diretamente relacionado à evolução da própria ciência clínica da medicina. Essa importante relação será apresentada a você na sequência deste capítulo (BORGES-OSÓRIO; ROBINSON, 2013).

Interrelação entre genética básica e medicina clínica

Inicialmente, os conhecimentos genéticos foram aplicados principalmente no melhoramento de plantas e animais. Nas plantas (soja, arroz e milho), as pesquisas são direcionadas para melhoramento das seguintes características: resistência a herbicidas, insetos e vírus; aumento do conteúdo oleaginoso; atraso do amadurecimento; aumento do valor nutritivo. Em 1996, a ovelha Dolly (Figura 2) foi clonada por meio da transferência do núcleo de uma célula adulta diferenciada para o interior de um óvulo, no qual o núcleo havia sido removido. A clonagem de animais é utilizada, por exemplo, para garantir uma grande produção de leite nas vacas, uma vez que essa técnica permite reproduzir animais que já apresentam essa característica na idade adulta. Dessa forma, a **biotecnologia** é a utilização desses organismos modificados e dos seus produtos, que atualmente podem ser encontrados em fazendas, supermercados, farmácias e hospitais (KLUG et al., 2012).

Figura 2. A ovelha Dolly, clonada a partir do material genético de uma célula adulta, e o seu cordeiro primogênito.
Fonte: Klug et al. (2012, p. 9).

Apesar do interesse inicial ter sido direcionado para o melhoramento de plantas e animais, a partir do século XX, importantes conceitos relacionados à nossa espécie começaram a ser estudados com maior profundidade. Com o sucesso do PGH, os conhecimentos da genética dos laboratórios foram impulsionados para dentro dos hospitais e das clínicas médicas. Dessa forma, todos os profissionais que trabalham na assistência à saúde necessitam de conhecimentos básicos sobre os princípios genéticos. De fato, a **genética humana** está relacionada com o estudo da genética nas pessoas, sendo composta por diversos campos de estudo, entre os quais estão os descritos a seguir.

- **Genética médica:** estudo da etiologia, da patogênese e da história natural das doenças genéticas.
- **Genética clínica:** diagnóstico e tratamento de pacientes com condições genéticas.
- **Genética do comportamento:** estudo da relação entre os genes e os distúrbios psiquiátricos e cognitivos.

- **Genética bioquímica:** estudo dos distúrbios genéticos relacionados com alterações em reações bioquímicas, os quais são denominados erros inatos do metabolismo.
- **Citogenética:** estudo da estrutura e das funções dos cromossomos.
- **Genética do desenvolvimento:** estudo do desenvolvimento humano, incluindo as malformações congênitas.
- **Genética forense:** emprego do conhecimento genético nas investigações médico-legais.
- **Aconselhamento genético:** utilização da genética no aconselhamento e apoio aos pacientes com condições genéticas.
- **Genética molecular:** o estudo das alterações moleculares do material genético, que podem apresentar implicações na saúde humana.
- **Farmacogenética:** o estudo das influências genéticas na resposta e no metabolismo de medicamentos.
- **Genética de populações:** o estudo dos genes dentro das populações.
- **Genética da reprodução:** o estudo dos aspectos genéticos no contexto reprodutivo, por exemplo, o diagnóstico pré-natal (SCHAEFER; THOMPSON JUNIOR, 2015).

A relação entre a genética básica e medicina clínica pode ser exemplificada por meio do conceito de doença molecular, que foi descrito inicialmente na anemia falciforme, uma doença grave e complexa causada pela alteração de um único nucleotídeo. É importante destacar aqui que o genoma humano é o conjunto completo de informações hereditárias da nossa espécie, sendo formado por uma longa sequência de DNA, a qual, por sua vez, é composta por bilhões de nucleotídeos (bases nitrogenadas, açúcar e fosfato). Considerando os efeitos que uma única alteração genética pode causar, foi necessário interrelacionar a descrição da doença e a elucidação da sua etiologia, e, dessa forma, surgiu a **genética médica** (BORGES-OSÓRIO; ROBINSON, 2013).

Quadro 1. Linha do tempo da genética médica moderna

1953	Estrutura do DNA de hélice dupla descrita
1956	Número de cromossomos humanos finalmente estabelecido em 46
1950	Relatada a associação entre trissomia do 21 e síndrome de Down
1960	Descoberta do cromossomo Filadélfia como um marcador de leucemia mieloide aguda

(Continua)

(Continuação)

Quadro 1. Linha do tempo da genética médica moderna

1966	Victor McKusick publica a primeira edição de Herança Mendeliana no Homem
1969	Primeiro gene único isolado
1975	Começa o teste de soro materno para o rastreamento pré-natal
1978	A insulina se torna o primeiro biofármaco produzido por engenharia genética
1990	Primeiro ensaio de terapia gênica
2003	PGH finalizado dois anos antes do esperado
2004	Estimativa de genes funcionais do genoma humano reduzida para ~22.000

Fonte: Adaptado de Schaefer et at. (2015, p. 14).

Com o avanço dos estudos genéticos, surgiram várias disciplinas como as descritas a seguir: a **genômica**, que estuda a estrutura, a função e a evolução dos genes e genomas; a **proteômica**, que estuda as proteínas presentes nas células e suas modificações pós-tradicionais; a **bioinformática**, cuja finalidade é desenvolver programas computadorizados para processamento dos dados provenientes das disciplinas descritas anteriormente. Dessa forma, o desenvolvimento já alcançado da genética prenuncia o seu papel como a ciência do novo milênio (BORGES-OSÓRIO; ROBINSON, 2013).

Saiba mais

A anemia falciforme é causada por uma forma mutante de hemoglobina, que é a proteína responsável pelo transporte de oxigênio dos pulmões para as células. Os glóbulos vermelhos (eritrócitos) presentes no sangue dos indivíduos com essa doença são frágeis e se rompem facilmente, de modo que a sua quantidade na circulação é reduzida (anemia). Além disso, essas células podem assumir o formato de foice, o que pode ocasionar bloqueios no fluxo sanguíneo dos capilares e pequenos vasos, podendo causar infartos e acidentes vasculares cerebrais (KLUG et al., 2012).

Conceitos básicos em genética

A vida depende, basicamente, da capacidade das células de realizar os processos de armazenamento, recuperação e tradução da informação genética. Essa informação está armazenada nos **genes**, que são os elementos que determinam as características das espécies e dos indivíduos. As informações contidas nos genes são copiadas e transmitidas para as células filhas milhões de vezes durante a vida, sobrevivendo a esse processo praticamente sem alterações. No final do século XIX, cientistas descobriram que essa transmissão era realizada por intermédio dos **cromossomos** (Figura 3), estruturas semelhantes a uma corda, que estão contidos no núcleo das nossas células e são constituídos principalmente por **DNA** e **proteínas** (ALBERTS et al., 2017).

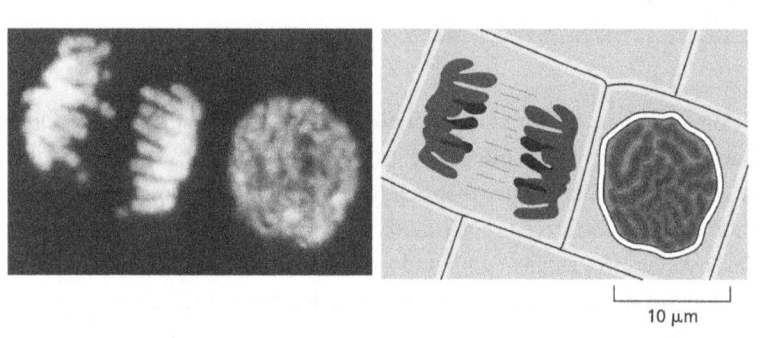

Figura 3. Cromossomos nas células. (a) Duas células vegetais fotografadas ao microscópio óptico. Os cromossomos só podem ser visualizados na microscopia óptica durante a divisão das células (imagem da esquerda), momento no qual o DNA apresenta maior compactação. Na célula à direita, os cromossomos não são distinguidos facilmente, e isso ocorre por estarem em uma conformação menos compactada. (b) Diagrama esquemático das duas células com seus cromossomos.
Fonte: Alberts et al. (2017, p. 174).

O DNA é uma longa macromolécula que apresenta o formato de hélice dupla, semelhante a uma escada espiralizada (Figura 4). Os componentes básicos de cada uma das fitas são os nucleotídeos, que são formados por uma base nitrogenada (**A**denina, **G**uanina, **T**imina e **C**itocina), um açúcar e fosfato. As variações de combinações de sequências dessas bases estão relacionadas com a determinação da proteína que será formada. Os pesquisadores James

Watson e Francis Crick desenvolveram o modelo de hélice dupla, no qual duas fitas complementares formam a molécula de DNA, de forma que os pares de bases são adenina e timina (A-T) e guanina e citocina (G-C). A sequência de nucleotídeos é utilizada para construir uma sequência de RNA complementar, a qual é semelhante ao DNA, exceto pela presença de um açúcar diferente e da base nitrogenada uracila substituindo a timina. Esse RNA, agora denominado RNA mensageiro (RNAm), move-se para o citoplasma com o intuito de localizar os ribossomos, que são organelas celulares responsáveis pela síntese proteica. As proteínas, produtos finais de muitos genes, são constituídas por sequências de aminoácidos. Dessa forma, podemos dizer que o DNA faz o RNA (Transcrição), o qual, na maioria das vezes, faz a proteína (Tradução). Essa sequência dos processos de transcrição e tradução é denominada **Dogma Central da Biologia Molecular** (KLUG et al., 2012).

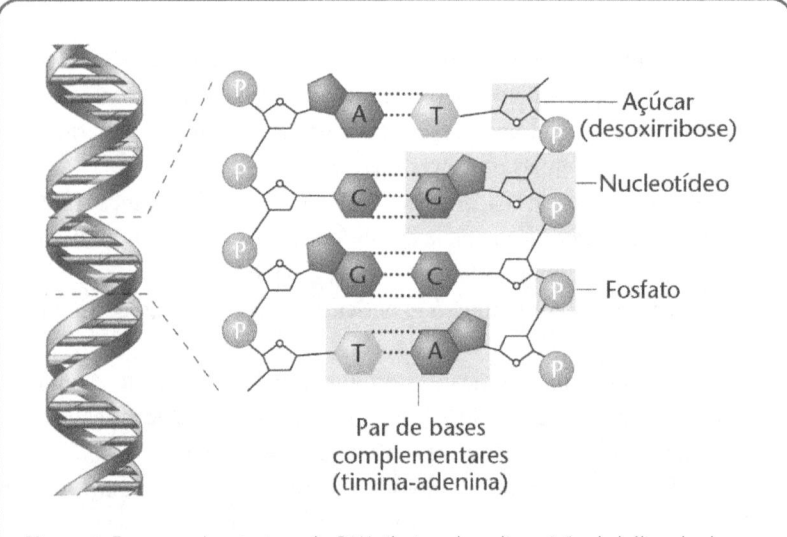

Figura 4. Esquema da estrutura do DNA, ilustrando a disposição da hélice dupla e os componentes químicos de cada fita.
Fonte: Klug et al. (2012, p. 6).

O entendimento de alguns conceitos básicos em genética é fundamental para o estudo mais aprofundado dessa disciplina. A seguir, serão apresentados alguns desses conceitos:

- **alelos:** são genes que ocupam o mesmo lócus no par de cromossomos homólogos. Em geral, os alelos são formas alternativas de um gene no mesmo lócus.
- **característica dominante:** é a característica que necessita de apenas um gene para se manifestar externamente, ou seja, irá se manifestar mesmo que o gene seja heterozigoto.
- **característica recessiva:** é a característica que necessita de dois genes para se manifestar externamente, ou seja, irá se manifestar somente na homozigose.
- **cromossomo:** é a unidade básica do genoma, constituído de cromatina (DNA e proteínas), ao longo da qual estão localizados os genes.
- **cromossomo sexual:** cromossomos X (feminino) e Y (masculino) em humanos, que estão relacionados à determinação do sexo.
- **cromossomos homólogos:** os cromossomos, um de origem paterna e outro de origem materna, contém o mesmo conjunto de lócus, mas não são cópias um do outro.
- **diploide:** é o número de cromossomos encontrados nas células somáticas. Na espécie humana, o número diploide de cromossomos é 46.
- **DNA:** molécula de ácido desoxirribonucleico, que representa o material genético das células dos seres vivos eucariotos.
- **gene:** segmento de DNA responsável por determinar a síntese proteica.
- **genoma:** sequência completa do DNA que contém todas as informações genéticas de um indivíduo ou de uma espécie.
- **genótipo:** é a constituição genética ou o conjunto de genes de um indivíduo.
- **fenótipo:** é a manifestação externa do seu genótipo ou o conjunto de características físicas, bioquímicas e fisiológicas determinadas pelo genótipo, que podem ser influenciadas pelo ambiente.
- **haploide:** número de cromossomos presentes em um gameta, com apenas um membro de cada par cromossômico. Na espécie humana, o número haploide de cromossomos é 23.
- **heterozigoto:** em relação a um par de alelos, o indivíduo que possui alelos diferentes em um mesmo lócus.
- **homozigoto:** em relação a um par de alelos, o indivíduo que possui alelos iguais em um mesmo lócus.
- **lócus:** é a posição que o gene ocupa no cromossomo.
- **nucleotídeo:** molécula constituída de uma base nitrogenada, um açúcar e um fosfato.

- **terapia gênica:** inserção de um gene normal em um organismo para corrigir um defeito genético.
- **transgênico:** organismo produzido pela engenharia genética por meio da inserção de uma sequência de DNA de um organismo de uma espécie em outro de uma espécie diferente.
- **variação:** ocorrência de diferenças hereditárias ou não, na estrutura permanente das células, entre indivíduos de uma população ou entre populações (BORGES-OSÓRIO; ROBINSON, 2013).

Link

O *Genome News Network* é um site que permite o acesso a informações básicas sobre sequências genômicas finalizadas recentemente. Clique em *Quick Quide* para ter acesso a sequências de mais de 500 organismos.

https://goo.gl/STvLZu

Exercícios

1. O monge Gregor Mendel (1985), ao realizar experimentos com ervilhas, observou a transmissão de características hereditárias ao longo das gerações. Essa transmissão estava associada à presença dos chamados fatores hereditários, que atualmente são conhecidos através do seguinte termo:
a) nucleotídeos.
b) DNA.
c) genes.
d) cromossomos.
e) genoma.

2. Observando o esquema da estrutura do DNA representado a seguir, como você completaria a sequência de bases nitrogenadas? Inicie o pareamento pela adenina.

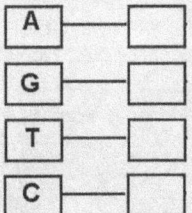

Legenda: A: adenina; G: guanina; T: timina; C: citocina.

a) G – A – C – A.
b) G – A – C – T.
c) T – C – A – G.
d) U – C – A – G.
e) T – U – G – C.

3. A genética humana está relacionada com o estudo da genética nas pessoas, sendo composta por diversos campos de estudo. Assinale a alternativa que descreve corretamente um desses campos de estudo:
a) A genética das populações está relacionada com o estudo do desenvolvimento humano, incluindo a ocorrência de malformações congênitas.
b) A citogenética está relacionada com o estudo da estrutura e das funções dos cromossomos.
c) A farmacogenética está relacionada com o estudo das alterações genéticas que ocorrem em reações bioquímicas e alteram o metabolismo.
d) A genética bioquímica está relacionada com o emprego dos conhecimentos da genética nas investigações médico-legais.
e) A genética clínica estuda a etiologia, a patogênese e a história natural das doenças genéticas.

4. Em 1958, Francis Crick publicou um manifesto sobre a síntese de proteínas, apresentando suas hipóteses sobre a estrutura teórica da biologia molecular, lançando, assim, as bases para a descoberta do código genético. Entre as hipóteses apresentadas naquele texto, destaca-se o Dogma Central da Biologia Molecular. Assinale a alternativa que descreve corretamente a proposta desse dogma:
a) A transferência das informações genéticas ocorre do DNA para o RNA e deste último para proteína.
b) O DNA é formado por uma sequência de nucleotídeos, os quais podem ser de quatro tipos diferentes.
c) As proteínas são formadas por uma sequência de aminoácidos, que é determinada pela informação contida nos genes.
d) A sequência de nucleotídeos do DNA é traduzida em uma sequência de aminoácidos, processo que ocorre no citoplasma da célula.
e) O DNA é formado por duas fitas de nucleotídeos complementares, de forma que os pares de bases são adenina e timina (A-T) e guanina e citocina (G-C).

5. A constituição genética de um indivíduo chama-se genótipo, sendo denominada fenótipo a manifestação externa do genótipo. Na herança monogênica, que é determinada apenas por um gene, os genótipos e fenótipos estão distribuídos conforme padrões característicos relacionados à dominância e à recessividade de um gene. Nesse sentido, quando um gene é considerado recessivo?
a) Quando a sua expressão ou fenótipo acontece somente em indivíduos heterozigotos.
b) Quando a sua expressão ou fenótipo acontece somente em indivíduos homozigotos.
c) Quando a sua expressão ou fenótipo acontece em indivíduos homozigotos ou heterozigotos.
d) Quando a sua expressão ou fenótipo ocorre somente nos casos de características provocadas pela interação com o ambiente.
e) Quando a sua expressão ou fenótipo não depende da presença dos alelos.

Referências

A DESCOBERTA do DNA e o projeto genoma. *Rev. Assoc. Med. Bras.*, São Paulo, v. 51, n. 1, p. 1, 2005. Disponível em: <http://www.scielo.br/scielo.php?script=sci_arttext&pid=S0104-42302005000100001&lng=en&nrm=iso>. Acesso em: 10 set. 2018.

ALBERTS, B. et al. *Biologia molecular da célula*. 6. ed. Porto Alegre: Artmed, 2017.

BORGES-OSÓRIO, M. R.; ROBINSON, W. M. *Genética humana*. 3. ed. Porto Alegre: Artmed, 2013.

KLUG, W. et al. *Conceitos de genética*. 9. ed. Porto Alegre: Artmed, 2012.

SCHAEFER, G. B.; THOMPSON JUNIOR, J. N. *Genética médica*. Porto Alegre: Penso, 2015

Leituras recomendadas

STRACHAN, T.; READ, A. *Genética molecular humana*. 4. ed. Porto Alegre, 2013.

ZAHA, A.; PASSAGLIA, L. M. P.; FERREIRA, H. B. (Org.). *Biologia molecular básica*. 5. ed. Porto Alegre: Artmed, 2014.

As leis de Mendel: teoria da hereditariedade

Objetivos de aprendizagem

Ao final deste texto, você deve apresentar os seguintes aprendizados:

- Identificar a teoria cromossômica da herança.
- Relacionar a meiose com a primeira lei de Mendel.
- Descrever as extensões da primeira lei e do heredograma.

Introdução

Ao observar as características das ervilheiras, o monge Gregor Mendel concluiu que as características dos seres vivos seguem um modo previsível de transmissão ao longo das gerações, sendo os fatores hereditários os responsáveis por esse processo. Entretanto, somente no século XX, Walter Sutton e Theodore Boveri estabeleceram a teoria cromossômica da herança, a qual afirma que os fatores hereditários ou genes estão contidos nos cromossomos e são transmitidos pelos gametas. Dessa forma, os cromossomos são os responsáveis pela manutenção da continuidade genética de geração a geração.

Neste capítulo, você vai identificar a teoria cromossômica da herança e vai relacionar a meiose com a primeira lei de Mendel, compreendendo as extensões dessa lei e do heredograma.

Teoria cromossômica da herança

Em 1860, a transmissão hereditária de características, como cor dos olhos ou dos cabelos, pelo espermatozoide e pelo óvulo tornou-se conhecida pela comunidade científica. Entretanto, a comprovação da importância dos **cromossomos** ocorreu somente na virada do século, quando foram determinadas as regras básicas da hereditariedade. Os conceitos iniciais, baseados em experimentos realizados com ervilhas, foram apresentados por Gregor Mendel, em 1865, em um artigo intitulado "Experimentos em Hibridização de Plantas". Todavia, somente em 1900 esse trabalho foi reconhecido pela comunidade científica, quando os três melhoristas de plantas Hugo De Vries, Carl Correns e Erich von Tschermak chegaram a conclusões semelhantes àquelas descritas por Mendel. A falta de valorização dos resultados originais está relacionada com a ausência de conhecimento acerca do comportamento dos cromossomos durante a meiose e a mitose, fato que já havia sido superado no início do novo século. No período seguinte, o biólogo Walter Sutton (1877-1916) destacou a importância de o conjunto cromossômico ser diploide (Figura 1) e que, durante a meiose, cada gameta recebe apenas um cromossomo de cada par de homólogos. Essa redução do número cromossômico dos gametas para o haploide foi identificada como essencial para a manutenção da constância do número de cromossomos. Essas descobertas, no entanto, apenas sugeriram que os cromossomos seriam os portadores das características hereditárias (BORGES-OSÓRIO; ROBINSON, 2013; WATSON et al., 2015).

Fique atento

Na maioria dos eucariontes, os membros de cada espécie apresentam um número de cromossomos característico, denominado número diploide (2n), na maioria das suas células. Nas células diploides, os cromossomos existem em pares, denominados cromossomos homólogos. No entanto, as células produzidas por meiose (espermatozoide e óvulo) recebem somente um membro de cada par cromossômico, e, nesse caso, o número de cromossomos é denominado haploide (n) (KLUG et al., 2012).

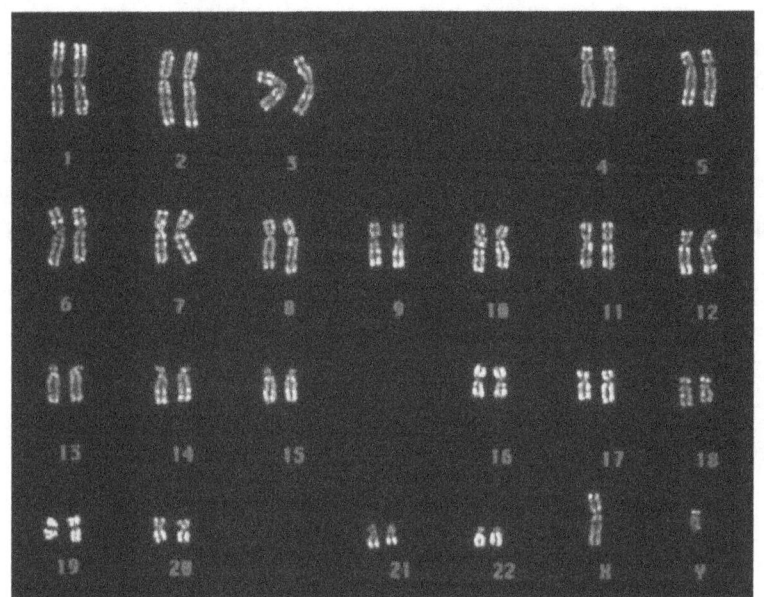

Figura 1. Conjunto cromossômico humano masculino, constituído por 46 cromossomos, ou seja, o número diploide de cromossomos é 46 (2n = 46). Desses, 44 são classificados como cromossomos autossômicos (pares 1 até 22) e 2, como cromossomos sexuais (XY nos homens; XX nas mulheres). Nessa disposição, o conjunto é denominado cariótipo.
Fonte: Klug et al. (2012, p. 3).

No início do século XX, Walter Sutton e Theodore Boveri notaram que os genes, de acordo com o trabalho de Mendel, e os cromossomos apresentavam diversas propriedades em comum e que o comportamento dos cromossomos, durante a meiose, é semelhante ao dos genes, durante a formação dos gametas. Assim como os genes, os cromossomos existem aos pares, os quais também se separam durante a formação dos gametas. Considerando esse paralelismo, os pesquisadores propuseram que os genes estão contidos nos cromossomos. Essa proposição é a base da **teoria cromossômica da herança**, que afirma que as características hereditárias são controladas por genes localizados nos cromossomos e que esses, por sua vez, são transmitidos pelos gametas, mantendo, dessa forma, a continuidade genética ao longo das gerações. Além disso, os genes para uma característica (p. ex., a cor amarela ou verde das sementes de ervilheiras) são carregados por um determinado par de cromossomos, e os genes para outra característica

(p. ex., o aspecto liso ou rugoso das sementes de ervilheiras) são carregados por um par diferente (BORGES-OSÓRIO; ROBINSON, 2013; KLUG et al., 2012; WATSON et al., 2015).

A teria cromossômica da herança foi testada repetidamente pelos geneticistas em diversas características hereditárias. Apesar de os padrões de herança não serem tão simples como os descritos por Mendel, essa teoria pode ser usada para explicar como as características são transmitidas de geração a geração nos organismos diploides sexuados (BORGES-OSÓRIO; ROBINSON, 2013; KLUG et al., 2012).

Saiba mais

Aproximadamente na mesma época do lançamento da teoria cromossômica da herança, cientistas estudavam a transmissão de características na *Drosophila melanogaster*, conhecida como mosca-das-frutas. Durante os experimentos, uma mosca de olhos brancos foi encontrada em um frasco que apresentava somente moscas de olhos vermelhos. Essa variação era produzida por uma mutação, a qual estava localizada em um dos genes responsáveis pelo controle da cor dos olhos. As **mutações** são definidas como qualquer modificação hereditária e constituem a principal fonte da variação genética. O gene da cor dos olhos brancos é um **alelo** do gene que controla a cor dos olhos — alelo é a forma alternativa de um gene. Dessa forma, os diferentes alelos podem produzir diferenças nos aspectos observáveis, ou seja, no fenótipo do organismo (KLUG et al., 2012).

Mendel e a meiose

Os cruzamentos mais simples de Mendel estavam relacionados com somente um par de características contrastantes, sendo que esses experimentos eram denominados cruzamentos mono-híbridos. Um cruzamento mono-híbrido consiste no cruzamento de indivíduos de duas linhagens parentais, cada uma mostrando uma das duas formas da característica em estudo (p. ex., a cor da vagem amarela ou verde). Inicialmente, devemos analisar a primeira geração da prole resultante desse cruzamento e, depois, considerar a prole resultante da autofecundação dos indivíduos da primeira geração (KLUG et al., 2012).

 **Fique atento**

Os genitores constituem a geração parental (P1), sua prole é denominada primeira geração filial (F1) e a prole resultante da autofecundação constitui a segunda geração filial (F2) (KLUG et al., 2012).

Um exemplo do cruzamento mono-híbrido realizado por Mendel é o cruzamento entre as ervilheiras de linhagens puras com caules altos e caules baixos (Figura 2). Surpreendentemente, quando Mendel realizou esse cruzamento, a geração F1 resultante era formada unicamente por plantas com caules altos. Quando as plantas da geração F1 se autofecundaram, Mendel observou que 787 das 1.064 plantas da geração F2 eram altas e que as 277 restantes eram baixas. Você deve ter notado que o traço baixo despareceu na geração F1 e reapareceu na geração F2 (KLUG et al., 2012).

Mendel realizou cruzamentos para observar todos os pares contrastantes de traços presentes nas ervilheiras de jardim (Figura 2). Em todos os experimentos, os resultados foram semelhantes aos encontrados no cruzamento de caule alto e caule baixo. Além disso, todos os membros da geração F1 apresentaram o mesmo traço de um dos genitores; porém, na geração F2, foi obtida uma proporção aproximada de 3:1 (3/4 ou 75% das plantas eram semelhantes às plantas da geração F1; 1/4 ou 25% das plantas exibiam o traço contrastante, que havia desaparecido na geração F1). Ao explicar esses resultados, Mendel propôs a existência de fatores unitários particulares para cada traço, os quais funcionariam como unidades básicas da hereditariedade e seriam transmitidos ao longo das gerações. Posteriormente, Wilhelm Johannsen nomeou esses fatores unitários de **genes**, os quais estão contidos nos cromossomos, como você pôde compreender no início deste texto.

Segundo Mendel, as plantas com caule alto da geração P1 apresentavam pares de genes idênticos (homozigotos), e o mesmo ocorria com as plantas com caule baixo da geração P1. Dessa forma, todos os gametas das plantas de caule alto recebiam um alelo para caule alto, e o mesmo processo ocorria nas plantas de caule baixo. Após a fertilização, todas as plantas da geração F1 recebiam um alelo de cada genitor (heterozigotos), restabelecendo a paridade. No entanto, como o alelo alto é dominante sobre o alelo baixo, todas as plantas da geração F1 apresentavam caule alto. Por fim, após a autofecundação das plantas da geração F1, quatro possibilidades de combinações de alelos eram possíveis: alto e baixo (planta com caule alto; heterozigoto); baixo e alto (planta com caule alto; heterozigoto); alto e alto (planta com caule alto; homozigoto); baixo e baixo (planta com caule baixo; homozigoto) (Figura 3).

Característica	Traços contrastantes	Resultados na F_1	Resultados na F_2	Proporção na F_2
Forma da semente	Redonda/rugosa	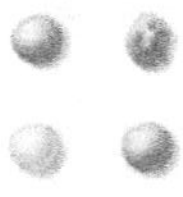 Todas redondas	5.474 redondas 1.850 rugosas	2,96:1
Cor da semente	Amarela/verde	Todas amarelas	6.022 amarelas 2.001 verdes	3,01:1
Forma da vagem	Completa/constrita	 Todas completas	882 completas 299 constritas	2,95:1
Cor da vagem	Verde/amarela	Todas verdes	428 verdes 152 amarelas	2,82:1
Cor da flor	Violeta/branca	 Todas violetas	705 violetas 224 brancas	3,15:1
Posição da flor	Axial/terminal	 Todas axiais	651 axiais 207 terminais	3,14:1
Altura do caule	Alto/baixo	 Todos altos	787 altos 277 baixos	2,84:1

Figura 2. Sete pares de traços contrastantes e os resultados dos cruzamentos mono-híbridos de ervilheiras de jardim realizados por Mendel. Em cada caso, o pólen (espermatozoide) originado de plantas que exibiam um traço era usado para fecundar os óvulos de plantas que exibiam o outro traço.
Fonte: Klug et al. (2012, p. 44).

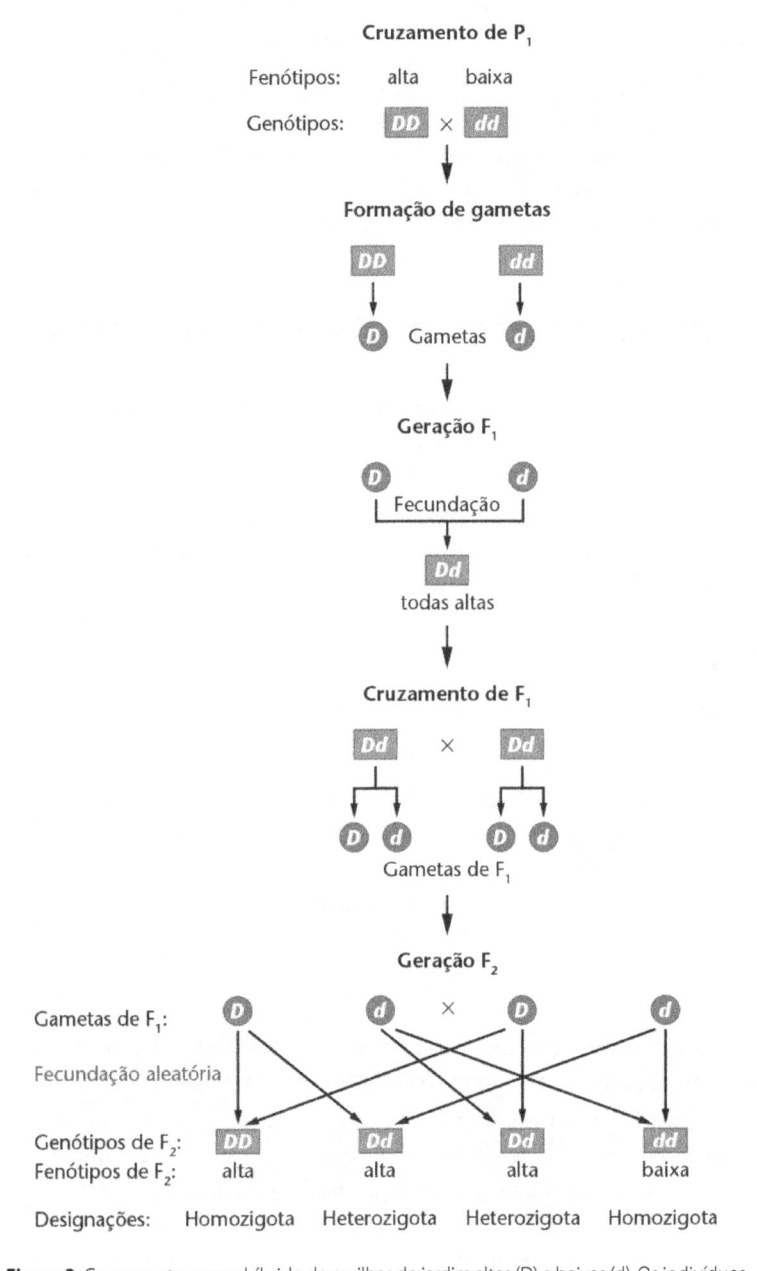

Figura 3. Cruzamento mono-híbrido de ervilhas de jardim altas (D) e baixas (d). Os indivíduos são mostrados em retângulos; os gametas, em círculos.
Fonte: Klug et al. (2012, p. 46).

Nesses resultados, foi baseada a **primeira lei de Mendel** ou princípio da segregação dos fatores, que afirma que, durante a formação dos gametas, os genes se separam (segregam) de forma aleatória, de modo que cada gameta recebe um gene ou outro com igual probabilidade. Dessa forma, Mendel foi o primeiro a descrever como as unidades individuais hereditárias dos genitores são transmitidas para a prole por meio dos gametas durante a **meiose** (BORGES-OSÓRIO; ROBINSON, 2013; KLUG et al., 2012).

Extensões da primeira lei e do heredograma

A **herança monogênica** é determinada por apenas um gene e apresenta fenótipos e genótipos distribuídos conforme padrões característicos. São conhecidos milhares de características (por exemplo, a covinha na face e a presença de sardas) e doenças (p. ex., acondroplasia e albinismo) que apresentam um padrão de herança monogênico, o qual segue os princípios da herança postulados por Mendel (BORGES-OSÓRIO; ROBINSON, 2013).

Link

A base de dados *Online Mendelian Inheritance in Man* (OMIM) é um catálogo de genes e doenças genéticas humanas que são herdadas de maneira mendeliana. Acesse o OMIM no link a seguir.

https://goo.gl/xO91Jb

Os tipos de herança monogênica são determinados pela localização do gene (cromossomo autossômico ou cromossomos sexuais) e pela dominância (expressão do fenótipo mesmo quando o gene está em heterozigose) ou recessividade (expressão do fenótipo apenas quando o gene está em homozigose). Dessa forma, existem os seguintes tipos básicos de herança:

- **Autossômica dominante:** é determinada por um gene localizado em um cromossomo autossômico e se manifesta em homozigose e heterozigose;
- **Autossômica recessiva:** é determinada por um gene localizado em um cromossomo autossomo e se manifesta apenas em homozigose;

- **Dominante e recessiva ligada ao sexo:** nas mulheres, as relações de dominância e recessividade dos genes situados no cromossomo X são semelhantes às dos autossomos, uma vez que elas possuem dois cromossomos X. Nos homens, a presença de um único cromossomo X (hemizigoto) está relacionada com a manifestação fenotípica de qualquer gene presente nesse cromossomo (BORGES-OSÓRIO; ROBINSON, 2013).

Por convenção padrão, os alelos para traços monogênicos ou mendelianos devem ser representados da seguinte forma: no traço recessivo, a letra inicial do nome do traço em minúscula e em itálico; no traço dominante, a letra inicial do nome do traço recessivo em maiúscula e em itálico. No exemplo dos caules *tall* (alto) e *dwarf* (baixo) das ervilheiras, sendo *dwarf* o alelo recessivo, D e d representam os alelos responsáveis pelos traços respectivamente (ver Figura 3) (KLUG et al., 2012).

Saiba mais

A herança ligada ao sexo deveria estar relacionada com os genes situados nos cromossomos sexuais X e Y. No entanto, esses cromossomos apresentam poucas regiões homólogas, ou seja, a maioria dos genes localizados no cromossomo X não tem lócus correspondente no Y.

Com isso, a herança do cromossomo Y (holândrica) é transmitida somente entre os homens. Essa herança masculina está relacionada com poucos genes, entre eles, os que são responsáveis pela determinação do sexo, da altura e da fertilidade. Além disso, visto que o número de genes situados no cromossomo Y é pequeno em relação ao número de genes que estão localizados no X, a herança ligada ao sexo pode ser denominada, também, herança ligada ao cromossomo (BORGES-OSÓRIO; ROBINSON, 2013).

Os genes estão presentes nos cromossomos homólogos, os quais se segregam uns dos outros e se distribuem independentemente dos outros cromossomos segregantes durante a formação dos gametas. Uma vez que a prole recebe o conjunto total de genes, é a expressão desses genes que determina o fenótipo do organismo. Entretanto, a expressão gênica pode não seguir o padrão mendeliano de dominância/recessividade ou de influência de um único par de genes na expressão de uma única característica. A seguir, estão descritos alguns casos que não seguem o mendelismo:

- **Dominância incompleta:** o cruzamento entre os genitores pode gerar uma prole com fenótipo intermediário. Por exemplo, o cruzamento entre duas flores de boca de leão, uma vermelha e a outra branca, resulta em uma prole com flores cor de rosa. Nesse caso, nenhum dos alelos é considerado dominante.
- **Codominância:** ocorre quando o indivíduo heterozigoto apresenta características encontradas nos dois homozigotos ao mesmo tempo.
- **Alelos múltiplos:** para qualquer gene, o número de alelos não precisa estar limitado a dois. O sistema ABO é caracterizado pela presença de antígenos na superfície dos eritrócitos, os quais são controlados por três alelos diferentes (I^A, I^B e I^O). Os alelos I^A e I^B são dominantes sobre I^O, mas codominantes entre eles.
- **Mutações letais:** nos alelos letais, quando dominantes, uma cópia do alelo causa a morte do indivíduo. Na maioria das vezes, a presença de um alelo normal não é suficiente para alcançar o limiar crítico de um produto gênico fundamental (p. ex., a doença de Huntington).
- **Epistasia:** o efeito de um gene ou de um par de genes dissimula ou modifica o efeito de outro gene ou de outro par gênico. Quando os genes envolvidos influenciam a mesma característica de forma antagonista, ocorre a dissimulação gênica (p. ex., fenótipo Bombaim). Entretanto, os genes envolvidos também podem exercer a sua influência reciprocamente, de maneira complementar ou cooperativa (BORGES-OSÓRIO; ROBINSON, 2013).

Os distúrbios monogênicos são classificados por seu padrão de transmissão nas famílias. Para estabelecer o padrão geral de transmissão, é necessário obter as informações sobre o histórico familiar do paciente e resumir os detalhes sobre a forma de um heredograma. O **heredograma** é uma representação gráfica da árvore genealógica com base em símbolos padronizados (Figura 4).

As leis de Mendel: teoria da hereditariedade 37

○ Sexo feminino   □ Sexo masculino   ◇ Sexo desconhecido

● ■   Indivíduos afetados

○—□   Genitores (não aparentados)

○=□   Genitores consanguíneos (aparentados)

□ ○ ○ □   Prole (em ordem de nascimento)
1 2 3 4

○╱╲□   Gêmeos fraternos (dizigóticos)
(sexo pode ser igual ou diferente)

○╱╲○   Gêmeos idênticos (monozigóticos)
(sexo deve ser igual)

[4] (4)   Indivíduos múltiplos (não afetados)

↗■
P   Caso-referência ou probando (p)
(neste caso, um homem)

∅   Indivíduo falecido (neste caso, uma mulher)

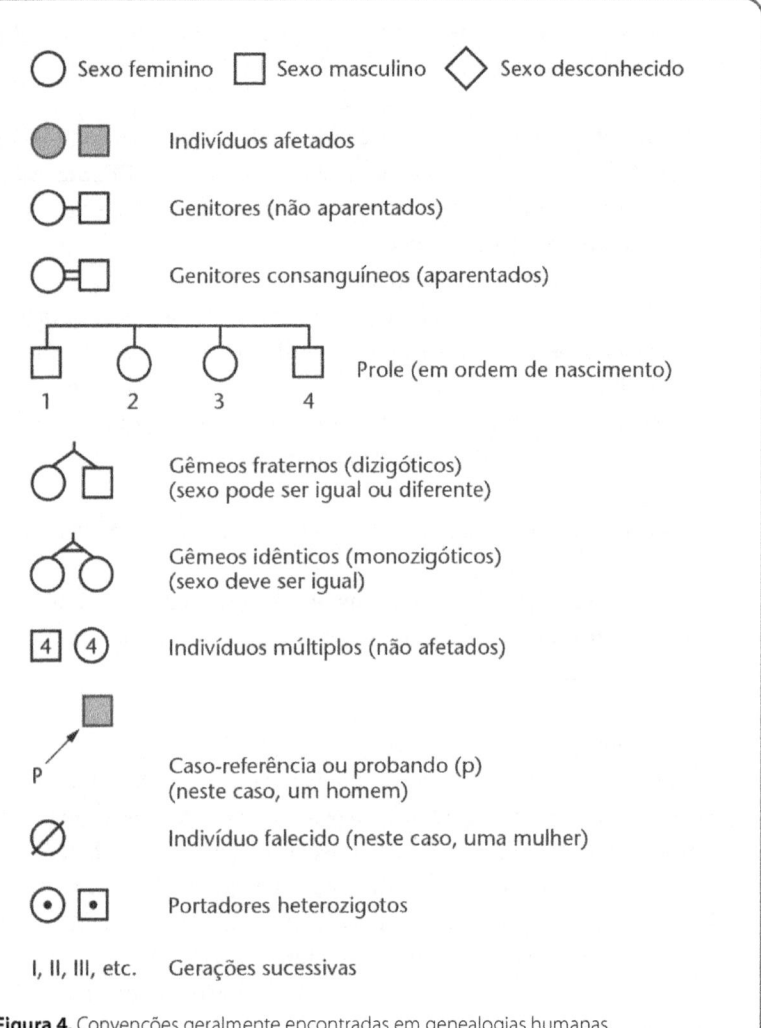

⊙ ⊡   Portadores heterozigotos

I, II, III, etc.   Gerações sucessivas

Figura 4. Convenções geralmente encontradas em genealogias humanas.
Fonte: Klug et al. (2012, p. 59).

Para que você compreenda o heredograma, precisamos iniciar os estudos pelos conceitos listados a seguir:

- **Probando:** é o membro por meio do qual uma família com distúrbio genético é inicialmente avaliada se ele for afetado. Entretanto, uma família pode ter mais de um probando, caso a avaliação seja realizada a partir de mais de uma fonte.
- **Prole:** são os irmãos e as irmãs.
- **Parentesco:** é a família ampliada, considerada como todos os membros nela incluídos. Os parentescos são classificados como de primeiro grau (pais, irmãos e prole do probando), segundo grau (avós, netos, tios, sobrinhos e meios-irmãos), terceiro grau (p. ex., primos de primeiro grau) e assim por diante, dependendo do número de etapas no heredograma entre os dois parentes.
- **Casamento consanguíneo:** são casais que têm um ou mais ancestrais em comum.
- **Caso isolado:** quando somente um indivíduo é afetado em uma família.
- **Caso esporádico:** quando o distúrbio genético é causado por uma nova mutação.

Muitas condições genéticas segregam-se nitidamente nas famílias, ou seja, o fenótipo anormal pode ser claramente distinto do normal. Entretanto, alguns distúrbios não são expressos em pessoas com predisposição genética, e outros apresentam uma expressão variável em termos de gravidade clínica, idade de início ou ambos. Essas diferenças na expressão, que estão principalmente relacionadas com distúrbios autossômicos dominantes, podem ocasionar alterações no diagnóstico e na interpretação dos heredogramas. Além disso, essas diferenças podem ocorrer a partir de diversos modos, como: a **penetrância reduzida**, quando os indivíduos que têm o genótipo apropriado para o distúrbio não o expressam fenotipicamente; a **expressividade variável**, quando a expressão do fenótipo difere entre os indivíduos que têm o mesmo genótipo; a **pleiotropia**, quando um único gene anormal ou um par de genes anormais produz efeitos fenotípicos diversos, tais como sinais e sintomas distintos.

Exercícios

1. Segundo a primeira lei de Mendel, durante a formação dos gametas, os genes segregam-se de forma aleatória, de modo que cada gameta recebe um gene ou outro com igual probabilidade. Com base nessa informação, é possível que os indivíduos com genótipo:
   a) AA produzam gametas AA.
   b) Bb produzam gametas BB e bb.
   c) Cc produzam gametas C e c.
   d) Dd produzam gametas Dd.
   e) ee produzam gametas ee.

2. Os experimentos de Gregor Mendel, baseados nos cruzamentos experimentais entre linhagens de ervilhas, estabeleceram os princípios da hereditariedade e as bases da genética. Considere um cruzamento entre uma planta de ervilheira com a semente rugosa (rr) e uma planta de ervilheira com a semente lisa (RR). A primeira geração filial (F1) é formada por:
   a) apenas plantas lisas.
   b) apenas plantas rugosas.
   c) 50% de plantas lisas e 50% de plantas rugosas.
   d) 75% de plantas lisas e 25% de plantas rugosas.
   e) 75% de plantas rugosas e 25% de plantas lisas.

3. Uma doença hereditária é causada por uma mutação localizada em um cromossomo autossômico. Os alelos encontrados para esse lócus foram analisados em três indivíduos de uma mesma família. Os resultados encontrados estão descritos a seguir:

Indivíduo	Alelos	Fenótipo
1	Alelo A e Alelo A	Normal
2	Alelo B e Alelo B	Afetado
3	Alelo A e Alelo B	Afetado

   Considerando as informações apresentadas, assinale a alternativa correta:
   a) O alelo A é dominante sobre o alelo B.
   b) O alelo B é dominante sobre o alelo A.
   c) Os indivíduos 1 e 2 são heterozigotos.
   d) O indivíduo 3 é homozigoto.
   e) Os dois alelos são codominantes.

4. A expressão gênica pode não seguir o padrão mendeliano de dominância e recessividade ou de influência de um único par de genes. Considerando as extensões da genética mendeliana, como é denominada a situação na qual existem mais de duas formas alternativas de um mesmo gene?
   a) Dominância incompleta.
   b) Codominância.
   c) Epistasia.
   d) Alelos múltiplos.
   e) Pleiotropia.

5. A hipercolesterolemia familiar é uma doença genética que contribui para o aumento do colesterol sérico. Essa doença está relacionada com a ocorrência de mutações no gene responsável pela produção de proteínas que realizam o transporte do

colesterol para dentro das células. Um indivíduo (homem ou mulher) que possui uma dessas mutações, mesmo apresentando um alelo normal, tem a doença. Dessa forma, podemos afirmar que a hipercolesterolemia é uma herança monogênica:
a) autossômica dominante.
b) autossômica recessiva.
c) ligada ao X dominante.
d) ligada ao X recessiva.
e) holândrica.

Referências

BORGES-OSÓRIO, M. R.; ROBINSON, W. M. *Genética humana*. 3. ed. Porto Alegre: Artmed, 2013.

KLUG, W. et al. *Conceitos de genética*. 9. ed. Porto Alegre: Artmed, 2012.

WATSON, J. D. et al. *Biologia molecular do gene*. 7. ed. Porto Alegre: Artmed, 2015.

Leituras recomendadas

OMIM. *Online Mendelian Inheritance in Man*. 2018. Disponível em: <https://www.omim.org/>. Acesso em: 05 set. 2018.

STRACHAN, T.; READ, A. *Genética molecular humana*. 4. ed. Porto Alegre: Artmed, 2014.

ZAHA, A.; FERREIRA, H. B.; PASSAGLIA, L. M. P. *Biologia molecular básica*. 5. ed. Porto Alegre: Artmed, 2014.

Cariótipo e morfologia dos cromossomos

Objetivos de aprendizagem

Ao final deste texto, você deve apresentar os seguintes aprendizados:

- Identificar a estrutura e a morfologia dos cromossomos.
- Descrever a classificação morfológica dos cromossomos.
- Reconhecer a técnica de cariótipo, seus objetivos e aplicações.

Introdução

No século XX, Walter Sutton e Theodore Boveri determinaram a teoria cromossômica da herança, que afirma que os genes estão contidos nos cromossomos e são transmitidos pelos gametas de geração a geração. Estudos posteriores demonstraram que a maioria dos cromossomos contém uma grande quantidade de genes. Os genes localizados no mesmo cromossomo segregam juntos durante a divisão celular, sendo considerados, dessa forma, "ligados", o que pode ser observado nos cruzamentos genéticos.

Neste capítulo, você vai identificar a estrutura, a morfologia e a classificação dos cromossomos. Além disso, vai reconhecer os objetivos e as aplicações da técnica de cariótipo.

Estrutura e morfologia dos cromossomos

Cerca de vinte anos depois da publicação do trabalho de Gregor Mendel, os avanços na microscopia permitiram a identificação dos **cromossomos**. Além disso, foi estabelecido que os indivíduos (eucariotos) de uma mesma espécie apresentam um número cromossômico característico, denominado número diploide ($2n$), na maioria das suas células. Os humanos, por exemplo, apresentam um número diploide de 46 cromossomos nas células somáticas (KLUG et al., 2012).

Os cromossomos surgiram a partir da necessidade de compactação da longa molécula de ácido desoxirribonucleico (DNA). Essa compactação é importante porque permite que o material genético fique contido em um pequeno espaço, enquanto satisfaz, também, as suas necessidades de replicação e de transcrição. Além do DNA, os cromossomos também são compostos pelo ácido ribonucleico (RNA) e por proteínas ácidas e básicas (BORGES-OSÓRIO; ROBINSON, 2013).

Para que você compreenda o comportamento dos cromossomos, é importante estudá-los em dois momentos da vida celular:

- **Cromossomos na intérfase:** nessa fase, o material genético apresenta-se como filamentos emaranhados, que são denominados **cromatina** (DNA, proteínas histônicas e não histônicas). A cromatina pode apresentar-se sob dois aspectos: a eucromatina, que constitui a maior parte do cromossomo e apresenta menor compactação; e a heterocromatina, que corresponde às regiões da cromatina que apresentam maior compactação (Figura 1). A heterocromatina pode ser classificada em constitutiva, que são regiões do DNA não expressas, e facultativa, que está relacionada com a inativação de cromossomos inteiros de uma linhagem celular (p. ex., cromossomos X das fêmeas dos mamíferos).

Saiba mais

O **ciclo celular** é um processo contínuo que, didaticamente, pode ser dividido nas seguintes etapas: a intérfase, etapa na qual a célula realiza as funções bioquímicas básicas e duplica o DNA e as outras estruturas celulares necessárias para a divisão celular; e a etapa de divisão propriamente dita, a partir da qual se originam as células filhas (BORGES-OSÓRIO; ROBINSON, 2013).

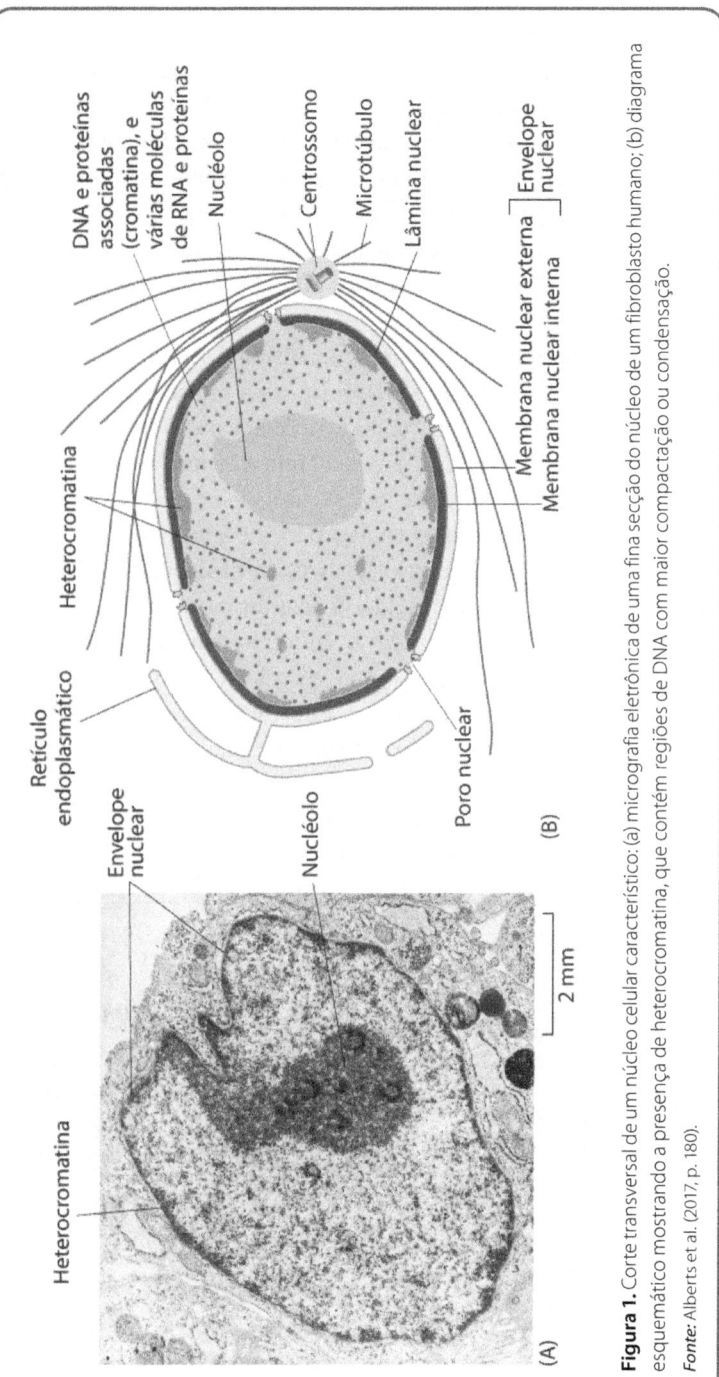

Figura 1. Corte transversal de um núcleo celular característico: (a) micrografia eletrônica de uma fina secção do núcleo de um fibroblasto humano; (b) diagrama esquemático mostrando a presença de heterocromatina, que contém regiões de DNA com maior compactação ou condensação.

Fonte: Alberts et al. (2017, p. 180).

- **Cromossomos metafásicos:** os cromossomos só podem ser visualizados brevemente na metáfase (fase da divisão celular). Nessa fase, a cromatina apresenta o maior grau de condensação, formando, assim, os cromossomos, os quais são compostos pelas **cromátides**. As cromátides são unidas pelo centrômero ou construção primária. O centrômero é uma região de heterocromatina que une as cromátides, que são geneticamente idênticas e, por isso, chamadas de cromátides-irmãs (Figura 2a) (BORGES-OSÓRIO; ROBINSON, 2013).

A cromatina é formada por um eixo de histonas, em torno do qual está disposto o DNA. Na microscopia eletrônica, essa estrutura é semelhante a um colar de contas, no qual cada "conta" é formada por uma estrutura histônica central (H2A, H2B, H3 e H4). A denominação **nucleossomo** descreve uma porção de DNA (140 pares de bases) enrolado nesse grupo de histonas (Figura 2b) — as histonas são essenciais para a compactação do DNA. De forma geral, podemos dizer que existem três enrolamentos do DNA: o enrolamento primário, que é representado pela formação da hélice dupla; o enrolamento secundário, ao redor das histonas, formando os nucleossomos; e o enrolamento terciário, no qual os nucleossomos se enrolam para formar as fibras de cromatina. Dessa forma, a estrutura para empacotamento do material genético assegura a transmissão de um conjunto gênico completo de uma célula para outra, assim como de uma geração para a outra (ALBERTS et al., 2017; BORGES-OSÓRIO; ROBINSON, 2013).

> **Fique atento**
>
> As **alterações cromossômicas** são causas de infertilidade e abortos recorrentes (50% dos abortados no primeiro trimestre). Além disso, células neoplásicas apresentam alterações cromossômicas, as quais podem influenciar o diagnóstico e o prognóstico dos pacientes (BORGES-OSÓRIO; ROBINSON, 2013)

Cariótipo e morfologia dos cromossomos | 45

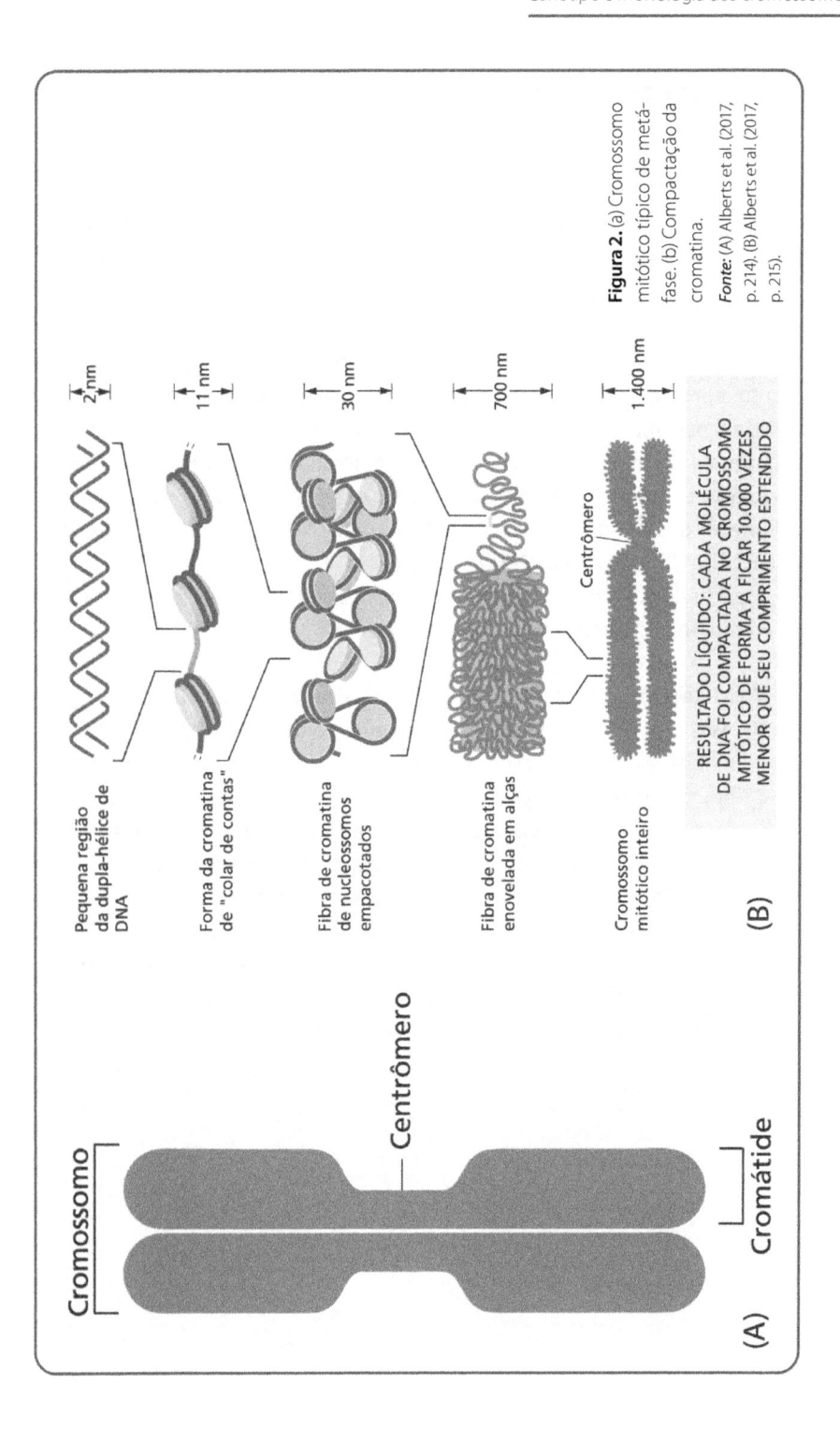

(A)

Cromossomo

Centrômero

Cromátide

(B)

Pequena região da dupla-hélice de DNA — 2 nm

Forma da cromatina de "colar de contas" — 11 nm

Fibra de cromatina de nucleossomos empacotados — 30 nm

Fibra de cromatina enovelada em alças — 700 nm

Cromossomo mitótico inteiro — 1.400 nm

Centrômero

RESULTADO LÍQUIDO: CADA MOLÉCULA DE DNA FOI COMPACTADA NO CROMOSSOMO MITÓTICO DE FORMA A FICAR 10.000 VEZES MENOR QUE SEU COMPRIMENTO ESTENDIDO

Figura 2. (a) Cromossomo mitótico típico de metáfase. (b) Compactação da cromatina.

Fonte: (A) Alberts et al. (2017, p. 214). (B) Alberts et al. (2017, p. 215).

Classificação morfológica dos cromossomos

Dos cromossomos humanos, 44 ou 22 pares são homólogos nos dois sexos e são denominados autossomos. Os dois restantes são os cromossomos sexuais, que são homólogos na mulher (XX) e diferentes no homem (XY). Esses cromossomos podem ser visualizados de forma melhor durante a divisão celular, que representa o momento de maior compactação, como descrito anteriormente neste capítulo.

Os cromossomos não são estruturas uniformes ao longo do seu comprimento, apresentando uma construção primária ou **centrômero**, que é responsável pela movimentação dos cromossomos durante a divisão celular. O centrômero é responsável pela divisão do cromossomo em dois braços: o braço curto (p) e o braço longo (q). A extremidade dos cromossomos é denominada **telômero**, que mantém a estabilidade e a integridade de toda a estrutura (BORGES-OSÓRIO; ROBINSON, 2013).

A partir da posição do centrômero, podemos classificar morfologicamente os cromossomos como (Figura 3):

- **Metacêntrico:** o centrômetro está localizado centralmente.
- **Acrocêntrico:** o centrômetro está próximo das extremidades. Em humanos, esses cromossomos apresentam, nas extremidades dos seus braços curtos, apêndices de forma pedunculada, denominados satélites. Os satélites são responsáveis pela formação dos nucléolos, motivo pelo qual são denominados de regiões organizadoras nucleolares.
- **Submetacêntrico:** o centrômero apresenta uma posição intermediária.
- **Telocêntrico:** o centrômero está localizado na porção terminal. Esse tipo de cromossomo não é encontrado na espécie humana (BORGES--OSÓRIO; ROBINSON, 2013).

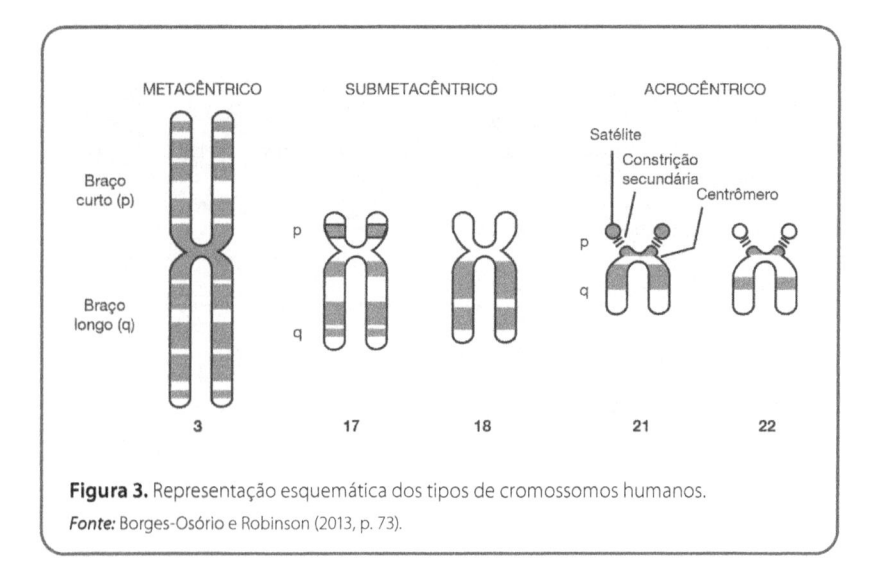

Figura 3. Representação esquemática dos tipos de cromossomos humanos.
Fonte: Borges-Osório e Robinson (2013, p. 73).

Com relação ao tamanho ou comprimento, os cromossomos podem ser classificados em grandes, médios, pequenos e muito pequenos. Para designar os tamanhos, é determinada uma ordem decrescente, na qual os cromossomos são classificados em sete grupos, nomeados de A a G e numerados, aos pares, de 1 a 22. Além disso, os cromossomos sexuais podem ser classificados à parte ou nos respectivos grupos originais. O cromossomo X é originalmente classificado no grupo C, sendo submetacêntrico e de tamanho intermediário ao dos pares 6 e 7. O cromossomo Y é classificado no grupo G, sendo acrocêntrico e de tamanho muito pequeno.

O par 1 é o de maior tamanho, metacêntrico e pertencente ao grupo A. O par 22 é o menor do cariótipo, acrocêntrico e pertencente ao grupo G (Quadro 1) (BORGES-OSÓRIO; ROBINSON, 2013).

Quadro 1. Classificação dos cromossomos humanos

Grupos	Características morfológicas	Nº dos pares	Nº nas células
A	Grandes; metacêntricos (1 e 3) e submetacêntricos (2)	1, 2, 3	6
B	Grandes; submetacêntricos	4, 5	4
C	Médios; a maioria é submetacêntrica	6, 7, 8, 9, 10, 11, 12 e X	15 (M) ou 16 (F)
D	Médios; acrocêntricos	13, 14, 15	6
E	Pequenos; metacêntricos ou submetacêntricos (16) e submetacêntricos (17 e 18)	16, 17, 18	6
F	Muito pequenos; metacêntricos	19, 20	4
G	Muito pequenos; acrocêntricos	21, 22 e Y	5 (M) ou 4 (F)
			46

Fonte: Adaptado de Borges-Osório e Robinson (2013, p. 106).

Saiba mais

Os **telômeros** são segmentos de DNA na extremidade dos cromossomos que limitam a capacidade de expansão indefinida das células. Isso ocorre devido ao seu encurtamento a cada divisão celular e à inativação ou ausência da enzima telomerase, que apresenta como função reconstruir os telômeros após as divisões celulares. Nos tumores, frequentemente, ocorre a ativação do gene responsável pela produção da telomerase. Dessa forma, a enzima, ausente na maioria das células normais, confere às células tumorais a capacidade de se replicar eternamente (ALBERTS et al., 2017; BORGES-OSÓRIO; ROBINSON, 2013).

Cariótipo

Até a década de 1970, a análise dos cromossomos de um paciente era realizada por meio da contagem do número de cromossomos em células durante a metáfase. Após a contagem, as células eram fotografadas e os cromossomos eram classificados conforme a sua morfologia total. Dessa forma, apenas alterações numéricas e algumas anomalias estruturais podiam ser identificadas. A partir dessa década, os avanços tecnológicos permitiram o estudo mais detalhado dos cromossomos, por exemplo, a partir da técnica de **bandeamento cromossômico**, que permite a análise do padrão de bandeamento de cada cromossomo.

Os cromossomos homólogos podem ser identificados a partir da microscopia óptica ou da fotografia de uma metáfase espalhada, que pode ser produzida eletronicamente. Por meio dessas técnicas, os cromossomos podem ser identificados e ordenados conforme o seu tamanho. O conjunto cromossômico característico da espécie é denominado **cariótipo**, sendo **cariograma** a ordenação desses cromossomos segundo a classificação padrão (tamanho e posição do centrômero). Esse estudo dos cromossomos é indicado para o diagnóstico de pacientes com suspeita de alterações cromossômicas ou em situações clínicas específicas (BORGES-OSÓRIO; ROBINSON, 2013).

Exemplo

São indicações para análise cromossômica:
- abortamento recorrente;
- ambiguidade sexual ou anormalidade no desenvolvimento sexual;
- anormalidades congênitas múltiplas;
- deficiência mental sem causa conhecida;
- gestação em mulher de idade avançada;
- história familiar de síndromes cromossômicas;
- malignidade e síndromes por quebra cromossômica ou neoplasias;
- natimortos ou morte neonatal por causa desconhecida ou inexplicável;
- problemas de fertilidade;
- problemas precoces de crescimento e de desenvolvimento.

Fonte: Adaptado de Borges-Osório e Robinson (2013, p. 97).

Os cromossomos humanos são comumente estudados durante a metáfase da mitose, pois, nessa fase, os cromossomos encontram-se na forma de maior compactação. Para a realização dessa análise, devem ser utilizadas células com alta taxa de multiplicação celular (p. ex., células da medula esternal ou da crista ilíaca), para os estudos *in vivo*, ou deve ser induzida a multiplicação celular (p. ex., células de fragmentos de pele ou líquido amniótico), para os estudos *in vitro*. Além disso, os cromossomos também podem ser analisados durante a prometáfase, fase em que os cromossomos ficam mais distendidos do que na metáfase, o que permite uma melhor visualização do padrão de bandas. Nesse caso, os linfócitos do sangue periférico são utilizados para análise cromossômica e a fitoemaglutinina é utilizada para estimular a mitose e aglutinar as hemácias (Figura 4) (BORGES-OSÓRIO; ROBINSON, 2013).

A seguir, é descrita a técnica clássica utilizada para o estudo dos cromossomos, que é denominada **microcultura** ou **microtécnica** (Figura 4):

- Uma amostra de sangue (5 ml) é coletada e misturada com um anticoagulante.
- São colocadas de 2 a 5 gotas de sangue em um tubo contendo um meio de cultura (soro proteico), antibióticos e fitoemaglutinina.
- O meio de cultura é incubado em estufa (37°C durante 72 horas) para que a taxa de mitoses atinja seu máximo.
- Após esse período, acrescenta-se colquicina, a qual interrompe o processo mitótico na metáfase.
- O material é centrifugado, o sobrenadante é desprezado e, ao sedimentar, adiciona-se uma solução hipotônica de cloreto de potássio. O cloreto de potássio penetra nas células, inchando-as e possibilitando a dispersão dos cromossomos.
- A centrifugação é realizada novamente, o sobrenadante é desprezado e as células no sedimento são fixadas (solução de metanol e de ácido acético).
- O material é distribuído sobre lâminas e corado para análise (BORGES--OSÓRIO; ROBINSON, 2013).

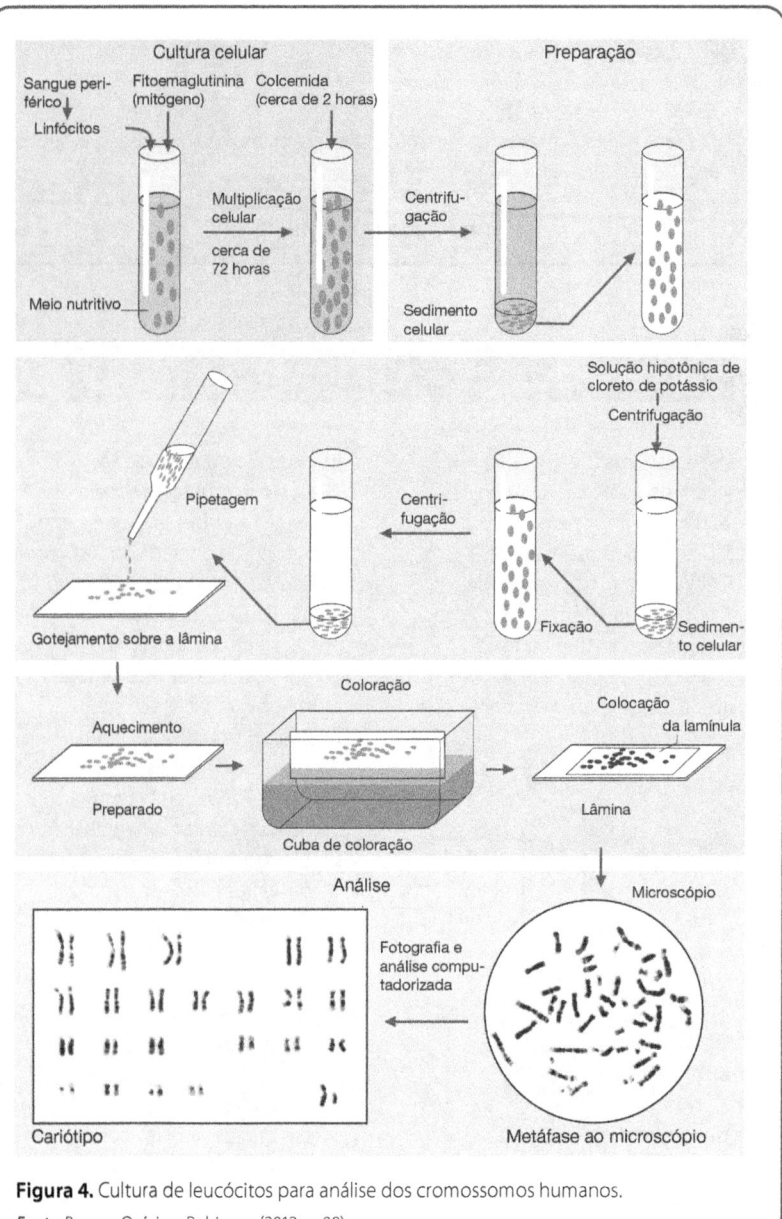

Figura 4. Cultura de leucócitos para análise dos cromossomos humanos.
Fonte: Borges-Osório e Robinson (2013, p. 98).

Link

No link a seguir, você tem acesso a um *software* que simula a montagem de cariótipos humanos.

https://goo.gl/mNR1jH

Exercícios

1. Os seres humanos apresentam 44 cromossomos autossomos e 2 cromossomos sexuais, os quais são homólogos na mulher (XX) e diferentes no homem (XY). A figura a seguir esquematiza o cromossomo 17. A partir da análise desse cromossomo, assinale a alternativa correta:

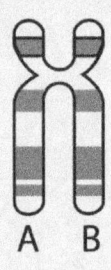

A   B

Fonte: Adaptado de Borges-Osório e Robinson (2013, p. 73).

a) O cromossomo encontra-se duplicado e pouco compactado.
b) As cromátides indicadas por "A" e "B" representam moléculas de DNA diferentes.
c) O centrômero está localizado centralmente no cromossomo.
d) O cromossomo pode ser classificado como metacêntrico.
e) O cromossomo pode ser observado durante a metáfase.

2. Somente cerca de vinte anos depois da publicação do trabalho de Gregor Mendel, os avanços na microscopia permitiram a identificação e a descrição dos cromossomos. Com relação aos cromossomos, assinale a alternativa correta:

a) São constituídos por uma sucessão de genes, os quais estão relacionados com a transmissão das características hereditárias.
b) São estruturas filamentosas nucleares que se apresentam "emaranhadas" durante a divisão celular e compactadas durante a interfase.
c) São formados por uma longa molécula de ácido desoxirribonucleico (DNA) que se apresenta enovelada em um tipo de proteína básica.
d) São formados pelas cromátides, as quais são unidas por uma estrutura central denominada telômero.
e) São visualizados somente na metáfase, uma vez que, nessa

fase, a cromatina apresenta o menor grau de condensação.

3. Em relação a um organismo diploide (2n), que apresenta 24 cromossomos em uma célula somática, quantos cromossomos e cromátides estarão presentes nos seus gametas?
a) 12 cromossomos e 12 cromátides.
b) 24 cromossomos e 24 cromátides.
c) 12 cromossomos e 24 cromátides.
d) 24 cromossomos e 12 cromátides.
e) 24 cromossomos e 48 cromátides.

4. Uma forma utilizada para identificar variações no número de cromossomos é a montagem de cariogramas, que representa a ordenação do conjunto cromossômico de uma espécie (cariótipo). Com relação ao cariótipo humano, podemos afirmar que:
a) é composto por 23 pares de cromossomos autossomos e 1 par de cromossomos sexuais.
b) é formado por 23 pares de cromossomos e 96 cromátides.
c) os cromossomos são classificados em grupos de A a G e numerados, aos pares, de 1 a 23.
d) os cromossomos sexuais são homólogos nos homens e heterólogos nas mulheres.
e) os cromossomos X e Y são classificados como submetacêntricos.

5. Os cromossomos podem ser classificados conforme a posição do centrômero. Observe a figura a seguir e classifique os cromossomos:

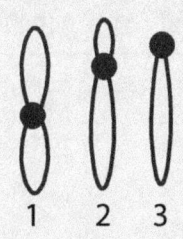

a) 1 – acrocêntrico; 2 – metacêntrico; 3 – telocêntrico.
b) 1 – metacêntrico;
2 – submetacêntrico;
3 – telocêntrico.
c) 1 – submetacêntrico; 2 – acrocêntrico; 3 – metacêntrico.
d) 1 – acrocêntrico;
2 – submetacêntrico;
3 – telocêntrico.
e) 1 – metacêntrico; 2 – acrocêntrico; 3 – telocêntrico.

Referências

ALBERTS, B. et al. *Biologia molecular da célula*. 6. ed. Porto Alegre: Artmed, 2017.

BORGES-OSÓRIO, M. R.; ROBINSON, W. M. *Genética humana*. 3. ed. Porto Alegre: Artmed, 2013.

KLUG, W. S. et al. *Conceitos de genética*. 9. ed. Porto Alegre: Artmed, 2012.

Leitura recomendada

STRACHAN, T.; READ, A. *Genética molecular humana*. 4. ed. Porto Alegre: Artmed, 2014.

Ciclo celular, gametogênese humana e fertilização

Objetivos de aprendizagem

Ao final deste texto, você deve apresentar os seguintes aprendizados:

- Reconhecer o ciclo celular e o seu mecanismo de regulação.
- Caracterizar os processos de divisão celular: mitose e meiose.
- Descrever os processos de gametogênese humana e fertilização.

Introdução

A maior parte das nossas células passa por uma alternância de períodos com divisão celular. Os eventos que ocorrem do término de uma divisão até o término da próxima divisão são denominados, coletivamente, ciclo celular. A mitose e a meiose são os processos de divisão celular responsáveis pela manutenção da continuidade genética, seja entre as gerações celulares ou entre os organismos sexuados. Além disso, a atividade mitótica das células é responsável pelo desenvolvimento e pelo crescimento dos organismos, enquanto a meiose está relacionada com a produção dos gametas ou gametogênese. Durante a reprodução sexuada, os gametas se unem, por meio da fecundação, para reconstituir o complemento diploide encontrado nas células parentais.

Neste capítulo, você vai reconhecer o ciclo celular e os seus mecanismos de regulação. Além disso, vai caracterizar os processos de divisão celular e descrever a gametogênese e a fertilização.

Ciclo celular

O **ciclo celular** é composto basicamente pelos processos de divisão e morte celular (Figura 1). As nossas células podem utilizar dois mecanismos diferentes para dividir-se: a **mitose** e a **meiose**. A mitose é necessária para o crescimento dos organismos e para reposição celular, sendo caracterizada pela transmissão do material genético de modo constante de uma célula para as suas descendentes. Além disso, a mitose ocorre nas células somáticas, que são todas as células do organismo com exceção dos gametas (espermatozoide e ovócito ou óvulo). Enquanto isso, a meiose é responsável pela produção dos gametas, os quais apresentam metade do material genético das células progenitoras. A morte das células pode ocorrer por meio de **apoptose**, que é o processo responsável pela remoção de células durante o crescimento e o desenvolvimento, diminuindo, assim, o número de células e eliminando as células danificadas (BORGES-OSÓRIO; ROBINSON, 2013).

> **Saiba mais**
>
> Após o nosso nascimento, a mitose e a apoptose protegem o nosso corpo. Por exemplo, as células da pele danificadas por agentes mutagênicos, como a radiação ultravioleta (UV) solar, são desprendidas e eliminadas pelo corpo para evitar que se tornem cancerosas. Dessa forma, existe um importante balanço entre o crescimento e a perda tecidual, os quais são coordenados pelos processos de mitose e apoptose (BORGES-OSÓRIO; ROBINSON, 2013).

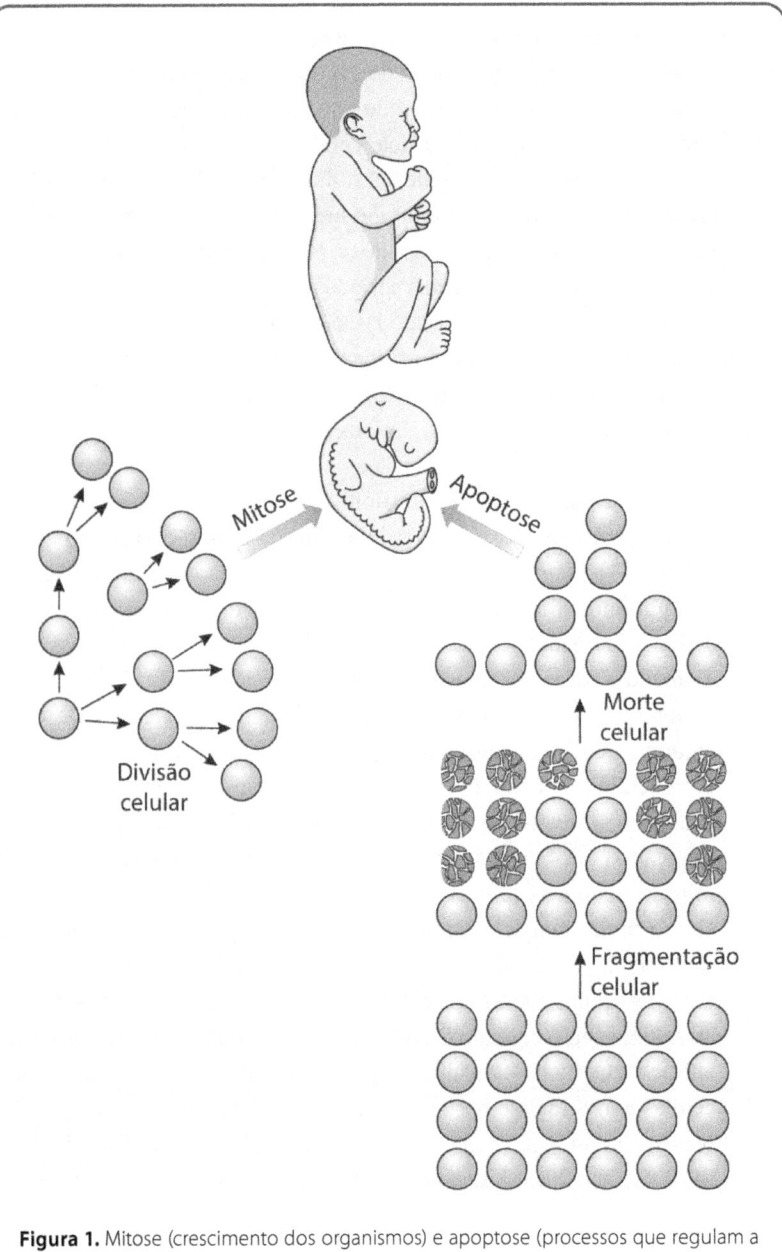

Figura 1. Mitose (crescimento dos organismos) e apoptose (processos que regulam a quantidade de células).
Fonte: Borges-Osório e Robinson (2013, p. 73).

No ciclo celular, ocorre uma série de eventos preparatórios para a divisão celular, que também faz parte desse ciclo. Apesar de ser um processo contínuo, o ciclo celular é didaticamente dividido em **interfase** e **mitose**. A interfase é considerada o período inicial do ciclo celular, o qual é dedicado ao crescimento, ao funcionamento e à replicação (duplicação) do material genético. Esse período, no qual o ácido desoxirribonucleico (DNA) é sintetizado, e que acontece antes que a célula entre em mitose, é denominado fase S. Além dessa fase, durante a interfase, existem dois períodos nos quais não ocorre a síntese de DNA, sendo um antes (G_1 ou intervalo I) e outro depois (G_2 ou intervalo II) da fase S. Durante toda a interfase, são evidentes a intensa atividade metabólica, o crescimento e a diferenciação da célula (Figura 2a) (KLUG et al., 2012). A seguir, você pode reconhecer cada um dos períodos da interfase:

- G_1: a célula sintetiza proteínas, lipídios e carboidratos, que irão constituir as membranas das novas células que se formarão a partir da célula original. Nesse período, ocorre a maior variação de duração quando comparamos diferentes tipos celulares. Por exemplo, os hepatócitos (células do fígado) permanecem anos nesse período, enquanto as células da medula óssea permanecem apenas de 16 a 24 horas.
- S: durante 8 a 10 horas, ocorre grande atividade de síntese de DNA e de algumas proteínas, como aquelas que formam a estrutura do fuso mitótico.
- G_2: a célula sintetiza mais proteínas, assim como membranas que serão usadas para envolver as células descendentes. É um período com curta duração — 3 a 4 horas — nas células que apresentam intensa atividade mitótica, como as células da medula óssea.
- G_0: no ponto final de G_1, as células podem retirar-se do ciclo e entrar em repouso (G_0) ou continuar o ciclo e iniciar a síntese de DNA (S). Entretanto, as células que entram em G_0 continuam viáveis e metabolicamente ativas, mas não realizam divisão celular. As células cancerosas evitam entrar em G_0 ou passam muito rapidamente por esse período. Algumas células entram nesse período e nunca mais retornam, e outras podem ser estimuladas para retornar ao ciclo celular (BORGES-OSÓRIO; ROBINSON, 2013; KLUG et al., 2012).

Figura 2. (a) Ciclo celular. (b) Sistemas de controle do ciclo celular.
Fonte: Borges-Osório e Robinson (2013, p. 75-76).

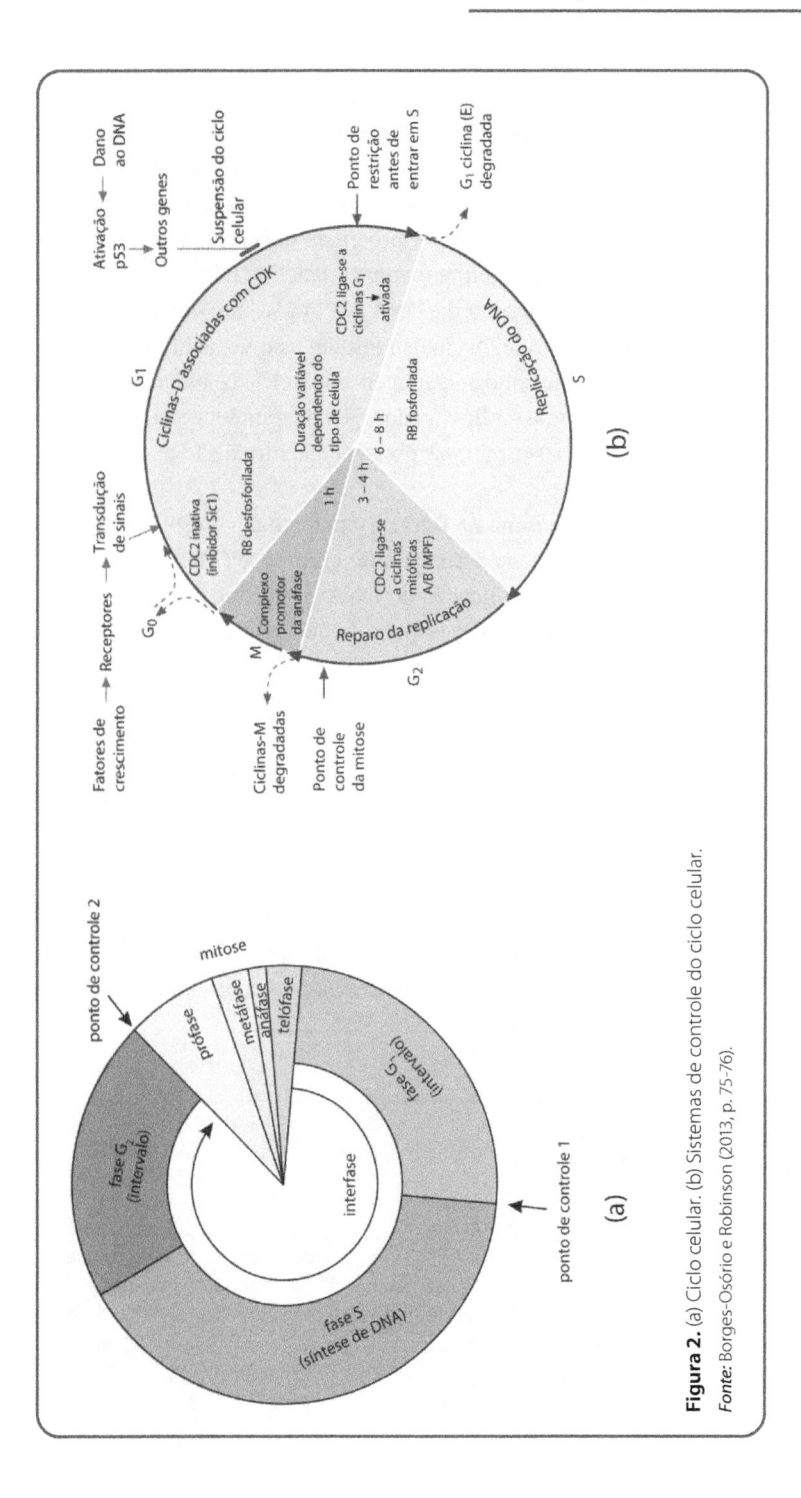

O ciclo celular é regulado por sinais extracelulares (exemplos: hormônios e fatores de crescimento) e intracelulares (exemplos: ciclinas e quinases), os quais monitoram e coordenam diversos processos que acontecem nas suas diferentes fases (Figura 2b). No início dos estágios do ciclo celular, a progressão de uma fase para outra é controlada por proteínas denominadas complexos ciclinoquinase dependentes de ciclina (complexo ciclina CDK). Além disso, o crescimento celular, a replicação do DNA e a mitose são controlados por uma série de pontos de controle, os quais regulam as diversas fases do ciclo celular. Os pontos de controle também garantem que o ciclo celular tenha breves intervalos para que os erros na replicação do DNA possam ser corrigidos antes da divisão celular. Assim, os principais pontos de controle são os seguintes:

- **Ponto de controle do dano no DNA:** é um ponto de controle que ocorre na transição G_1/S, na fase S e no limite G_2/mitose (M). Na fase S, se qualquer problema na replicação do DNA é detectado, o ciclo celular é bloqueado. Alterações nesse ponto de controle estão associadas à ocorrência de alterações cromossômicas, como deleções e translocações.
- **Ponto de controle da duplicação do centrômero:** esse ponto monitora a formação do fuso mitótico e a fixação dos cinetócoros ao fuso. A formação incompleta ou inadequada do fuso mitótico provoca um bloqueio na ocorrência da anáfase (fase da divisão celular). O funcionamento inadequado do fuso está associado a aneuploidias, e a falta de duplicação do fuso mitótico está relacionada a poliploidias.
- **Ponto de controle da localização do fuso:** esse ponto monitora o alinhamento do fuso mitótico durante a transição entre G_1/S. Se o fuso não estiver alinhado, ocorre o impedimento da continuidade do ciclo celular (BORGES-OSÓRIO; ROBINSON, 2013).

Saiba mais

As concentrações de ciclinas aumentam durante a interfase, quando a célula está próxima da divisão celular. No final de interfase, cada molécula de ciclina liga-se à uma quinase, enzima sempre presente na célula, formando o composto ciclinoquinase. Outras enzimas ativam esse composto, o qual ativa os genes que irão desencadear a mitose. Ao iniciar a divisão, a célula sintetiza enzimas que degradam as ciclinas. Quando a produção de ciclinas recomeça, inicia-se um novo ciclo celular (BORGES-OSÓRIO; ROBINSON, 2013).

Mitose e meiose

A vida das células somáticas é caracterizada por dois períodos: a interfase, na qual a célula está metabolicamente ativa e realizando a replicação do DNA; e a mitose, que é o momento no qual a célula cessa suas funções e se divide. Apesar de ser um processo contínuo, para que você a compreenda com mais facilidade, a mitose será apresentada, a seguir, em fases:

- **Prófase:** é a fase de maior duração, sendo caracterizada por diversos eventos significativos. Inicialmente, ocorre a migração de dois pares de centríolos para os polos opostos da célula. Após essa migração, os centríolos organizam os microtúbulos citoplasmáticos em fibras de fuso, criando, dessa forma, um eixo ao longo do qual ocorre a separação dos cromossomos. Enquanto ocorre a migração dos centríolos, a carioteca e o nucléolo são desintegrados. Além disso, simultaneamente, as fibras difusas de cromatina iniciam a sua condensação, até se tornarem os cromossomos. Quase ao final dessa fase, torna-se evidente que cada cromossomo é uma estrutura dupla (cromátides), dividida longitudinalmente, exceto em um único ponto de constrição, o centrômero. Considerando que o DNA contido em cada par de cromátides representa a duplicação de um único cromossomo, que ocorreu na interfase, o material genético das duas cromátides é idêntico, sendo esse o motivo pelo qual são chamadas cromátides-irmãs. Em humanos, uma preparação citológica de prófase revela 46 cromossomos (2n) distribuídos na área anteriormente ocupada pelo núcleo (Figura 3).
- **Prometáfase e metáfase:** o principal evento dessas duas fases é a migração dos cromossomos para o plano equatorial ou placa metafásica (região mediana da célula), que se localiza perpendicularmente ao eixo estabelecido pelas fibras do fuso. A prometáfase pode ser descrita como a fase do movimento cromossômico, enquanto a metáfase corresponde à configuração cromossômica subsequente à migração. O processo de migração está relacionado com a ligação das fibras do fuso aos cinetócoros (proteínas associadas ao centrômero) dos cromossomos, permitindo, dessa forma, que as cromátides sejam puxadas para os polos opostos durante a próxima fase. Ao final da metáfase, os centrômeros dos cromossomos estão alinhados na placa metafásica, com os braços estendendo-se de forma aleatória (Figura 3).

> **Fique atento**
>
> O número de divisões celulares é controlado pelo "relógio celular", que é constituído por regiões terminais denominadas telômeros. A cada divisão, os telômeros perdem uma certa quantidade de nucleotídeos, encurtando gradualmente os cromossomos. Cerca de 50 divisões são necessárias para que o encurtamento atinja um nível crítico, que constitui um sinal para que não ocorram novas mitoses (BORGES-OSÓRIO; ROBINSON, 2013; ALBERTS, 2017).

- **Anáfase:** nessa fase, as cromátides-irmãs de cada cromossomo se separam (disjunção) uma da outra. Para que esse processo ocorra, cada região centromérica deve dividir-se em duas. Após a separação, cada cromátide é referida como cromossomo filho, os quais se movimentam para os polos opostos da célula. As etapas que ocorrem durante a anáfase são essenciais para a distribuição de um conjunto idêntico de cromossomos a cada célula-filha subsequente. Nas células humanas, existem, agora, 46 cromossomos em cada polo, um de cada par original de cromátides-irmãs (Figura 4).
- **Telófase:** é a fase final da mitose, sendo que o evento mais significativo dessa fase é a citocinese, ou seja, a divisão do citoplasma. Nas células animais, ocorre uma constrição do citoplasma (como se você apertasse uma corda ao redor de um balão). Além disso, a célula começa a preparação para a ocorrência da próxima interfase, promovendo o desenrolamento da cromatina, o desaparecimento das fibras do fuso e o ressurgimento da carioteca e do nucléolo (Figura 4) (KLUG et al., 2012).

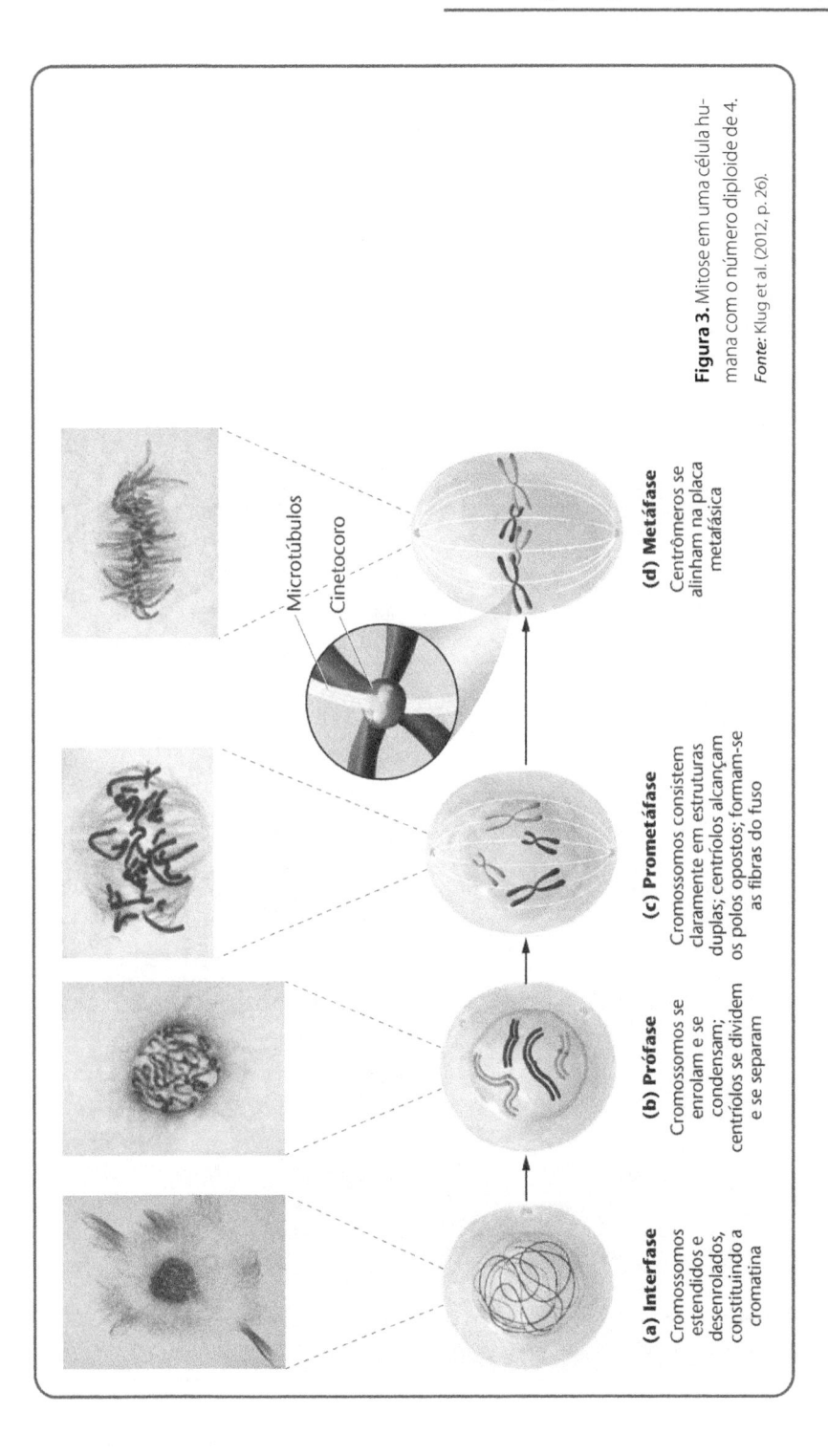

(a) Interface
Cromossomos estendidos e desenrolados, constituindo a cromatina

(b) Prófase
Cromossomos se enrolam e se condensam; centríolos se dividem e se separam

(c) Prometáfase
Cromossomos consistem claramente em estruturas duplas; centríolos alcançam os polos opostos; formam-se as fibras do fuso

(d) Metáfase
Centrômeros se alinham na placa metafásica

Microtúbulos
Cinetocoro

Figura 3. Mitose em uma célula humana com o número diploide de 4.
Fonte: Klug et al. (2012, p. 26).

A meiose, diferentemente da mitose, reduz a quantidade de material pela metade. Dessa forma, enquanto a mitose produz células-filhas diploides (*2n*), a meiose produz gametas com um número haploide (*n*) de cromossomos. Isso ocorre porque, durante a meiose, os gametas recebem apenas um membro de cada par de cromossomos homólogos, assegurando, assim, a continuidade genética ao longo das gerações. Além disso, os cromossomos homólogos realizam o *crossing-over*, no qual ocorrem trocas genéticas que proporcionam a principal fonte de recombinação genética nas espécies (KLUG et al., 2012).

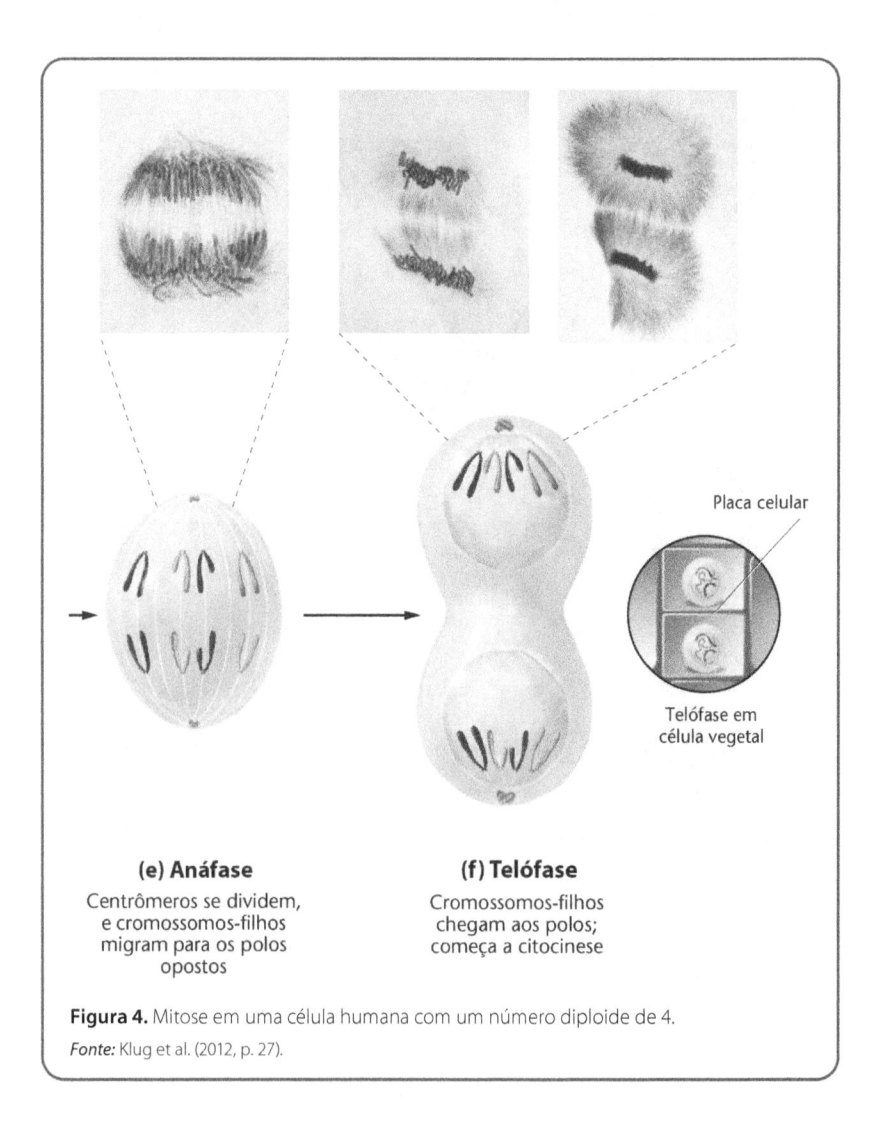

(e) Anáfase
Centrômeros se dividem, e cromossomos-filhos migram para os polos opostos

(f) Telófase
Cromossomos-filhos chegam aos polos; começa a citocinese

Placa celular

Telófase em célula vegetal

Figura 4. Mitose em uma célula humana com um número diploide de 4.
Fonte: Klug et al. (2012, p. 27).

Apesar de ser um processo contínuo, a meiose I (reducional) também será apresentada em fases, com o intuito de melhorar a sua compreensão (KLUG, 2012):

- **Prófase I**: a cromatina presente na interfase se compacta, formando os cromossomos visíveis. Os cromossomos homólogos formam pares (sinapse) e ocorre *crossing-over* entre eles. Devido à complexidade desses eventos, a meiose é dividida em cinco subfases: leptóteno, zigoteno, paquiteno (paquinema), diplóteno e diacinese.
  - Leptóteno: a cromatina começa a se condensar e os cromossomos começam a ficar visíveis.
  - Zigoteno: os cromossomos continuam a se condensar e os cromossomos homólogos iniciam o seu pareamento, mas não é evidente que cada cromossomo constitui uma estrutura dupla.
  - Paquiteno: os cromossomos ainda estão sendo condensados e finalizam o seu pareamento com os homólogos — sendo que, nessa fase, as cromátides não irmãs ficam evidentes.
  - Diplóteno: cada par de cromátides começa a se separar, porém uma ou mais regiões permanecem em contato no local em que as cromátides estão entrelaçadas. "Considera-se que cada uma dessas regiões, chamada quiasma, representa um ponto em que as cromátides não irmãs sofreram troca genética por meio de um processo acima referido como permutação" (KLUG, 2012, p. 30), o *crossing-over* na fase anterior.
  - Diacinese: os cromossomos separam-se mais, mas as cromátides não irmãs continuam associadas frouxamente nos quiasmas. À medida que a separação avança, os quiasmas deslizam em direção às extremidades da tétrade. Esse processo de terminalização começa no fim do diplóteno e se completa durante a diacinese (Figura 5).

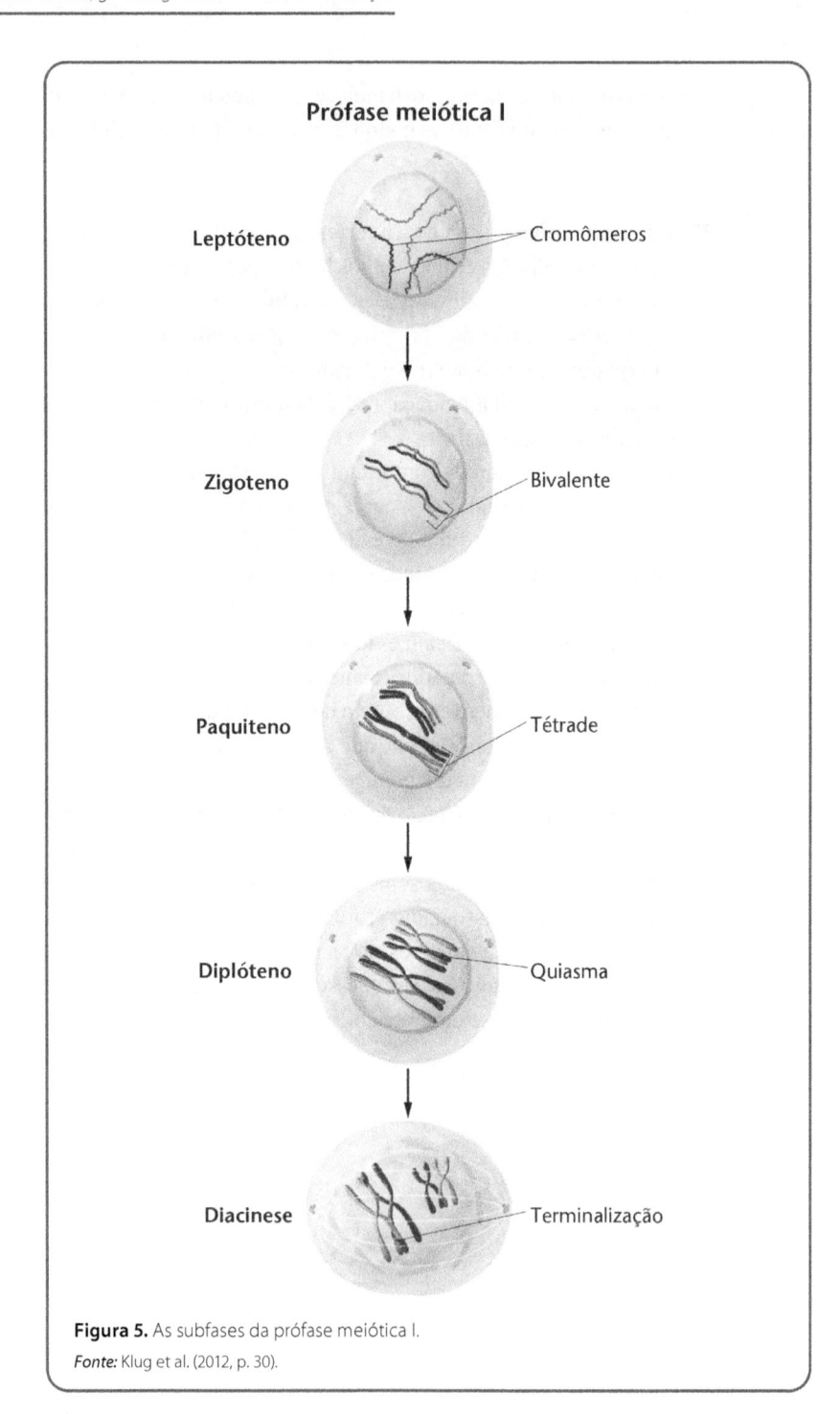

Figura 5. As subfases da prófase meiótica I.
Fonte: Klug et al. (2012, p. 30).

> **Fique atento**
>
> Na mitose, as réplicas são chamadas de cromátides-irmãs, ao passo que as cromátides paternas e maternas de um par de homólogos são denominadas cromátides não irmãs. A estrutura composta por quatro cromátides não irmãs é referida como tétrade (KLUG et al., 2012).

- **Metáfase I:** os cromossomos apresentam o máximo de condensação, sendo que cada tétrade interage com as fibras do fuso, facilitando a sua movimentação para a placa metafásica.
- **Anáfase I:** a metade de cada tétrade (díade) é puxada para cada polo da célula, ou seja, ocorre a separação (disjunção) dos cromossomos homólogos.
- **Telófase I:** em alguns organismos, ocorre a formação de uma membrana nuclear em torno de cada díade, mas, em outros, as células passam diretamente da anáfase I para prófase II.

A segunda divisão meiótica (equacional) é essencial para que cada gameta receba somente uma cromátide da tétrade original. Durante a **prófase II**, cada díade é formada por um par de cromátides-irmãs (Figura 6). A **metáfase II** é caracterizada pelo posicionamento dos cromossomos na placa equatorial, os quais se dividem (**anáfase II**), e as cromátides são puxadas para os lados opostos. Na **telófase II**, um membro de cada par de cromossomos homólogos está presente em ambos os polos. Em seguida, a citocinese promove o surgimento de quatro gametas haploides, os quais são derivados de um único evento meiótico (Figura 6) (KLUG et al., 2012; BORGES-OSÓRIO; ROBINSON, 2013).

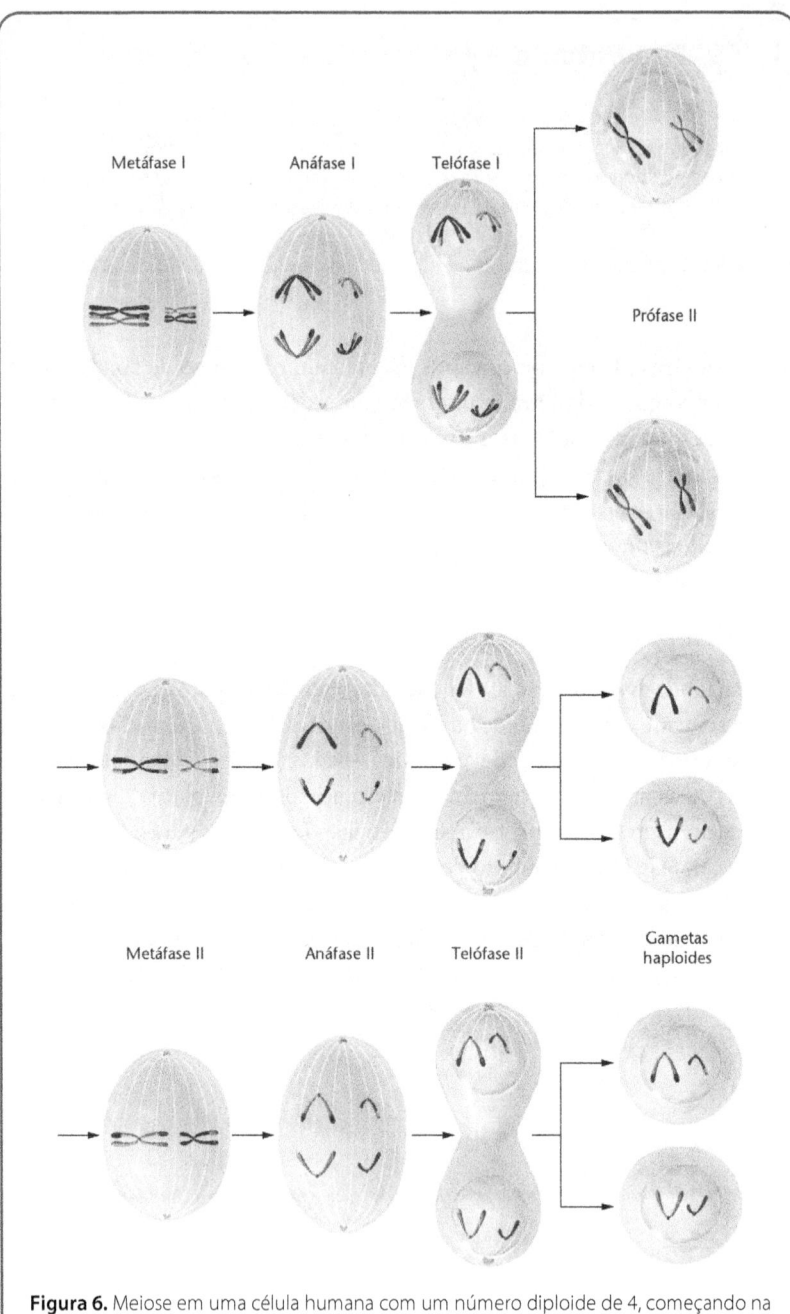

Figura 6. Meiose em uma célula humana com um número diploide de 4, começando na metáfase I.
Fonte: Klug et al. (2012, p. 32-33).

Quadro 1. Comparação entre mitose e meiose

Mitose	Meiose
Ocorre nas células somáticas.	Ocorre nas células germinativas.
Uma divisão cromossômica e uma divisão citoplasmática.	Uma divisão cromossômica e duas divisões citoplasmáticas.
Resultam duas células-filhas com 2n cromossomos.	Resultam quatro células-filhas com n cromossomos.
Células-filhas geneticamente idênticas à célula-mãe.	Células-filhas geneticamente diferentes da célula-mãe.
Ocorre em todas as fases da vida.	Ocorre no período reprodutivo, após a maturidade sexual.
Não introduz variabilidade na espécie.	Introduz variabilidade na espécie.
Sem pareamento cromossômico.	Com pareamento cromossômico.
Sem *crossing-over*.	Com *crossing-over*.
Não se formam bivalentes.	Formam-se bivalentes.
Só ocorre separação das cromátides-irmãs.	Ocorre separação dos cromossomos homólogos (meiose I) e separação das cromátides-irmãs (meiose II).
Finalidades: crescimento, regeneração celular.	Finalidades: formação de gametas (reprodução sexuada).

Fonte: Adaptado de Borges-Osório e Robinson (2013, p. 85).

Gametogênese e fertilização

Durante o processo de gametogênese, deve ocorrer tanto a mitose, para o aumento de células germinativas, quanto a meiose, para a formação dos gametas que apresentam metade do material genético. A gametogênese nos mamíferos machos chama-se espermatogênese e ocorre nos testículos. Entretanto, nas fêmeas, ocorre nos ovários, sendo denominada ovulogênese (Figura 7). A seguir, serão descritos esses dois processos reprodutivos.

Figura 7. Espermatogênese e ovogênese.
Fonte: Borges-Osório e Robinson (2013, p. 87).

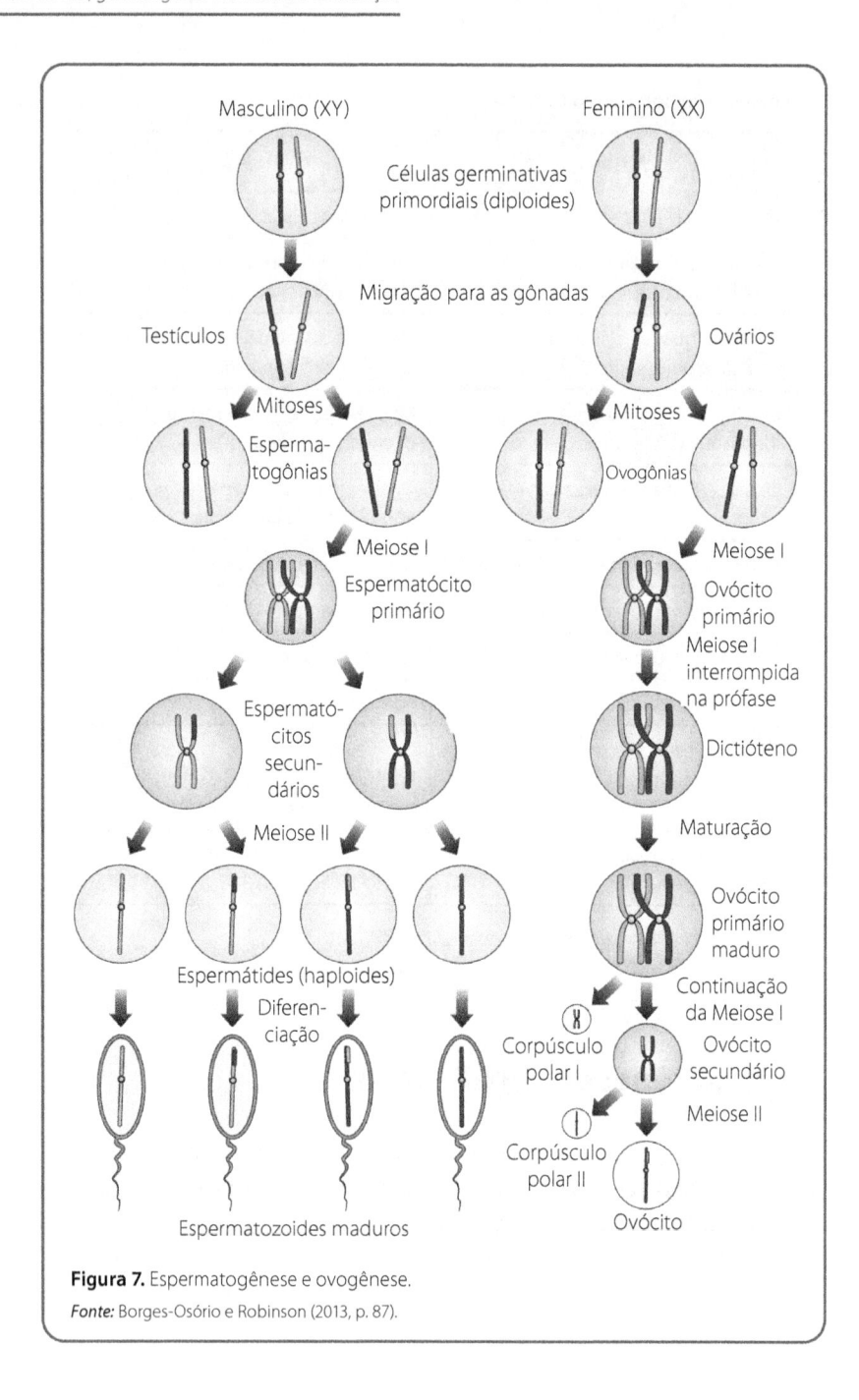

- **Espermatogênese:** inicia-se na puberdade, após o amadurecimento dos túbulos seminíferos, sob ação hormonal. Nos túbulos seminíferos maduros, as espermatogônias sofrem sucessivas mitoses, processo que é ininterrupto a partir da maturidade sexual. As espermatogônias aumentam de tamanho, transformando-se em espermatócitos primários, e são essas células que irão entrar em meiose I. Após a meiose I, cada espermatócito primário origina dois espermatócitos secundários, que sofrerão a meiose II. A partir de cada espermatócito secundário, são originadas quatro espermátides. As espermátides sofrem uma transformação morfológica (espermiogênese) e passam a constituir os espermatozoides, que são os gametas funcionais masculinos. Dessa forma, cada espermatogônia irá originar quatro espermatozoides, sendo que a duração desse processo varia de 64 a 74 dias.
- **Ovulogênese:** a ovulogênese não é contínua ao longo da vida, pois, aproximadamente aos três meses de vida intrauterina, as ovogônias presentes nos ovários crescem e se diferenciam em ovócitos primários. Os ovócitos primários realizam mitoses até o quinto mês de vida intrauterina. Os ovócitos primários entram em meiose I, chegando até o final da prófase I, quando a divisão é suspensa, situação que perdura até a puberdade. Quando essa fase é atingida, cada ovócito primário reinicia a meiose I, originando o ovócito secundário (maior e com mais citoplasma) e o primeiro corpúsculo polar. A partir da primeira menstruação, esse processo passa a ocorrer mensalmente, o que ocorre até a menopausa. Na tuba uterina, o ovócito secundário entra em meiose II (estado estacionário na metáfase II), a qual é completada somente no momento da fertilização. O ovócito secundário origina o ovócito (óvulo) e o segundo corpúsculo polar. Caso o primeiro corpúsculo polar se divida ao final da meiose II, além do ovócito secundário, serão formados três corpúsculos polares ao longo do processo de ovulogênese.

Durante a fertilização, o espermatozoide fusiona-se com a membrana plasmática do ovócito e os núcleos haploides (n) dos dois gametas se unem para formar o genoma diploide ($2n$) de um novo organismo. Inicialmente, esse processo foi estudado em invertebrados marinhos (exemplos: ouriço do mar e estrela do mar), nos quais uma quantidade enorme de espermatozoides e ovócitos é liberada na água. De fato, o estudo da fertilização externa é mais fácil, uma vez que a fertilização interna ocorre no sistema reprodutor feminino dos mamíferos após o acasalamento.

Após a ovulação, os ovócitos dos mamíferos são liberados do ovário para dentro da cavidade peritoneal, nas proximidades do oviduto, para dentro do qual eles são direcionados rapidamente. Ao encontrar um ovócito, o espermatozoide precisa penetrar as camadas de células da granulosa e, para isso, utiliza uma enzima (hialuronidase) presente na superfície do espermatozoide. Após esse processo, o espermatozoide pode ligar-se à zona pelúcida, que funciona também como uma barreira para evitar a fertilização entre espécies, de forma que a remoção da mesma elimina essa barreira. Por exemplo, após a remoção da zona pelúcida, espermatozoides humanos podem penetrar em ovócitos de hamster, mas os zigotos híbridos não irão se desenvolver.

Nesse momento, você deve estar se perguntando por que somente um espermatozoide penetra no ovócito. Realmente, grande parte dos mecanismos moleculares relacionados à fusão dos gametas ainda é desconhecida. Um dos mecanismos conhecidos é o aumento da concentração de Ca^{2+} intracelular, que desencadeia uma série de eventos bioquímicos, os quais impedem a entrada de outro espermatozoide. Além disso, essa alteração sinaliza a conclusão da meiose II do ovócito, permitindo, assim, a expulsão do segundo corpúsculo polar. Uma vez concluído esse processo, o ovócito é denominado zigoto. Entretanto, a fusão dos dois núcleos haploides (pró-núcleo masculino e pró-núcleo feminino) só ocorre quando a membrana de cada pró-núcleo é rompida em preparação à primeira divisão mitótica do zigoto (ALBERTS, 2017; BORGES-OSÓRIO; ROBINSON, 2013).

Exercícios

1. No ciclo celular, ocorre uma série de eventos preparatórios para a divisão celular, bem como a própria divisão celular, variando nos diferentes tecidos e nas diferentes épocas do desenvolvimento. Com relação ao ciclo celular, assinale a alternativa correta.
a) A fase G_1 é o período no qual o DNA é duplicado.
b) No final da fase G_2, a célula pode retirar-se do ciclo e entrar em G_0.
c) O ponto de controle de danos no DNA ocorre entre as fases G_1 e S.
d) Caso o fuso mitótico não esteja alinhado, o ciclo celular é interrompido entre G_2 e M.
e) Na interfase, a célula executa somente as funções necessárias para a sua sobrevivência.

2. Considere que a quantidade de DNA de uma célula somática durante a metáfase é igual a 2X. Durante as fases G_1 e G_2, qual é a quantidade de DNA presente nas células do mesmo tecido?
a) X/2 e X.
b) X e X/2.

c) X e X.
d) 2X e X.
e) X e 2X.

3. A mitose é o momento no qual a célula, que foi preparada durante a interfase, realiza a sua divisão celular. Mesmo sendo um processo contínuo, a mitose é apresentada em fases para facilitar a sua compreensão. Considerando as fases da mitose, assinale a alternativa correta.
   a) Durante a prófase, ocorre a migração dos dois pares de centríolos para os polos celulares, assim como a organização do fuso mitótico.
   b) Durante a metáfase, as cromátides-irmãs de cada cromossomo se separam uma da outra por um processo denominando disjunção.
   c) Durante a anáfase, os cromossomos migram para formar a placa equatorial, que está localizada perpendicularmente ao eixo estabelecido pelo fuso.
   d) Durante a telófase, a cromatina apresenta-se compactada e a carioteca desaparece, o que possibilita que a célula entre novamente em divisão.
   e) O número de divisões celulares de uma célula está diretamente relacionado com o comprimento dos telômeros, que são regenerados a cada divisão celular.

4. A idade materna é um fator preocupante, uma vez que, com o avanço da idade, aumenta a possibilidade da ocorrência de alterações genéticas fetais. Entretanto, por que a mesma preocupação não ocorre com a idade paterna?
   a) Porque os ovócitos primários são produzidos somente na puberdade e os espermatócitos primários são produzidos constantemente ao longo da vida.
   b) Porque os ovócitos primários são produzidos somente no período embrionário e os espermatócitos primários são produzidos continuadamente desde a puberdade.
   c) Porque os ovócitos primários e os espermatócitos primários são produzidos somente no período embrionário, mas os espermatócitos são produzidos em maior quantidade.
   d) Porque os ovócitos primários e os espermatócitos primários são produzidos somente durante a puberdade, mas os espermatócitos são produzidos em maior quantidade.
   e) Porque os ovócitos primários são produzidos constantemente ao longo da vida e os espermatócitos primários são produzidos apenas no período embrionário.

5. A gametogênese masculina ocorre nos testículos e é denominada espermatogênese, enquanto a gametogênese feminina ocorre nos ovários e é denominada ovulogênese. Sobre esses processos, assinale a alternativa correta:
   a) A gametogênese é um processo de formação de

gametas no qual ocorrem somente divisões mitóticas.
b) Na espermatogênese, cada espermatogônia está relacionada com a formação de um espermatozoide fértil e três glóbulos polares não funcionais.
c) Na ovulogênese, cada ovogônia está relacionada com a formação de quatro óvulos férteis.
d) Na espécie humana, a ovulogênese só é completada quando o espermatozoide penetra no ovócito secundário.
e) Os gametas masculino e feminino são células diploides que apresentam como função garantir a perpetuação da espécie.

Referências

ALBERTS, B. et al. *Biologia molecular da célula*. 6. ed. Porto Alegre: Artmed, 2017.

BORGES-OSÓRIO, M. R.; ROBINSON, W. M. *Genética humana*. 3. ed. Porto Alegre: Artmed, 2013.

KLUG, W. et al. *Conceitos de genética*. 9. ed. Porto Alegre: Artmed, 2012.

Leitura recomendada

STRACHAN, T.; READ, A. *Genética molecular humana*. 4. ed. Porto Alegre: Artmed, 2014.

UNIDADE 2

Alterações cromossômicas

Objetivos de aprendizagem

Ao final deste texto, você deve apresentar os seguintes aprendizados:

- Explicar as mutações cromossômicas numéricas e estruturais e os principais testes de identificação.
- Descrever as síndromes cromossômicas numéricas autossômicas e sexuais.
- Reconhecer as síndromes de alterações estruturais e as doenças citogenéticas.

Introdução

Na espécie humana, as informações genéticas apresentam um delicado equilíbrio, segundo o qual a adição ou a perda de um ou mais cromossomos pode estar associada ao desenvolvimento de um fenótipo anormal ou à morte do indivíduo. Além disso, os rearranjos das informações genéticas podem afetar a viabilidade dos gametas e os fenótipos dos organismos originados a partir desses gametas. Em conjunto, essas mudanças são denominadas **mutações** ou **alterações cromossômicas**, as quais podem ser classificadas em numéricas ou estruturais. A compreensão dessas alterações é fundamental para o estudo das síndromes cromossômicas e das doenças citogenéticas.

Neste capítulo, você vai compreender as principais mutações cromossômicas numéricas e estruturais. Além disso, vai reconhecer os principais testes utilizados para a identificação das síndromes cromossômicas e das doenças citogenéticas.

Mutações cromossômicas

A manutenção do número e da morfologia dos cromossomos é essencial para o desenvolvimento adequado dos organismos. Dessa forma, mudanças na estrutura e no número de cromossomos estão relacionadas com alterações na expressão gênica, as quais podem estar associadas à inviabilidade ou ao desenvolvimento anormal dos indivíduos. As mutações ou as alterações cromossômicas são classificadas da seguinte forma:

Alterações numéricas: estão relacionadas com a perda ou o acréscimo de um ou mais cromossomos. Essas alterações podem ser classificadas em euploidias ou aneuploidias, sendo que *ploidia* corresponde ao número de genomas representado no núcleo.

- **Euploidia:** são alterações que envolvem todo o genoma e originam células nas quais o número de cromossomos é um múltiplo exato do número haploide característico da espécie. Na haploidia (n), as células somáticas de organismos diploides apresentam metade do material genético, como ocorre nos gametas. Na poliploidia, os cariótipos podem ser representados por três (triploidia; $3n$) ou mais genomas. Na espécie humana, os indivíduos com haploidia são geralmente pequenos e estéreis, enquanto na maioria dos casos de poliploidia são observados abortos espontâneos. Os raros casos relatados que chegaram a termo ($3n$) eram natimortos ou tiveram morte neonatal. A triploidia pode ser causada pelos seguintes erros: erro na fase de maturação da gametogênese; erro na divisão meiótica, como aqueles relacionados à retenção do corpúsculo polar ou à formação de um espermatozoide diploide; e erro na fertilização, quando um ovócito é fertilizado por dois espermatozoides (dispermia). Entretanto, é comum encontrarmos células poliploides (número de cromossomos até $16n$) no fígado, na medula óssea e nos tumores sólidos.
- **Aneuploidias:** são alterações que envolvem um ou mais cromossomos de cada par, dando origem a múltiplos não exatos do número haploide característico da espécie. A principal causa das aneuploidias é a não disjunção (separação) de um ou mais cromossomos durante a anáfase I, a anáfase II ou a anáfase das mitoses que ocorrem no zigoto. Durante a meiose I, a não disjunção está relacionada com a formação de gametas com dois cromossomos de um mesmo par (um de origem paterna e o outro de origem materna), em vez de apenas um cromossomo. Se a não disjunção ocorrer na meiose II, serão formados gametas com dois

cromossomos de origem idêntica (materna ou paterna). Quando a não disjunção ocorre nas primeiras divisões mitóticas, durante a formação do zigoto podem ser formadas duas ou mais linhagens celulares no mesmo indivíduo, fenômeno conhecido como mosaicismo. A ocorrência do fenômeno de não disjunção está relacionada com os seguintes fatores: a presença dos cromossomos acrocêntricos; a ovulogênese materna, uma vez que ela fica muito tempo em estado estacionário (prófase I); e a perda de um cromossomo, provavelmente em razão de um "atraso" na separação de um dos cromossomos, durante a anáfase. As principais aneuploidias são as seguintes: nulissomia (2n-2), quando ocorre a perda dos dois membros de um par cromossômico, que geralmente são letais; monossomia (2n-1), na qual ocorre a perda de um dos cromossomos de um mesmo par, sendo na maioria letais, com exceção da monossomia do cromossomo X; e trissomia (2n+1), quando um cromossomo encontra-se repetido três vezes, estando relacionadas com malformações congênitas múltiplas e deficiência mental (exemplo: trissomia do cromossomo 21 ou síndrome de Down) (BORGES-OSÓRIO; ROBINSON, 2013).

Alterações estruturais: são alterações na estrutura dos cromossomos, que resultam de uma ou mais quebras em ou mais cromossomos, que, reunidos em diferentes configurações, podem formar arranjos balanceados ou não balanceados. As quebras em cromossomos ou cromátides podem ocorrer de forma espontânea ou sob a ação de agentes externos (exemplos: radiação, drogas e vírus), sendo que as extremidades resultantes podem estar envolvidas nos seguintes eventos: união das extremidades rompidas, restaurando, dessa forma, a sua estrutura original; não ligação das extremidades rompidas, com consequente perda do segmento cromossômico acêntrico (sem centrômero); e deficiência do segmento cromossômico com o centrômero. As mutações ou alterações estruturais são classificadas da seguinte forma:

- **Deleções ou deficiências:** são perdas de segmentos cromossômicos, que podem ocorrer como resultado de uma quebra simples, sem reunião das extremidades quebradas (deleção terminal) ou de uma quebra dupla, com perda do segmento interno e reunião dos segmentos quebrados (deleção intersticial) (Figura 1a). Os efeitos das deleções são geralmente graves, como a síndrome do *cri-du-chat*, ou "miado do gato", causada pela perda de um segmento do braço curto do cromossomo 5.

- **Duplicação:** ocorre em razão da repetição de um segmento cromossômico, causando um aumento do número de genes. A principal causa dessa alteração estrutural é a ocorrência de *crossing-over* desigual entre as cromátides homólogas durante a meiose (Figura 1b). No geral, as duplicações são menos danosas do que as deleções, sendo consideradas importantes durante a evolução das espécies, uma vez que os genes duplicados por mutações podem dar origem a novos genes.
- **Cromossomo em anel:** ocorre quando um cromossomo apresenta duas deleções terminais e suas extremidades (sem os telômeros) unem-se, formando um cromossomo em formato de anel (Figura 1c). Essa alteração estrutural está relacionada com instabilidade durante a divisão celular.

Saiba mais

Nos rearranjos balanceados, o complemento cromossômico é completo e a maior parte dos casos são inofensivos. Entretanto, nos rearranjos não balanceados, o complemento cromossômico contém uma quantidade incorreta de material genético e os efeitos clínicos são geralmente muito graves (BORGES-OSÓRIO; ROBINSON, 2013).

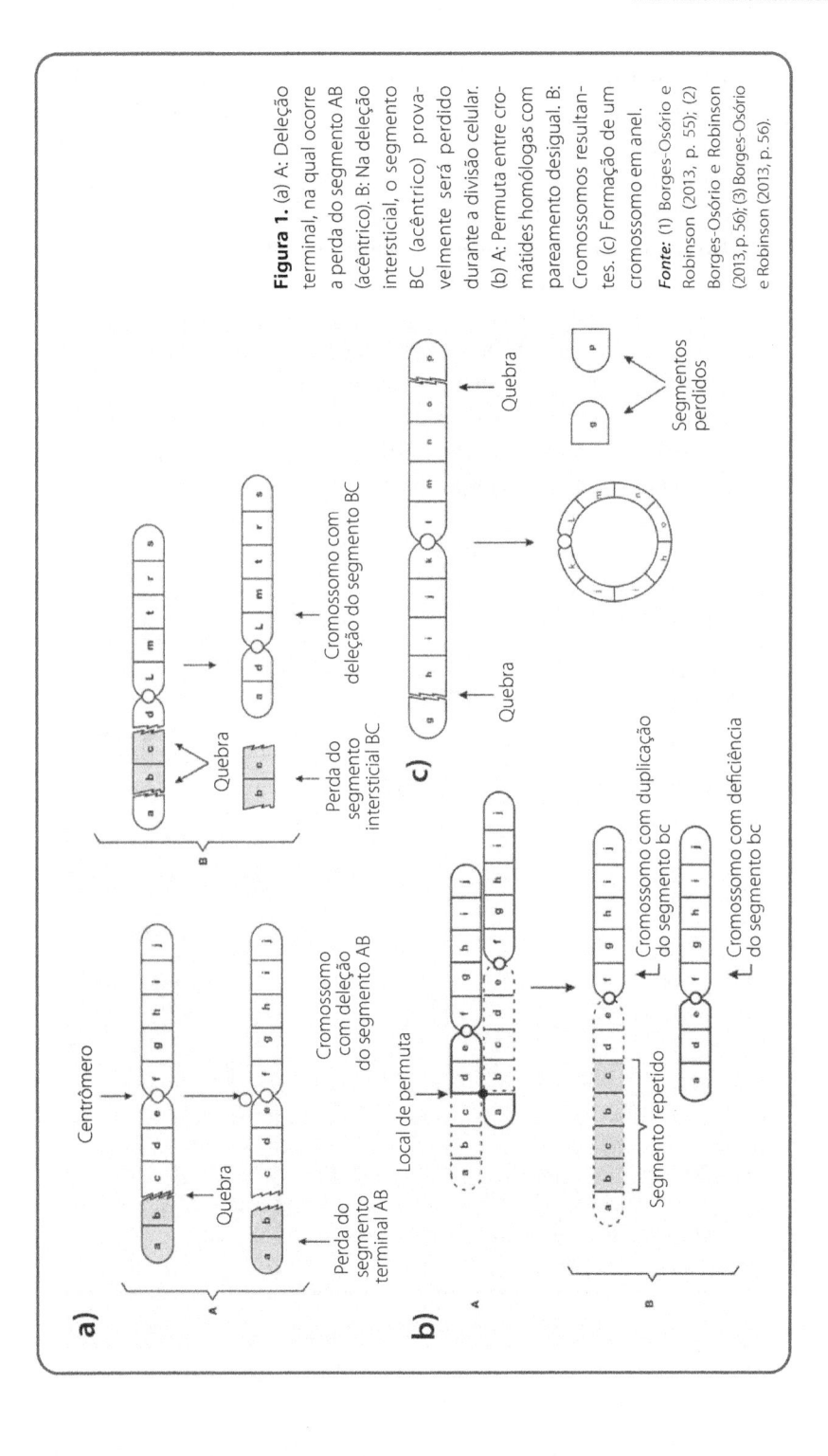

Figura 1. (a) A: Deleção terminal, na qual ocorre a perda do segmento AB (acêntrico). B: Na deleção intersticial, o segmento BC (acêntrico) provavelmente será perdido durante a divisão celular. (b) A: Permuta entre cromátides homólogas com pareamento desigual. B: Cromossomos resultantes. (c) Formação de um cromossomo em anel.

Fonte: (1) Borges-Osório e Robinson (2013, p. 55); (2) Borges-Osório e Robinson (2013, p. 56); (3) Borges-Osório e Robinson (2013, p. 56).

- **Isocromossomo:** é formado durante a divisão celular, quando o centrômero se divide de forma transversal ao invés de longitudinal. Como resultado dessa divisão anormal, os dois cromossomos resultantes são metacêntricos, sendo duplicados para um dos braços originais, e deficientes para o outro (Figura 2a).
- **Inversão:** quando ocorre uma mudança de 180° na direção de um segmento cromossômico. Esse processo ocorre a partir de uma quebra em dois sítios diferentes do cromossomo, seguida pela reunião do segmento de forma invertida. Quando o centrômetro se situa dentro do segmento invertido, a inversão é denominada pericêntrica, sendo paracêntrica quando o centrômero não participa desse processo (Figura 2b). Essa alteração estrutural é um rearranjo balanceado, dessa forma, raramente causa problemas nos seus portadores.

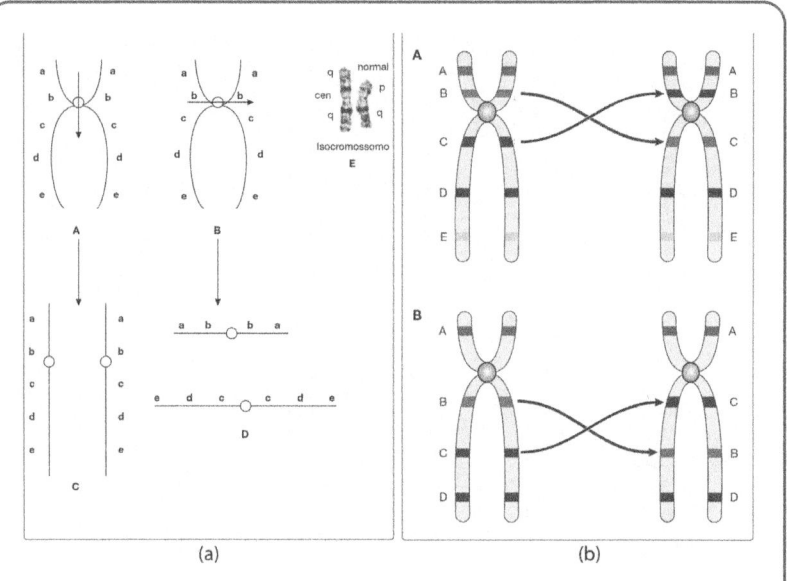

Figura 2. (a) A: divisão do centrômero no sentido longitudinal; B: divisão do centrômero no sentido transversal; C: cromossomos resultantes da divisão normal; D: cromossomos resultantes da divisão anormal; E: fotomicrografia de um cromossomo normal, apresentando os braços p e q junto a um isocromossomo que apresenta dois braços q, com ausência do braço p. (b) A: Inversão pericêntrica; B: Inversão paracêntrica.
Fonte: Adaptada de Borges-Osório e Robinson (2013, p. 57).

- **Translocação:** nessa alteração estrutural, ocorre a transferência de segmentos cromossômicos entre cromossomos, geralmente não homólogos. Nas translocações recíprocas, ocorre a troca de segmentos entre os cromossomos que sofreram quebras. Entretando, nas translocações não recíprocas, o segmento de um cromossomo liga-se ao outro, mas não ocorre troca entre eles. Nas translocações robertsonianas ou fusões cêntricas, dois cromossomos acrocêntricos sofrem quebras nas regiões centroméricas, ocorrendo trocas de braços cromossômicos inteiros (Figura 3).

Exemplo

Um exemplo de alteração não recíproca é a que ocorre entre os cromossomos 9 e 22, quando um segmento do braço longo do cromossomo 22 é translocado para o cromossomo 9. Dessa forma, o cromossomo 22 apresenta uma deleção do seu braço longo e forma o chamado cromossomo *Philadelphia*, que é encontrado em indivíduos com leucemia mieloide crônica.

As alterações cromossômicas descritas anteriormente podem estar presentes em todas as células do corpo, constituindo uma anomalia constitucional. Entretanto, essas alterações podem estar presentes em somente algumas células ou tecidos do indivíduo, sendo denominada anomalia somática. Um indivíduo com uma anomalia somática é chamado de mosaico, já que tem populações de células com constituições cromossômicas diferentes (BORGES-OSÓRIO; ROBINSON, 2013)

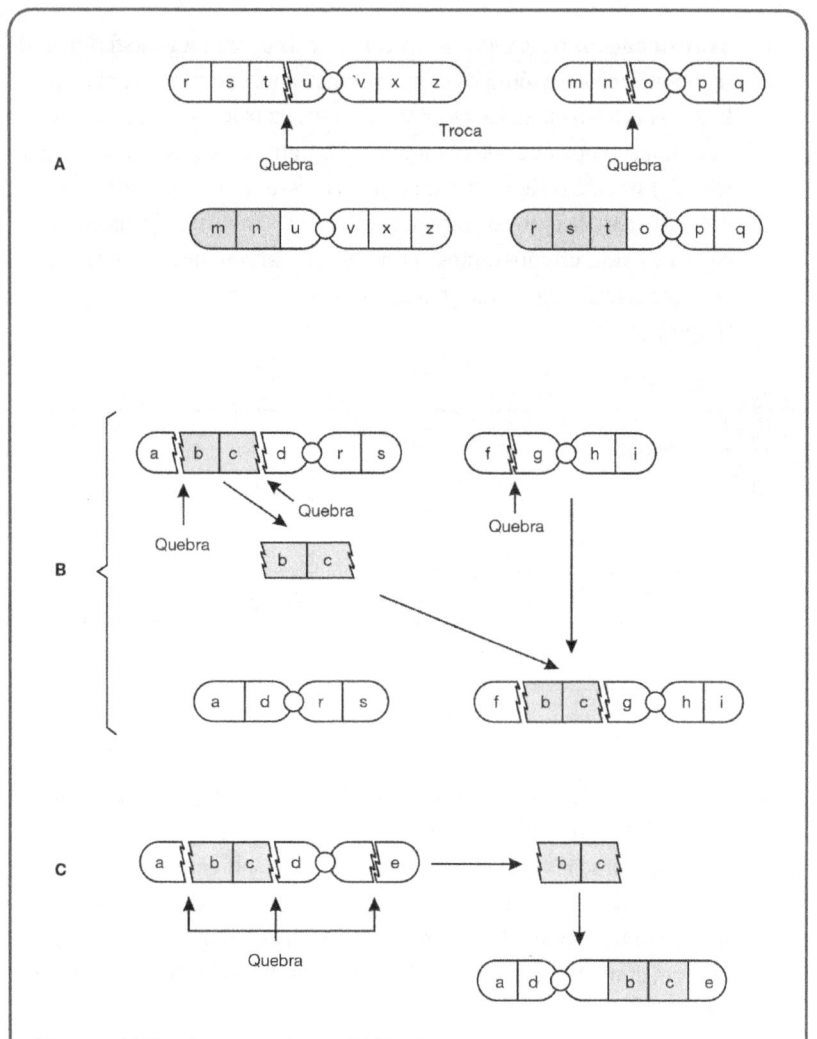

Figura 3. (a) Translocação recíproca. (b) Translocação não recíproca entre cromossomos diferentes. (c) Translocação recíproca entre o mesmo cromossomo.
Fonte: Borges-Osório e Robinson (2013, p. 59).

O momento adequado para o estudo dos cromossomos é durante a metáfase da divisão mitótica, pois, nesse momento, os cromossomos apresentam seu maior grau de compactação. Além disso, devem ser utilizados tecidos com alta taxa de multiplicação celular para os estudos *in vivo*, ou fazer as células se multiplicarem *in vitro*. Algumas técnicas mais recentes permitem o estudo dos cromossomos na prometáfase, fase na qual os cromossomos estão mais estendidos, o que permite o estudo por meio das técnicas de bandeamento. A seguir, serão apresentadas as principais técnicas utilizadas para o estudo dos cromossomos.

Microtécnica ou microcultura: é a técnica clássica para o estudo dos cromossomos, sendo baseada no estudo de uma cultura de leucócitos *in vitro*, os quais são expostos à colchicina, que interrompe a mitose durante a metáfase e permite o estudo dos cromossomos.

Técnicas de bandeamento cromossômico: os cromossomos podem ser identificados por meio de diferentes técnicas de coloração, sendo as mais utilizadas as que estão descritas nos itens a seguir.

- **Bandas Q:** possibilita a identificação de cada par cromossômico pelo padrão característico de bandas que ele apresenta após o tratamento com quinacricina mostarda, uma substância fluorescente.
- **Bandas G:** essa técnica é mais utilizada que a anterior, pois não necessita da utilização de um microscópio de fluorescência, uma vez que o corante empregado é a Giemsa. Após o emprego da técnica, os cromossomos apresentam um padrão de bandas claras e escuras, no qual as faixas escuras correspondem às que ficariam brilhantes na técnica de bandas Q. As bandas G escuras contêm ácido desoxirribonucleico (DNA) rico em bases adenina e timina (AT) e as bandas G claras contêm DNA rico em bases guanina e citosina (GC). A maioria dos pontos de quebra e rearranjo cromossômico ocorre nas bandas claras, que são o local onde estão localizados genes com intensa atividade (Figura 4).
- **Bandas R:** apesar de os cromossomos também serem corados com Giemsa, o padrão de bandas apresentado pelos cromossomos após essa técnica é o inverso das duas técnicas de bandeamento anteriores. Esse tipo de bandeamento é utilizado quando os cromossomos se apresentam mal corados pelos padrões das bandas Q e G.
- **Bandas C:** nessa técnica, a coloração também é realizada com Giemsa, mas apresenta como objetivo destacar regiões específicas do cromossomo, que apresentam o DNA altamente repetitivo (p. ex., centrômeros e porção distal do cromossomo Y).

- **Bandas T:** é utilizada para marcar regiões teloméricas ou terminais dos cromossomos.
- **Bandas G de alta resolução ou padrão de bandas em prometáfase:** é uma técnica que utiliza o padrão de bandas G ou R para corar cromossomos no início da mitose, momento no qual estão menos condensados. A utilização dessa técnica é particularmente útil quando existem suspeitas de uma anomalia cromossômica sutil.

Saiba mais

Uma banda cromossômica é definida como um segmento que pode ser distinguido dos segmentos vizinhos. Cada braço de um cromossomo pode ser dividido em regiões numeradas, as quais são subdivididas em bandas. Por exemplo, a denominação 5p3 indica a região 3 do braço curto do cromossomo 5 (BORGES-OSÓRIO; ROBINSON, 2013).

Os avanços tecnológicos possibilitaram o desenvolvimento das técnicas de citogenética molecular, como a hibridização *in situ* por fluorescência (FISH). Essa técnica é utilizada para a detecção da presença, da ausência, do número de cópias e da localização de uma determinada sequência de DNA nos cromossomos. Além disso, a técnica de FISH pode ser utilizada na identificação de anormalidades cromossômicas associadas às malformações e ao câncer. A base dessa técnica consiste na utilização de uma fita simples de DNA (sonda) que se enrola na sua sequência complementar. Essa sonda pode ser marcada por meio da incorporação de nucleotídeos quimicamente modificados, que são diretamente fluorescentes ou que podem ser detectados pela ligação à uma molécula fluorescente (Figura 4) (BORGES-OSÓRIO; ROBINSON, 2013; KLUG et al. 2012).

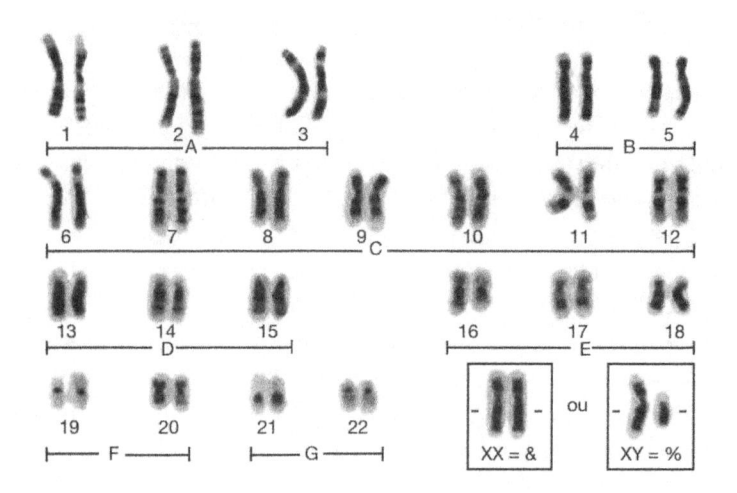

Figura 4. Cariótipo humano normal corado pela técnica de bandas G.
Fonte: Borges-Osório e Robinson (2013, p. 101).

Link

No link a seguir, você pode assistir a um vídeo em que os pesquisadores utilizam a técnica de FISH:

https://goo.gl/P29u2J

Leia também os artigos relacionados à aplicação dessa técnica:

https://goo.gl/2Q1abw

https://goo.gl/cmr24k

Síndromes cromossômicas numéricas

As principais síndromes cromossômicas numéricas autossômicas e sexuais estão descritas a seguir, com o intuito de facilitar a sua compreensão:

Síndrome de Down: é a única trissomia humana, na qual um número significativo de indivíduos sobrevive após o primeiro ano de vida, sendo causada por uma cópia extra do cromossomo 21 (47 XY ou XX +21). Essa síndrome é encontrada em aproximadamente 1 criança a cada 800 nascidos vivos. As características fenotípicas da síndrome são as seguintes: prega epicântica proeminente nos olhos; cabeça arredondada; face achatada; baixa estatura; língua sulcada e protusa; mãos curtas e largas com padrões de impressões digitais e palmares característicos; tônus muscular diminuído; e deficiências psicomotora e mental. As crianças afetadas pela síndrome são propensas ao desenvolvimento de doenças respiratórias, malformações cardíacas e leucemias. A causa mais frequente dessa trissomia é a não disjunção do cromossomo 21 durante a meiose (anáfases I ou II), sendo o ovócito o maior portador dessa alteração cromossômica (95% dos casos). Diversos estudos demonstram um aumento da ocorrência da síndrome com o aumento da idade materna (1 caso a cada 100 nascidos vivos, aos 40 anos), o que pode estar relacionado com a suspensão da meiose na ovulogênese e com a idade dos ovócitos (Figura 5).

Síndrome de Patau: é uma trissomia relacionada com uma cópia adicional do cromossomo 13 (47 XY ou XX +13). As crianças acometidas (1 caso em 19.000 nascidos vivos) por essa síndrome não são mentalmente alertas, são consideradas surdas e apresentam como características a fissura labial, a fissura palatina e a polidactilia. Além disso, são comuns as malformações congênitas, sendo que a sobrevivência média dos acometidos é de três meses. Geralmente, a idade dos genitores é mais alta (em média 32 anos), mas menor do que nos casos da síndrome de Down.

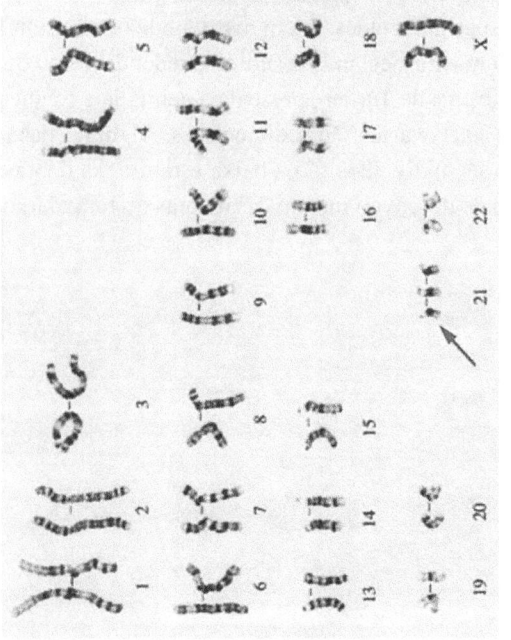

Figura 5. O cariótipo e a fisionomia de uma criança com síndrome de Down.
Fonte: Klug et al. (2012, p. 202).

Síndrome de Edwards: o fenótipo da criança com a trissomia do cromossomo 18 (47 XY ou XX +18), assim como o das duas trissomias anteriores, é mais um exemplo de que um cromossomo extra pode provocar malformações congênitas e redução da expectativa de vida. Além disso, os portadores (1 caso em 8.000 nascidos vivos) apresentam o crânio alongado no sentido anteroposterior, as orelhas malformadas e de baixa implantação, o pescoço com excesso de pele, o quadril deslocado e alterações na oclusão entre o maxilar e a mandíbula. O tempo de sobrevivência é de aproximadamente quatro meses, sendo a morte geralmente causada por pneumonia ou insuficiência cardíaca. Mais uma vez, a idade média materna é alta, em média 34,7 anos, segundo uma estimativa.

Síndromes de Klinefelter e de Turner: os indivíduos com síndrome de Klinefelter (1 caso para cada 600 nascimentos masculinos) apresentam mais de um cromossomo X (47, XXY), enquanto os com síndrome de Turner (1 caso para cada 2.000 nascimentos femininos), frequentemente, apresentam apenas 45 cromossomos, incluindo apenas um cromossomo X (45, X). Ambas as condições estão relacionadas com a não disjunção dos cromossomos X durante a meiose. Os indivíduos com a síndrome de Klinefelter são altos, com braços e pernas longas, assim como mãos e pés grandes. Esses indivíduos apresentam genitália e ductos masculinos, mas os testículos são rudimentares e não produzem espermatozoides. Além disso, pode ocorrer um leve desenvolvimento das mamas (ginecomastia) e um arredondamento do quadril. O indivíduo com síndrome de Turner apresenta a genitália e os ductos internos femininos, mas os seus ovários são rudimentares. Algumas das características fenotípicas desses indivíduos são a baixa estatura, as dobras de pele no pescoço, a redução do desenvolvimento das mamas e o tórax largo (Figura 6).

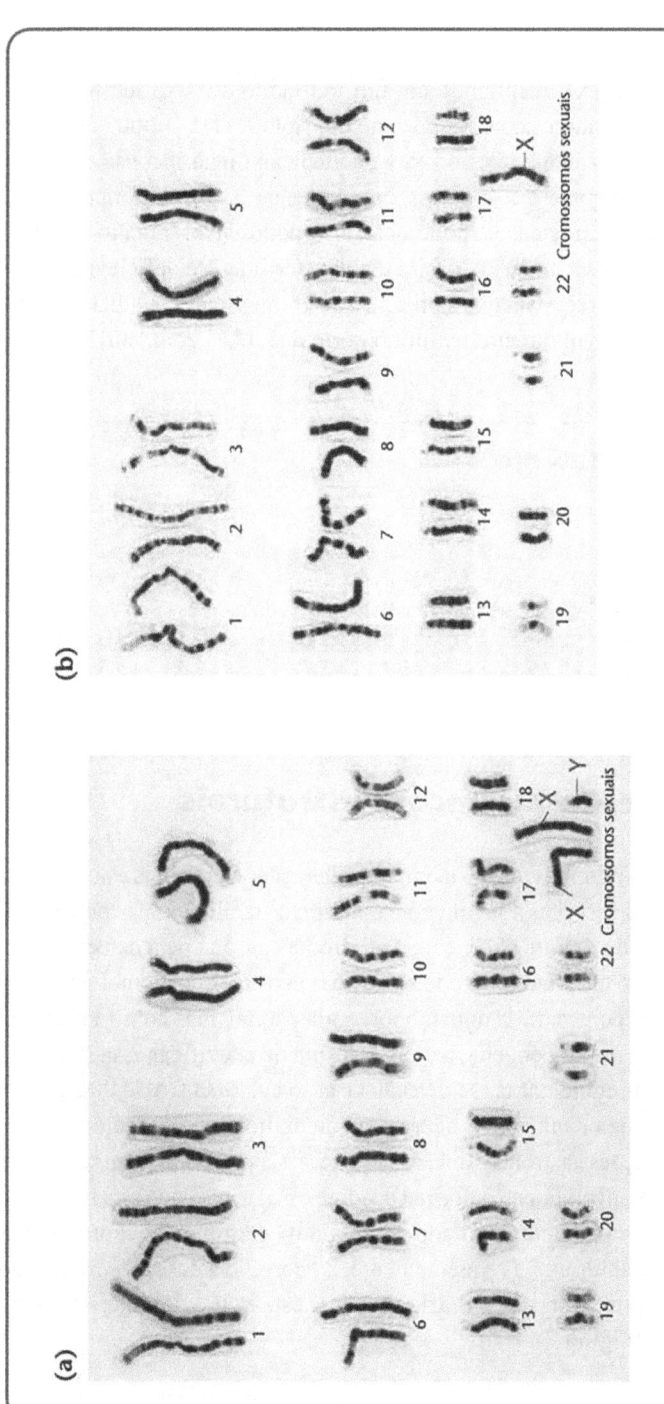

Figura 6. Cariótipos de indivíduos com a síndrome de Klinefelter (a) e com a síndrome de Turner (b).
Fonte: Klug et al. (2012, p. 179).

Síndrome do triplo X: é caracterizada pela presença de três cromossomos X (47, XXX), resultando em um indivíduo do sexo feminino. Com frequência, as mulheres com a síndrome do triplo X (1 de 1.000 nascimentos femininos) são perfeitamente normais e podem continuar inconscientes dessa anormalidade no número de cromossomos, a menos que seu cariótipo seja feito. Entretanto, em outros casos, pode ocorrer hipodesenvolvimento das características sexuais secundárias, assim como esterilidade e deficiência mental. Dessa forma, é perceptível que a presença de cromossomos X adicionais pode perturbar o desenvolvimento feminino normal (KLUG et al., 2012).

> **Fique atento**
>
> Os cariótipos das síndromes de Klinefelter e de Turner, assim como os seus fenótipos correspondentes, levaram os cientistas a concluir que o cromossomo Y determina a masculinização na espécie humana. Na ausência do cromossomo Y, o sexo do indivíduo é feminino, enquanto na sua presença, o sexo do indivíduo é masculino (KLUG et al., 2012).

Síndromes de alterações estruturais

As principais síndromes relacionadas com alterações estruturais e doenças citogenéticas estão descritas a seguir, com o intuito de facilitar a sua compreensão:

Síndrome de *cri-du-chat*: é uma síndrome causada pela deleção de uma pequena porção terminal (microdeleção) do braço curto do cromossomo 5 (46, 5p-). Podemos considerá-la uma monossomia parcial, mas como a região que está faltando é muito pequena, a melhor forma de classificar essa síndrome é como deleção segmentar. Essa deleção (1 caso em 25.000 a 50.000 nascidos vivos) está relacionada com a ocorrência de malformações anatômicas, que incluem alterações gastrointestinais e cardíacas, sendo muitas vezes deficientes mentais. O desenvolvimento anormal da glote e da laringe, que está relacionado com o choro semelhante ao miado de um gato (síndrome do choro do gato), é típico de tal síndrome. Frequentemente, a ocorrência dessa síndrome não é hereditária, resultando, ao contrário, da perda esporádica de material genético nos gametas (Figura 7).

Alterações cromossômicas 91

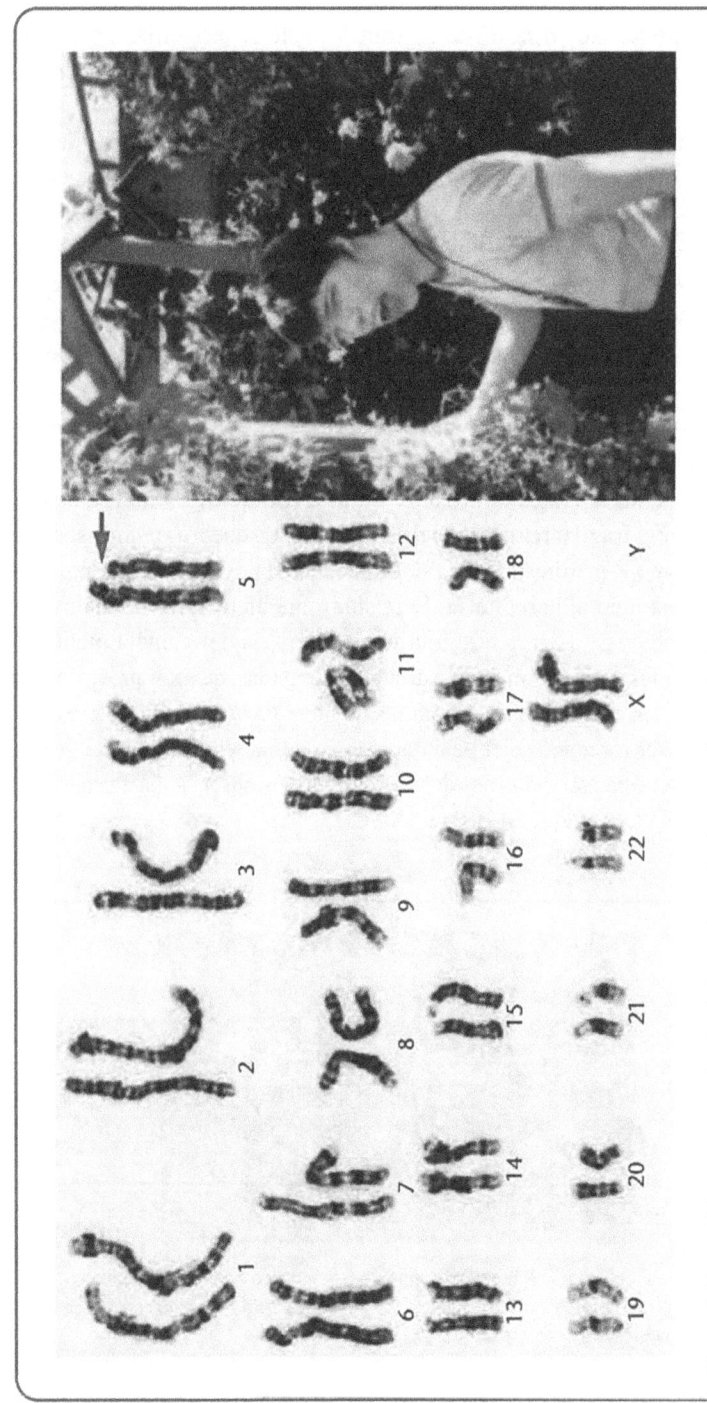

Figura 7. Um cariótipo representativo da síndrome de *cri-du-chat* e uma fotografia de uma criança que apresenta a síndrome.
Fonte: Klug et al. (2012, p. 210).

Síndrome de Down familiar: a translocação robertsoniana é um tipo comum de rearranjo cromossômico na espécie humana, sendo responsável pelos casos hereditários da síndrome de Down. Nesses casos, um dos genitores tem a maior parte do cromossomo 21 translocada para a extremidade do cromossomo 14. Esse indivíduo é fenotipicamente normal, ainda que tenha somente 45 cromossomos. Entretanto, após a meiose, com os cromossomos homólogos segregando para os polos opostos, 25% dos gametas desse indivíduo apresentarão duas cópias do cromossomo 21 (um cromossomo normal e uma segunda cópia translocada para o cromossomo 14). Quando esses gametas se unirem a outro gameta haploide normal, o zigoto resultante apresentará 46 cromossomos, mas três cópias do cromossomo 21. O conhecimento desse mecanismo permitiu que os geneticistas resolvessem o paradoxo de um fenótipo trissômico hereditário em um indivíduo aparentemente diploide.

Síndrome do X frágil (síndrome de Martin-Bell): os indivíduos que contêm um sítio frágil (área suscetível à ocorrência de quebras cromossômicas) no cromossomo X manifestam essa síndrome, que representa a principal causa de deficiência mental hereditária. Essa síndrome afeta aproximadamente 1 em 4.000 homens e 1 em 8.000 mulheres. Além da deficiência mental, os homens afetados apresentam faces estreitas e alongadas, queixos proeminentes, orelhas grandes e testículos aumentados. O gene *FMR-1*, que abrange o sítio frágil, pode ser o responsável pela ocorrência dessa síndrome, uma vez que sua inativação está associada aos defeitos cognitivos observados nos pacientes (Figura 8) (KLUG et al., 2012).

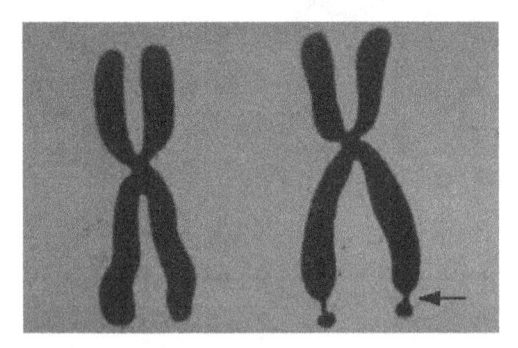

Figura 8. Um cromossomo X humano normal (à esquerda) comparado com um cromossomo X frágil (à direita). A região de "constrição" identifica o sítio frágil do cromossomo X e está associada à síndrome.
Fonte: Klug et al. (2012, p. 219).

Saiba mais

O gene *FHIT*, localizado no interior do sítio frágil denominado *FRA3B* (braço curto do cromossomo 3), frequentemente está alterado ou ausente nas células obtidas de tumores de indivíduos com câncer de pulmão, de mama, de colo uterino, de esôfago, entre outros. A análise molecular de numerosas mutações evidenciou que o DNA se quebrará e voltará a se unir incorretamente, resultando em deleções no gene *FHIT*. Os genes que estão localizados em regiões frágeis são mais sujeitos à ocorrência de mutações e deleções (KLUG et al., 2012).

Síndrome de Wolf-Hirschhorn: é uma síndrome relacionada com a deleção parcial do braço curto do cromossomo 4 (4p-). Os pacientes acometidos pela síndrome apresentam microcefalia, baixo peso ao nascer, face típica (ponte nasal proeminente), deficiência mental e lábio leporino, com e sem fenda palatina. Essa deleção geralmente está relacionada com quebras aleatórias, sendo que o ponto de quebra proximal varia entre os pacientes, mas a deleção sempre abrange uma região crítica específica da síndrome (SCHAEFER; THOMPSON JUNIOR, 2015).

Exercícios

1. Algumas alterações cromossômicas são mais frequentes na população, como a síndrome de Down, que acomete 1 em cada 800 nascidos vivos no mundo. Na grande maioria dos casos, essa trissomia está relacionada com a presença de um cromossomo 21 extranumérico. Com relação às alterações cromossômicas numéricas, assinale a alternativa correta.

a) Os indivíduos com síndrome de Klinefelter têm o cariótipo 47, XXY, sendo que a presença do cromossomo Y extranumérico está relacionada com a não disjunção meiótica.

b) Os indivíduos com síndrome de Patau têm o cariótipo 47, XYY, sendo que a presença do cromossomo Y extranumérico está relacionada com a não disjunção meiótica.

c) Os indivíduos com síndrome de Turner têm o cariótipo 45, X, sendo que a ausência do cromossomo X está relacionada com a não disjunção meiótica.

d) Os indivíduos com a síndrome de Edwards têm um par de

cromossomos homólogos adicional, sendo que a sua ocorrência está relacionada com o aumento da idade materna.

e) Os indivíduos com a síndrome do triplo X têm o cariótipo 47, XXX, resultando em um indivíduo do sexo feminino que apresenta diversas malformações congênitas.

2. O conjunto cromossômico característico da espécie é denominado cariótipo, sendo cariograma a ordenação desses cromossomos segundo classificação padrão. Esse estudo dos cromossomos é indicado para o diagnóstico de pacientes com suspeita de alterações cromossômicas ou em situações clínicas específicas. O cariograma a seguir é pertencente a um indivíduo com qual síndrome?

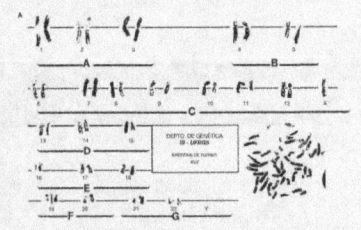

Fonte: Borges-Osório e Robinson (2013, p. 135).

a) Síndrome de Down.
b) Síndrome de Klinefelter.
c) Síndrome do triplo X.
d) Síndrome de Patau.
e) Síndrome de Turner.

3. Uma paciente de 18 anos fenotipicamente normal, tia de um menino que apresenta síndrome de Down, foi encaminhada para um centro de aconselhamento genético. A paciente foi submetida à coleta de sangue para posterior análise do cariótipo. A figura a seguir apresenta o cariograma parcial dessa mulher. Com relação ao resultado da análise genética, assinale a alternativa correta.

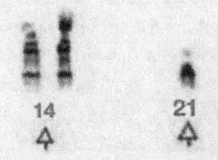

Fonte: Adaptada de Borges-Osório e Robinson (2013, p. 114).

a) A paciente apresenta uma monossomia e tem risco aumentado de ter uma criança com uma anomalia cromossômica, quando comparada com mulheres da mesma população e da mesma faixa etária.

b) A paciente apresenta uma trissomia e tem risco aumentado de ter uma criança com uma anomalia cromossômica, quando comparada com mulheres da mesma população e da mesma faixa etária.

c) A paciente apresenta uma trissomia, mas não tem risco aumentado de ter uma criança com uma anomalia cromossômica, quando comparada a mulheres da mesma população e da mesma faixa etária.

d) A paciente apresenta uma translocação cromossômica e tem risco aumentado de ter uma criança com uma anomalia cromossômica, quando comparada com mulheres da mesma população e da mesma faixa etária.

e) A paciente apresenta uma translocação cromossômica,

mas não tem risco aumentado de ter uma criança com uma anomalia cromossômica, quando comparada com mulheres da mesma população e da mesma faixa etária.

4. Os cromossomos podem ser identificados por meio de diferentes técnicas de coloração, sendo a técnica de bandeamento cromossômico G uma das mais utilizadas na rotina laboratorial. Com relação a essa técnica, analise as afirmações a seguir.

I. No bandeamento G, cada par de cromossomos cora em um padrão típico de bandas claras e escuras.

II. As bandas escuras obtidas por bandeamento G contêm DNA rico em bases adenina e timina (AT).

III. As bandas claras obtidas por bandeamento G correspondem às bandas brilhantes obtidas com tratamento de quinacrina mostarda (bandas Q).

IV. A maioria dos pontos de quebra e rearranjo cromossômico ocorre nas bandas escuras, que são o local onde estão localizados os genes com intensa atividade.

Quais afirmações estão corretas?

a) I e II.
b) I e III.
c) I, II e III.
d) II, III e IV.
e) Todas as alternativas estão corretas.

5. A análise de uma cultura de linfócitos de sangue periférico e coloração para banda G revelou uma proporção de 60 células com cariótipo (45, X) e 37 células com cariótipo (47, XY+21), para as 97 células analisadas durante a metáfase. Após realizar a análise dos cariótipos, você concluiu que o paciente apresenta:

a) síndrome de Turner.
b) síndrome de Klinefelter
c) síndrome de Down.
d) síndrome de Edwards.
e) mosaicismo.

Referências

BORGES-OSÓRIO, M. R.; ROBINSON, W. M. *Genética humana*. 3. ed. Porto Alegre: Artmed, 2013.

KLUG, W. S. et al. *Conceitos de genética*. 9. ed. Porto Alegre: Artmed, 2012.

SCHAEFER, G. B.; THOMPSON JUNIOR, J. N. *Genética médica*: uma abordagem integrada. Porto Alegre: Penso, 2015.

Leituras recomendadas

AGRILLO, M. R. et al. Leucemia promielocítica aguda: caracterização de alterações cromossômicas por citogenética tradicional e molecular (FISH). *Revista Brasileira de Hematologia e Hemoterapia*, v. 27, n. 2, p. 94-101, jun. 2005. Disponível em: <http://www.scielo.br/scielo.php?script=sci_arttext&pid=S1516-84842005000200008&lng=en&nrm=iso>. Acesso em: 10 out. 2018.

CAMPOS, E. C. R. et al. Análise do gene PTEN por hibridização in situ fluorescente no carcinoma de células renais. *Revista do Colégio Brasileiro de Cirurgiões*, v. 40, n. 6, p. 471-475, dez. 2013. Disponível em: <http://www.scielo.br/scielo.php?script=sci_arttext&pid=S0100-69912013000600009&lng=en&nrm=iso>. Acesso em: 10 out. 2018.

STRACHAN, T.; READ, A. *Genética molecular humana*. 4. ed. Porto Alegre: Artmed, 2014.

Padrão de herança genética

Objetivos de aprendizagem

Ao final deste texto, você deve apresentar os seguintes aprendizados:

- Identificar o padrão de herança genética autossômica dominante e recessiva.
- Reconhecer o padrão de herança genética ligada ao cromossomo X.
- Descrever como funciona o padrão de herança dos genes mitocondriais e genes localizados nos cromossomos sexuais.

Introdução

Os principais tipos de herança monogênica são a **autossômica**, quando os genes responsáveis pela característica estão localizados nos cromossomos autossômicos, e a **ligada ao X** ou **ligada ao sexo**, que está relacionada principalmente com genes localizados no cromossomo X, uma vez que os genes do cromossomo Y estão relacionados principalmente com a determinação do sexo masculino e das características sexuais secundárias masculinas. Além disso, a herança **mitocondrial**, que está relacionada com os genes contidos no ácido desoxirribonucleico (DNA) mitocondrial, é exclusivamente de origem materna. Todavia, a herança que está relacionada com os genes localizados no cromossomo Y é denominada **holândrica**. Existem diversos exemplos de doenças determinadas por essas características, as quais podem ser reconhecidas por meio da análise criteriosa das genealogias.

Neste capítulo, você vai identificar o padrão de herança genética autossômica e ligada ao cromossomo X, assim como vai compreender a herança dos genes mitocondriais e dos genes localizados nos cromossomos sexuais.

Herança genética autossômica

Na herança monogênica **autossômica**, os genes responsáveis pelas características estão localizados nos cromossomos autossômicos. Esse tipo de herança pode apresentar-se como uma característica **dominante**, na qual a expressão do fenótipo ocorre mesmo quando o gene está em dose simples ou heterozigose. Nas características dominantes comuns, como a presença de sardas, qualquer genótipo pode ser encontrado com alta frequência na população. Vamos denominar por "S" o alelo para a presença de sardas e por "s" o alelo para a sua ausência. Como a característica "sardas" é dominante sobre a sua ausência, os indivíduos que expressam esse fenótipo podem ter o genótipo "SS" ou "Ss", enquanto os que não o expressam podem ter somente o genótipo "ss" (Quadro 1).

Entretanto, se a característica for rara na população, nem todos os genótipos podem ser frequentemente observados. Nesse caso, para que um indivíduo seja homozigoto, ambos os genitores devem ter o gene em questão (heterozigotos), o que para uma característica rara é pouco provável que aconteça. Além disso, como muitos genes relacionados com características raras são letais em homozigose, quando ocorrer o casamento entre dois heterozigotos, a probabilidade de nascer um indivíduo homozigoto é muito pequena. Dessa forma, na herança autossômica dominante rara, a prole afetada nasce, geralmente, de um casal em que um dos cônjuges é heterozigoto e afetado e o outro é normal. Os critérios utilizados para o reconhecimento da herança autossômica dominante rara são descritos a seguir (observe as Figuras 1 e 2) (BORGES-OSÓRIO; ROBINSON, 2013). O Quadro 1 a seguir apresenta um resumo dos fenótipos esperados de acordo com diversas combinações genotípicas.

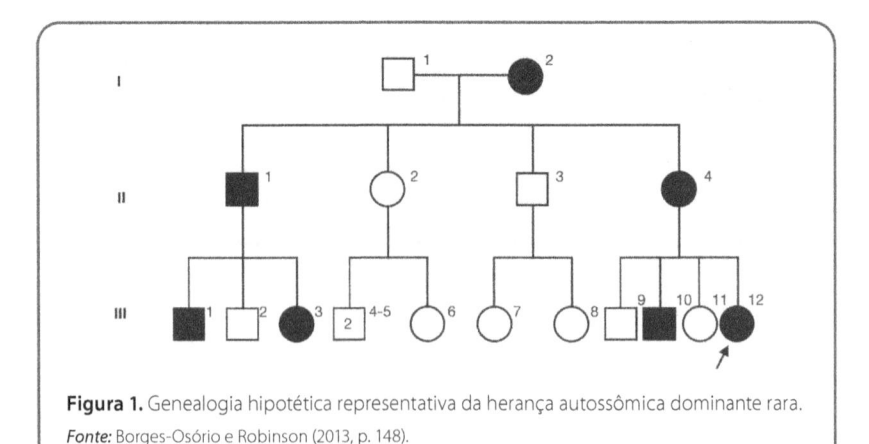

Figura 1. Genealogia hipotética representativa da herança autossômica dominante rara.
Fonte: Borges-Osório e Robinson (2013, p. 148).

A característica é **autossômica** porque:

- Aparece igualmente entre homens em mulheres.
- Pode ser transmitida diretamente entre homens.

A característica é **dominante** porque:

- Não ocorrem saltos de gerações.
- Somente os afetados têm filhos afetados.
- Em média, um afetado tem 50% de chance de os seus filhos serem também afetados.

Quadro 1. Tipos de casamento e descendência esperada na herança autossômica

Tipos de casamento		Descendência	
Genótipos	Fenótipos	Genótipos	Fenótipos
SS x SS	Com sardas × com sardas	100% SS	100% com sardas
SS x Ss	Com sardas × com sardas	50% SS	100% com sardas
		50% Ss	
SS x ss	Com sardas × sem sardas	100% Ss	100% com sardas
Ss x Ss	Com sardas × com sardas	25% SS	
		50% Ss	75% com sardas
		25% ss	25% sem sardas
Ss x ss	Com sardas × sem sardas	50% Ss	50% com sardas
		50% ss	50% sem sardas
ss x ss	Sem sardas × sem sardas	100% ss	100% sem sardas

Fonte: Adaptado de Borges-Osório e Robinson (2013, p. 148).

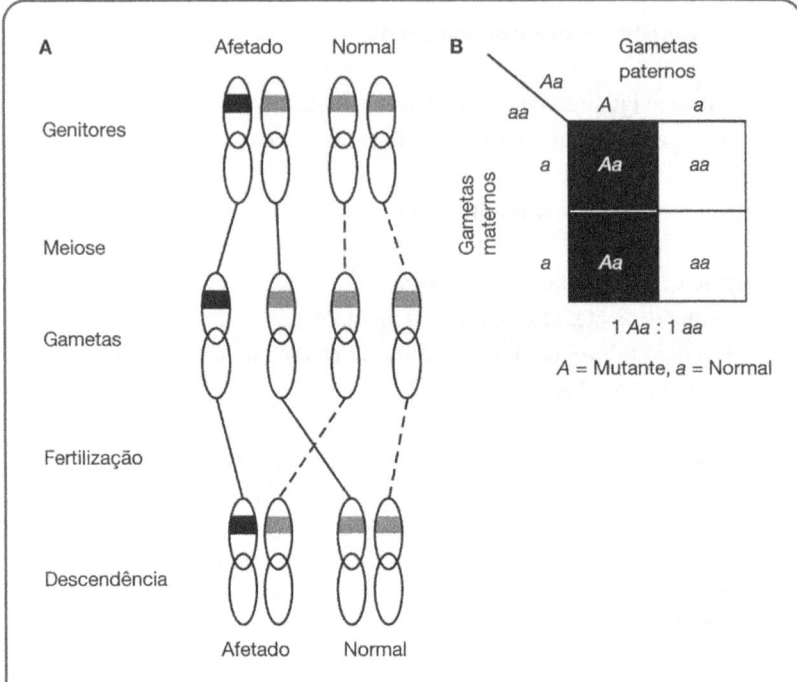

Figura 2. Herança autossômica dominante. (a) Diagrama de cruzamento. (b) Quadro de Punnett, mostrando o resultado do cruzamento de um indivíduo afetado heterozigoto e um homozigoto normal.
Fonte: Borges-Osório e Robinson (2013, p. 149).

A característica autossômica **recessiva** é aquela cujo gene que a determina está localizado em um cromossomo autossômico e se manifesta apenas quando esse gene está presente em dose dupla ou homozigose no genótipo. Nos casos de heranças autossômicas recessivas raras, o tipo mais provável de casamento com prole afetada, é aquele que acontece entre dois indivíduos fenotipicamente normais, mas que são heterozigotos para a característica estudada. Esses indivíduos progenitores apresentam um risco teórico de 25% de ter uma prole afetada. Os critérios utilizados para o reconhecimento da herança autossômica recessiva rara são descritos a seguir (Figuras 3, 4 e 5) (BORGES-OSÓRIO; ROBINSON, 2013).

Característica é **autossômica** porque:

- Aparece igualmente em homens e mulheres.
- Pode ser transmitida diretamente entre homens.

A característica é **recessiva** porque:

- Ocorrem saltos de gerações.
- Os afetados, em geral, têm genitores normais.
- Indivíduos não afetados podem ter filhos afetados.
- Em média, 25% dos irmãos de um afetado são também são afetados.
- A característica aparece em irmandades, e não nos genitores ou netos dos afetados.
- Os genitores dos afetados frequentemente são consanguíneos.

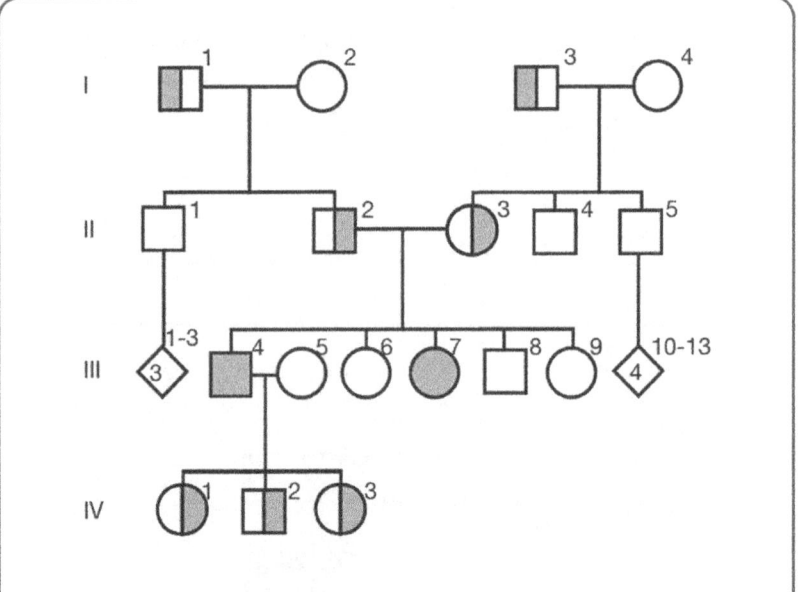

Figura 3. Herança autossômica recessiva rara: resultado do cruzamento de dois indivíduos heterozigotos.
Fonte: Borges-Osório e Robinson (2013, p. 157).

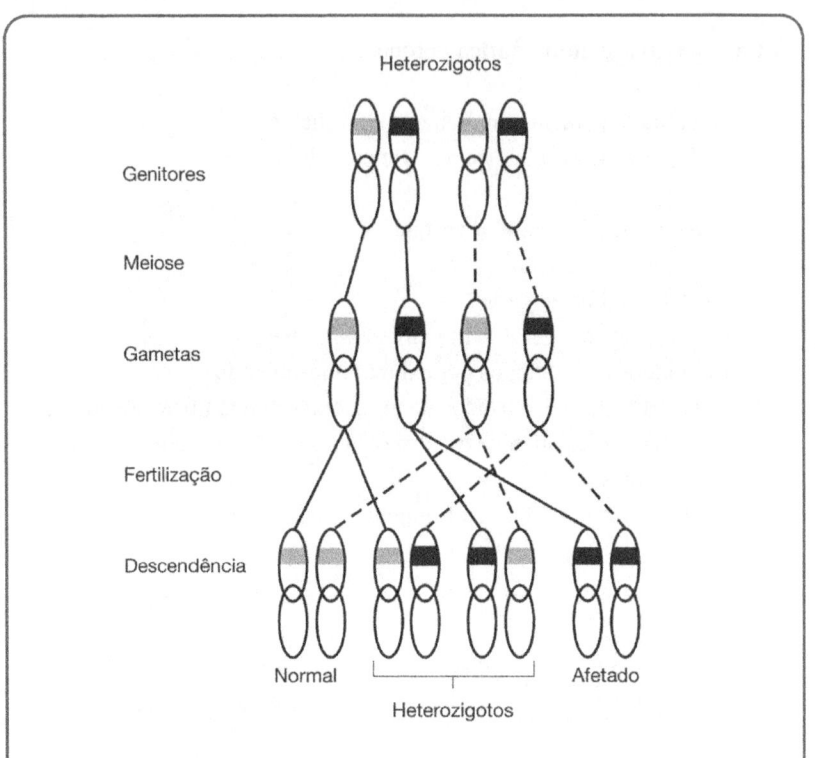

Figura 4. Herança autossômica recessiva rara: diagrama de cruzamento entre dois indivíduos heterozigotos.
Fonte: Borges-Osório e Robinson (2013, p. 157).

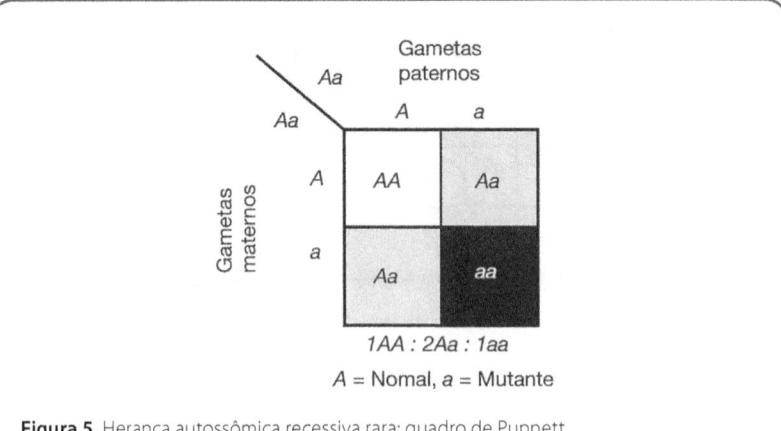

1AA : 2Aa : 1aa
A = Nomal, a = Mutante

Figura 5. Herança autossômica recessiva rara: quadro de Punnett.
Fonte: Borges-Osório e Robinson (2013, p. 157).

Fique atento

Os casamentos consanguíneos aumentam a probabilidade da ocorrência de indivíduos homozigotos na prole e da expressão de genes autossômicos recessivos raros. De forma geral, quanto mais rara for uma característica na população, maior será a frequência de consanguinidade entre os genitores dos afetados (BORGES-OSÓRIO; ROBINSON, 2013).

Herança genética ligada ao X

A herança genética **ligada ao X** pode ser denominada também como herança **ligada ao sexo**, uma vez que a quantidade de genes localizados no cromossomo Y é pequena, quando comparada à quantidade de genes localizados no cromossomo X. Além disso, a maior parte dos genes localizados no cromossomo Y está relacionada com a determinação do sexo masculino e das características sexuais secundárias masculinas. A herança ligada ao cromossomo Y será discutida a seguir neste capítulo.

Nas mulheres, as relações de dominância e recessividade dos genes situados no cromossomo X são semelhantes àquelas que você observou na herança autossômica. Como as mulheres têm dois cromossomos X, o seu genótipo pode ser homozigoto ($X^H X^H$; $X^h X^h$) ou heterozigoto ($X^H X^h$) para os alelos hipotéticos "H" e "h". Entretanto, os homens são hemizigotos para os genes localizados no cromossomo X, porque apresentam somente uma cópia dele, assim, qualquer gene se manifesta no seu genótipo. O genótipo dos homens pode ser $X^H Y$ ou $X^h Y$, apresentando o fenótipo correspondente a cada um dos genótipos (BORGES-OSÓRIO; ROBINSON, 2013). Analise o Quadro 2 a seguir.

Exemplo

Exemplos de doenças autossômicas raras: acondroplasia, distrofia miotônica, epidermólise bolhosa, neurofibromatose, doença do rim policístico e prognatismo mandibular. Exemplos de doenças autossômicas raras: acromatopsia rara, hemocromatose hereditária, raquitismo dependente de vitamina D e síndrome de Ellis-van Creveld (BORGES--OSÓRIO; ROBINSON, 2013).

Quadro 2. Algumas doenças relacionadas aos genes localizados no cromossomo X

Condição	Tipo de herança	Descrição
Olhos		
Cegueira para a cor verde	R	Pigmento verde anormal nas células cone da retina
Cegueira para a cor vermelha	R	Pigmento vermelho anormal nas células cone da retina
Doença de Norrie	R	Crescimento anormal da retina, degeneração dos olhos
Megalocórnea	R	Córnea aumentada
Retinite pigmentar	R	Constrição do campo visual, cegueira noturna, agrupamento de pigmentos no olho
Retinosquise	R	Ruptura e degeneração da retina
Erros metabólicos		
Agamaglobulinemia	R	Incapacidade de formar alguns anticorpos
Deficiência de G6PD	R	Anemia hemolítica após a ingestão de determinadas substâncias (feijões de fava, AAS, vitamina K, sulfas, etc.)
Deficiência da ornitina transcarbamilase	R	Deterioração mental, acúmulo de amônia no sangue
Doença de Fabry	R	Dor abdominal, lesões da pele e falência renal
Doença granulomatosa crônica	R	Infecção da pele e dos pulmões e aumento do fígado e do baço
Hemofilia A	R	Deficiência ou ausência do fator VIII da coagulação
Hemofilia B	R	Deficiência ou ausência do fator IX da coagulação
Hipofosfatemia	D + R	Raquitismo resistente à vitamina D
Síndrome de Hunter	R	Face de gárgula, nanismo, surdez, deficiência mental, defeitos cardíacos, fígado e baço aumentados

(Continua)

(Continuação)

Quadro 2. Algumas doenças relacionadas aos genes localizados no cromossomo X

Condição	Tipo de herança	Descrição
Síndrome de Lesch-Nyhan	R	Deficiência mental, automutilação, manifestações neurológicas como disartria e corioatetose
Síndrome de Wiskott-Aldrich	R	Diarreia sanguinolenta, infecções, erupções e diminuição de plaquetas
Deficiência imune combinada grave	R	Falta de células do sistema imune
Nervos e músculos		
Síndrome do X frágil	R	Deficiência mental, fácies característica, testículos grandes
Hidrocefalia	R	Excesso de fluido no cérebro
Distrofia muscular tipos Becker e Duchenne	R	Fraqueza muscular progressiva
Doença de Menkes	R	Cabelos encarapinhados, transporte anormal do cobre e atrofia do cérebro
Outras		
Amelogênese imperfeita	D	Anormalidade no esmalte dos dentes
Síndrome de Alport	R	Cegueira, túbulos renais inflamados
Displasia ectodérmica hipoidrótica	R	Ausência de dentes, pelos e glândulas sudoríparas
Ictiose	R	Pele áspera e escamosa em várias regiões do corpo, diminuição das secreções sebácea e sudorípara
Imunodeficiência combinada grave	R	Deficiência de células B e T do sistema imune
Incontinência pigmentar	D	Lesões eritematosas e vesiculares no tronco, lesões oftálmicas, alterações dentárias
Síndrome de Rett	D	Deficiência mental e neurodegeneração

Fonte: Adaptado de Borges-Osório e Robinson (2013, p. 162).

Os critérios utilizados para o reconhecimento da herança autossômica recessiva ligada ao sexo rara são descritas a seguir (Figuras 6, 7 e 8) (BORGES-OSÓRIO; ROBINSON, 2013).

Característica é **ligada ao X** porque:

- não se distribui igualmente entre homens e mulheres;
- não pode ser transmitida diretamente entre homens.

A característica é **recessiva** porque:

- existem mais homens afetados do que mulheres;
- é transmitida por um homem afetado através de todas as suas filhas, que são portadoras do gene, para 50% dos netos do sexo masculino;
- os homens afetados geralmente têm filhos e filhas normais.

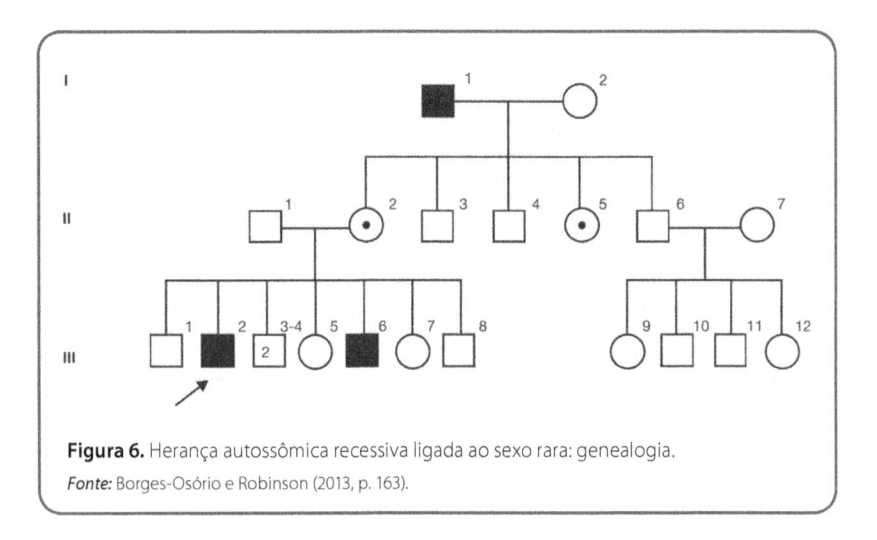

Figura 6. Herança autossômica recessiva ligada ao sexo rara: genealogia.
Fonte: Borges-Osório e Robinson (2013, p. 163).

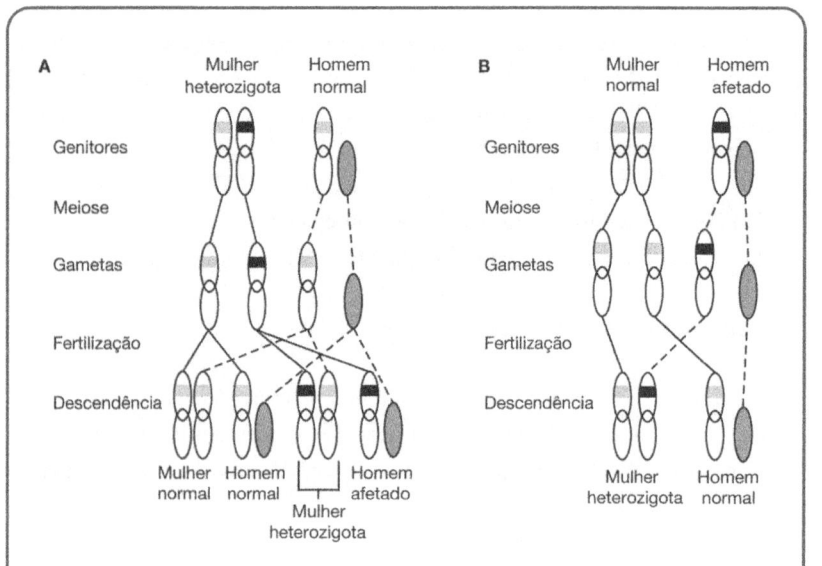

Figura 7. Herança autossômica recessiva ligada ao sexo rara: diagrama de cruzamento entre uma mulher heterozigota e um homem normal (a) e entre uma mulher normal homozigota e um homem afetado (b).
Fonte: Borges-Osório e Robinson (2013, p. 163).

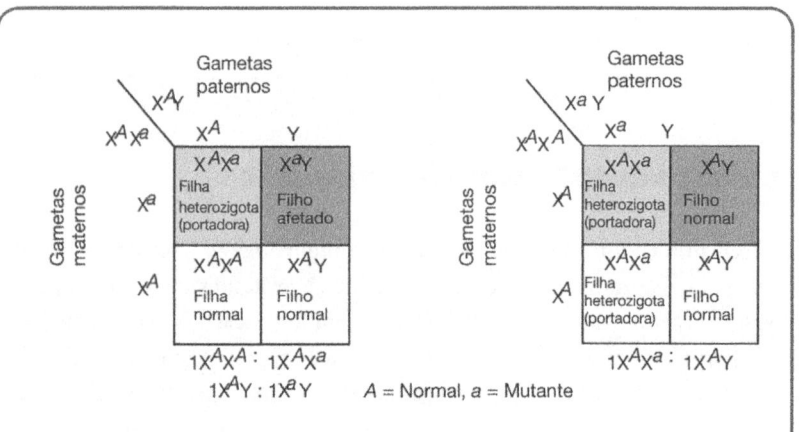

A = Normal, a = Mutante

Figura 8. Herança autossômica recessiva ligada ao sexo rara: quadros de Punnett correspondentes aos cruzamentos.
Fonte: Borges-Osório e Robinson (2013, p. 163).

Os critérios utilizados para o reconhecimento da herança autossômica dominante ligada ao sexo rara são descritas a seguir (Figuras 9, 10 e 11) (BORGES-OSÓRIO; ROBINSON, 2013).

Característica é **ligada ao X** porque:

- não se distribui igualmente entre homens e mulheres;
- não pode ser transmitida diretamente entre homens.

A característica é **dominante** porque:

- existem mais mulheres afetadas do que homens;
- os homens afetados têm 100% de suas filhas afetadas e 100% dos filhos normais. As mulheres afetadas podem ter 50% dos seus filhos de ambos os sexos também afetados.

Fique atento

Ao examinar a prole de mulheres afetadas, podemos confundir a herança dominante ligada ao sexo com a herança autossômica dominante. No entanto, podemos fazer a distinção analisando a descendência dos homens afetados, na qual todas as filhas são afetadas, mas nenhum dos filhos é afetado (BORGES-OSÓRIO; ROBINSON, 2013).

Herança mitocondrial e holândrica

O DNA mitocondrial (mtDNA) humano contém 16.569 pares de bases, que, dentre outros produtos gênicos, produzem 13 proteínas necessárias para a respiração celular aeróbica. Considerando a importância da respiração celular, uma disrupção gênica causada por uma mutação representará, possivelmente, um grande impacto para o indivíduo. É importante você considerar que o mtDNA é mais vulnerável que o DNA nuclear, visto que não apresenta a mesma proteção estrutural, que é fornecida pelas proteínas histônicas. Além disso, a concentração cumulativa de radicais livres produzidos pela respiração celular aumenta a taxa de ocorrência de mutações no mtDNA. Como o zigoto recebe um grande número de mitocôndrias por intermédio do ovócito, o impacto da ocorrência de mutações em algumas dessas organelas pode ser bastante diluído (KLUG et al., 2012). Observe as Figuras 9, 10 e 11.

Figura 9. Herança autossômica dominante ligada ao sexo rara: genealogia.
Fonte: Borges-Osório e Robinson (2013, p. 167).

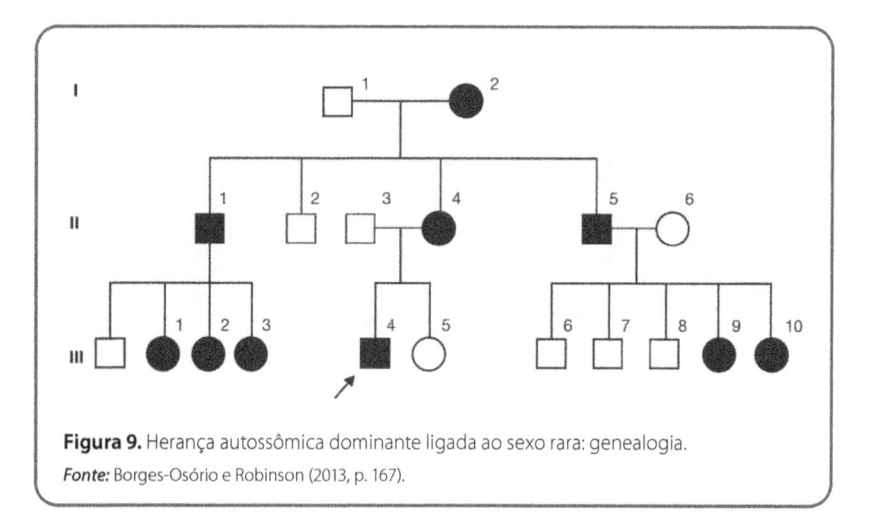

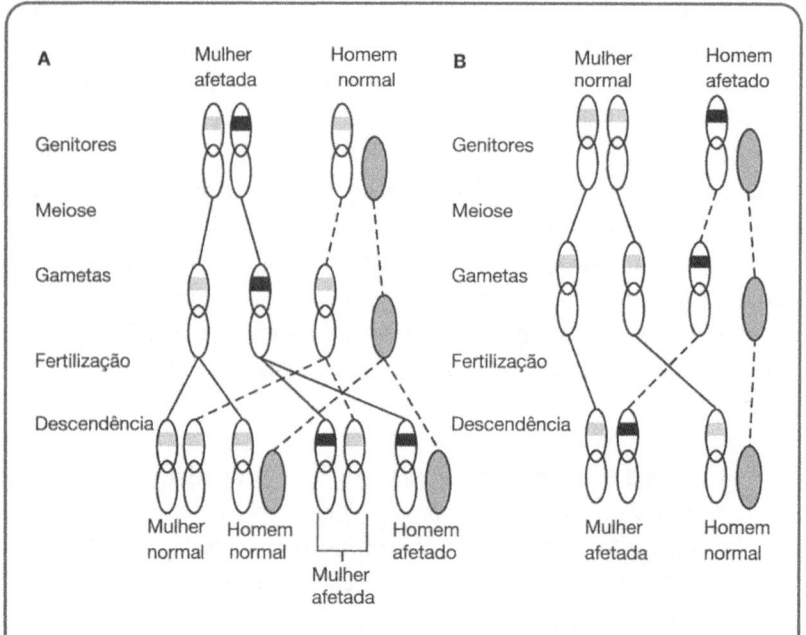

Figura 10. Herança autossômica dominante ligada ao sexo rara: diagrama de cruzamento entre um homem normal e uma mulher afetada (a) e entre um homem afetado e uma mulher normal (b).
Fonte: Borges-Osório e Robinson (2013, p. 168).

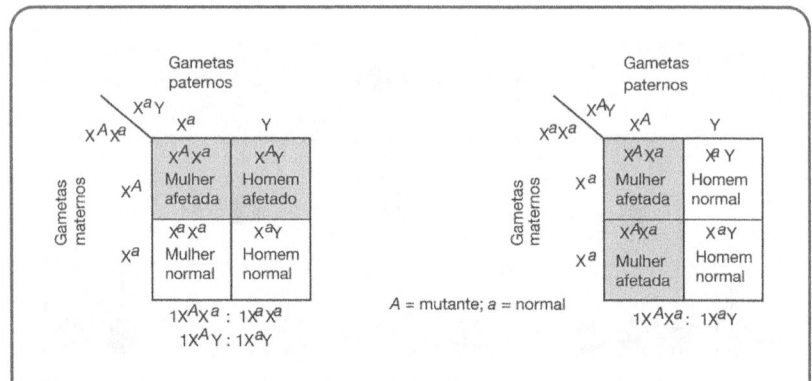

Figura 11. Herança autossômica dominante ligada ao sexo rara: quadros de Punnett correspondentes aos cruzamentos.
Fonte: Borges-Osório e Robinson (2013, p. 168).

O conceito de **heteroplasmia** refere-se à variação do conteúdo genético das organelas, que pode estar relacionado com o surgimento ou a presença de uma mutação deletéria na população inicial de organelas do indivíduo. Como no início do desenvolvimento a divisão celular dispersa a população inicial de mitocôndrias presentes no zigoto, e nas células recém-formadas essas organelas se dividem autonomamente, o indivíduo adulto apresentará células com uma mistura variável de organelas normais e anormais. De forma geral, para que uma doença humana seja atribuível a mitocôndrias geneticamente alteradas, devem ser atendidos os seguintes critérios: a herança deve mostrar um padrão materno e deve existir uma mutação em um ou mais genes mitocondriais. A seguir estão descritas algumas doenças humanas que demonstram essas características.

- **Epilepsia mioclônica e fibras vermelhas esfarrapadas (MERRF):** os indivíduos acometidos por essa doença apresentam ataxia (falta de coordenação muscular), surdez, demência e crises epilépticas. A doença, causada por uma mutação em um gene mitocondrial que codifica um ácido ribonucleico (RNAs) transportador apresenta essa denominação porque os indivíduos têm fibras musculoesqueléticas vermelhas "esfarrapadas", que mostram manchas vermelhas com bolhas, resultantes da proliferação de mitocôndrias anormais (Figura 12a).

- **Neuropatia óptica hereditária de Leber (LHON):** a principal característica da doença é a cegueira bilateral repentina. As mutações relacionadas com essa doença causam prejuízos na fosforilação oxidativa normal, a via final da respiração celular. É importante destacar que uma quantidade significativa de casos da doença de LHON é "esporádica", resultando de mutações recém-surgidas.
- **Síndrome de Kearns-Sayre (KSS):** Os indivíduos sofrem perda de visão e audição, assim como são acometidos com condições cardíacas. A base genética da KSS envolve deleções em várias posições no mtDNA.

A disfunção mitocondrial também parece estar envolvida em diversas doenças humanas, como o diabetes tipo II, a aterosclerose, a doença de Parkinson, a doença de Alzheimer, a doença de Huntington, a esquizofrenia, o transtorno bipolar e diversos tipos de cânceres (KLUG et al., 2012).

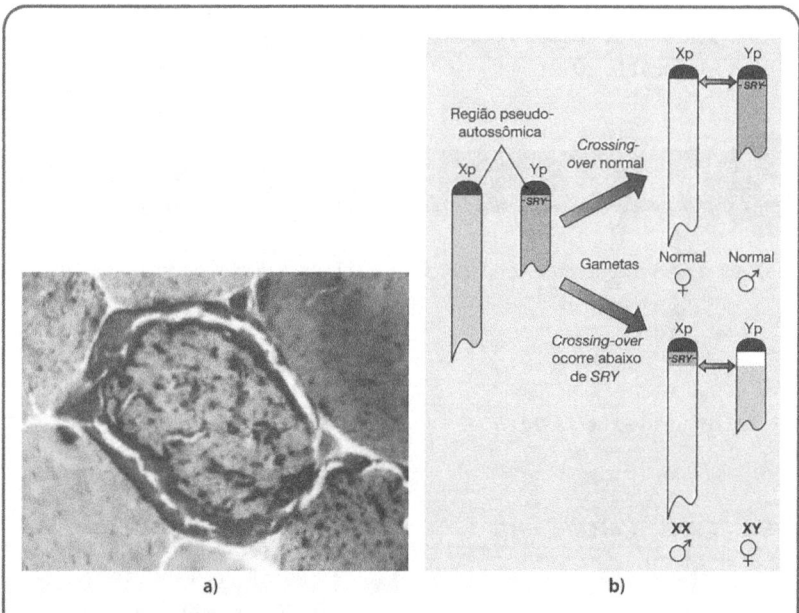

Figura 12. (a) Fibras esfarrapadas nas células musculoesqueléticas de pacientes com a doença mitocondrial MERRF, com notável proliferação mitocondrial (observe as partes escuras); (b) região pseudoautossômica dos cromossomos X e Y e localização do gene SRY fora da região pseudoautossômica.

Fonte: (1) Klug et al. (2012, p. 235) e (2) Borges-Osório e Robinson (2013, p. 161).

A herança relacionada ao cromossomo Y é denominada herança **holândrica**, sendo que a transmissão ocorre apenas de homem para homem. Poucas heranças estão relacionadas com o cromossomo Y, uma vez que ele apresenta uma pequena quantidade de genes, entre os quais estão aqueles relacionados com a determinação do sexo masculino, da estatura, do tamanho dentário e da fertilidade. Por exemplo, o gene HYS que está relacionado com a produção de um antígeno de membrana H-Y (histocompatibilidade Y), e o gene SRY, que desempenha um papel crítico na determinação do sexo gonadal.

Os braços distais dos cromossomos X e Y podem trocar material durante a meiose humana. A região do cromossomo Y na qual ocorre esse *crossing-over* é chamada região pseudoautossômica, sendo que o gene SRY está situado fora dessa região. Entretanto, ocasionalmente, o *crossing-over* pode acontecer no lado centromérico do gene SRY, fazendo com que este fique no cromossomo X, e não no cromossomo Y. Dessa forma, o indivíduo dessa prole que receber esse cromossomo X apresentará o genótipo XX e o fenótipo masculino, enquanto o indivíduo que receber o cromossomo Y apresentará o genótipo XY e o fenótipo feminino (Figura 12b) (BORGES-OSÓRIO; ROBINSON, 2013; KLUG et al., 2012).

Exercícios

1. A análise das genealogias permite predições relativas à natureza genética das características humanas. A genealogia a seguir apresenta uma doença cujo padrão de herança é:

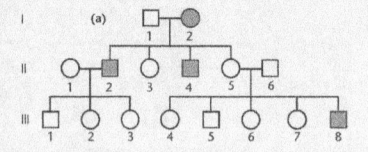

Fonte: Klug et al. (2012, p. 88)

a) autossômico dominante, pois aparece em ambos os sexos e somente os afetados têm filhos afetados.

b) autossômico dominante, porque aparece em ambos os sexos e não ocorrem saltos de gerações.

c) autossômico recessivo, pois aparece em ambos os sexos e indivíduos não afetados podem ter filhos afetados.

d) recessivo ligada ao X, porque existem mais homens do que mulheres afetadas e os homens afetados geralmente apresentam uma prole normal.

e) dominante ligada ao X, pois não se distribui igualmente entre os sexos e os homens afetados apresentam 100% das suas filhas afetadas.

2. A genealogia a seguir mostra uma família na qual encontramos indivíduos não afetados (quadrado e círculo branco) e indivíduos que apresentam miopia (quadrados e círculo cinza), que é um distúrbio de refração no qual os raios luminosos são focalizados antes da retina. Considerando o padrão de herança mendeliano, a análise da genealogia nos permite concluir corretamente que:

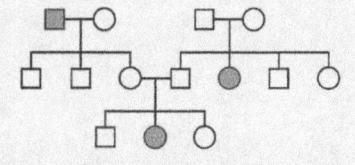

Fonte: Klug et al. (2012, p. 67)

a) o padrão de herança da anomalia é autossômico dominante.
b) o padrão de herança da anomalia é autossômico recessivo.
c) o padrão de herança da anomalia é dominante ligado ao X.
d) o padrão de herança da anomalia é recessivo ligado ao X.
e) o padrão de herança da anomalia é holândrico.

3. Os postulados de Gregor Mendel são reconhecidos como a base para o estudo da genética da transmissão, isto é, o estudo de como os genes são transmitidos dos genitores para a prole. Considerando os tipos de herança monogênica ou mendeliana, assinale a alternativa correta.

a) A herança autossômica dominante aparece com proporção igual entre os sexos, não sendo observados saltos de gerações.
b) A herança autossômica recessiva pode ser transmitida diretamente entre os homens, não sendo observados saltos de gerações.
c) A herança dominante ligada ao X aparece com proporção diferente entre os sexos, sendo que existem mais homens afetados.
d) A herança recessiva ligada ao X pode ser transmitida diretamente entre os homens, não sendo observados saltos de gerações.
e) Nas heranças recessivas, um filho afetado sempre apresentará um dos pais afetados, sendo que a sua prevalência aumenta nos casamentos consanguíneos.

4. A genealogia a seguir refere-se à hipofosfatemia ligada ao X, que é uma doença caracterizada pela incapacidade dos rins de reter fosfatos, causando, dessa forma, o raquitismo resistente à vitamina D. À primeira vista, o padrão genealógico pode ser interpretado como autossômico dominante. Entretanto, é uma doença dominante ligada ao X porque:

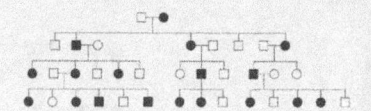

a) em média, 50% dos filhos dos indivíduos de uma pessoa afetada também são afetados.
b) em média, 25% dos irmãos de uma pessoa afetada também são afetados.
c) os homens afetados têm 100% das filhas afetadas e 100% dos filhos normais.
d) as mulheres afetadas têm 100% dos seus filhos afetados e 100% das filhas normais.

e) os homens afetados transmitem a herança, por meio de suas filhas, para 50% dos netos do sexo masculino.

5. A genealogia a seguir descreve o padrão de transmissão de uma doença autossômica dominante. Após análise da genealogia, podemos afirmar que:

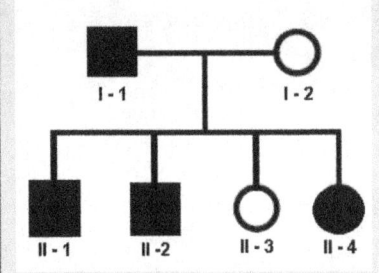

a) apenas os indivíduos I-1, II-1, II-2 e II-4 são heterozigotos.
b) apenas o indivíduo I-1 é heterozigoto.
c) apenas os indivíduos I-1 e I-2 são homozigotos.
d) todos os indivíduos não afetados são heterozigotos.
e) todos os indivíduos afetados são homozigotos.

Referências

BORGES-OSÓRIO, M. R.; ROBINSON, W. M. *Genética humana*. 3. ed. Porto Alegre: Artmed, 2013.

KLUG, W. S. et al. *Conceitos de genética*. 9. ed. Porto Alegre: Artmed, 2012.

Leitura recomendada

STRACHAN, T.; READ, A. *Genética molecular humana*. 4. ed. Porto Alegre: Artmed, 2014.

Estudo dos grupos sanguíneos

Objetivos de aprendizagem

Ao final deste texto, você deve apresentar os seguintes aprendizados:

- Descrever a classificação dos sistemas sanguíneos.
- Explicar a determinação genética do sistema ABO e do fator Rh e suas características antigênicas.
- Reconhecer a importância da compatibilidade de grupos sanguíneos no processo transfusional.

Introdução

Os sistemas de grupos sanguíneos eritrocitários são antígenos situados na superfície das hemácias, os quais constituem polimorfismos que são considerados importantes marcadores genéticos. Atualmente são conhecidos mais de 300 antígenos, dos quais 270 estão agrupados em cerca de 30 sistemas de grupos sanguíneos diferentes. Entretanto, os sistemas ABO e Rh são os mais importantes nos casos de transfusão sanguínea, uma vez que os receptores devem receber sangue de um tipo sanguíneo idêntico ao seu, mas, nos casos de emergência, indivíduos de outros tipos podem ser doadores, contanto que exista compatibilidade sanguínea entre o doador e o receptor.

Neste capítulo, você vai compreender a classificação, a determinação genética e as características antigênicas dos sistemas de grupos sanguíneos eritrocitários e, além disso, reconhecer a importância da compatibilidade dos grupos sanguíneos no processo transfusional.

Sistemas de grupos sanguíneos eritrocitários

Os antígenos relacionados aos **grupos sanguíneos eritrocitários** são estruturas macromoleculares que estão localizados na superfície extracelular da membrana das hemácias. O conhecimento dos grupos sanguíneos é importante, por exemplo, durante as transfusões de sangue, uma vez que os indivíduos com falta de um antígeno podem produzir anticorpos contra esse antígeno, ocasionando, dessa forma, uma reação transfusional. Aproximadamente 400 antígenos de grupos sanguíneos foram descritos. Serão descritos a seguir os sistemas que apresentam maior importância clínica (Quadro 1).

Quadro 1. Sistemas de grupos sanguíneos clinicamente importantes

Sistemas	Frequência de anticorpos	Causa de reação hemolítica transfusional	Causa de doença hemolítica do recém-nascido
ABO	Quase universal	Sim (comum)	Sim (geralmente leve)
Rh	Comum	Sim (comum)	Sim
Kell	Ocasional	Sim (ocasional)	Anemia, não hemólise
Duffy	Ocasional	Sim (ocasional)	Sim (ocasional)
Kidd	Ocasional	Sim (ocasional)	Sim (ocasional)
Lutheran	Raro	Sim (rara)	Não
Lewis	Ocasional	Sim (rara)	Não
P	Ocasional	Sim (rara)	Sim (rara)
MN	Raro	Sim (rara)	Sim (rara)
Li	Raro	Improvável	Não

Fonte: Adaptado de Hoffbrand e Moss (2018, p. 336).

Sistema de grupos sanguíneos ABO: este sistema foi descoberto por Landsteiner (1900), que observou que os indivíduos da espécie humana podiam ser classificados em quatro grupos ou tipos, de acordo com a presença ou ausência dos antígenos (ou aglutinogênios) A e B nas hemácias e dos anticorpos (ou aglutininas) anti-A e anti-B no soro (Figura 1). Entretanto, esses antígenos são diferentes dos demais, porque existem anticorpos de ocorrência natural no plasma das pessoas que não têm o antígeno correspondente e que nunca tiveram contato com ele por meio de transfusão ou gestação prévias. Esses anticorpos começam a ser produzidos pelo organismo humano após o nascimento, aproximadamente no terceiro mês, e atingem a sua máxima concentração na adolescência. Além disso, os antígenos desse sistema não se restringem à membrana dos eritrócitos, podendo ser encontrados no endotélio, na medula óssea, na mucosa gástrica, no baço e nas secreções (exemplos: urina, sêmen, saliva, líquido amniótico e leite materno) (BORGES-OSÓRIO; ROBINSON, 2013; HOFFBRAND; MOSS, 2018).

Sistema de grupos sanguíneos Rh: este sistema foi descoberto por Landsteiner e Wiener (1940), apresentando uma importância semelhante do sistema ABO, ou seja, em transfusões, na obstetrícia e na incompatibilidade materno-fetal. A denominação desse sistema está relacionada com utilização de macacos da espécie *Rhesus* nos experimentos que levaram à sua descoberta. Os anticorpos Rh raramente ocorrem de forma natural, de modo que são anticorpos imunes, isto é, resultam de sensibilização por transfusão ou gravidez anterior. O anticorpo anti-D é responsável pela maior parte dos problemas clínicos associados ao sistema e uma subdivisão simples dos indivíduos em Rh D+ e Rh D–, usando soro anti-D, é suficiente para fins clínicos. Além disso, os anticorpos anti-C, anti-c, anti-E e anti-e são vistos ocasionalmente e podem causar tanto reações transfusionais como a doença hemolítica do recém-nascido (BORGES-OSÓRIO; ROBINSON, 2013; HOFFBRAND; MOSS, 2018), a qual será descrita a seguir neste capítulo.

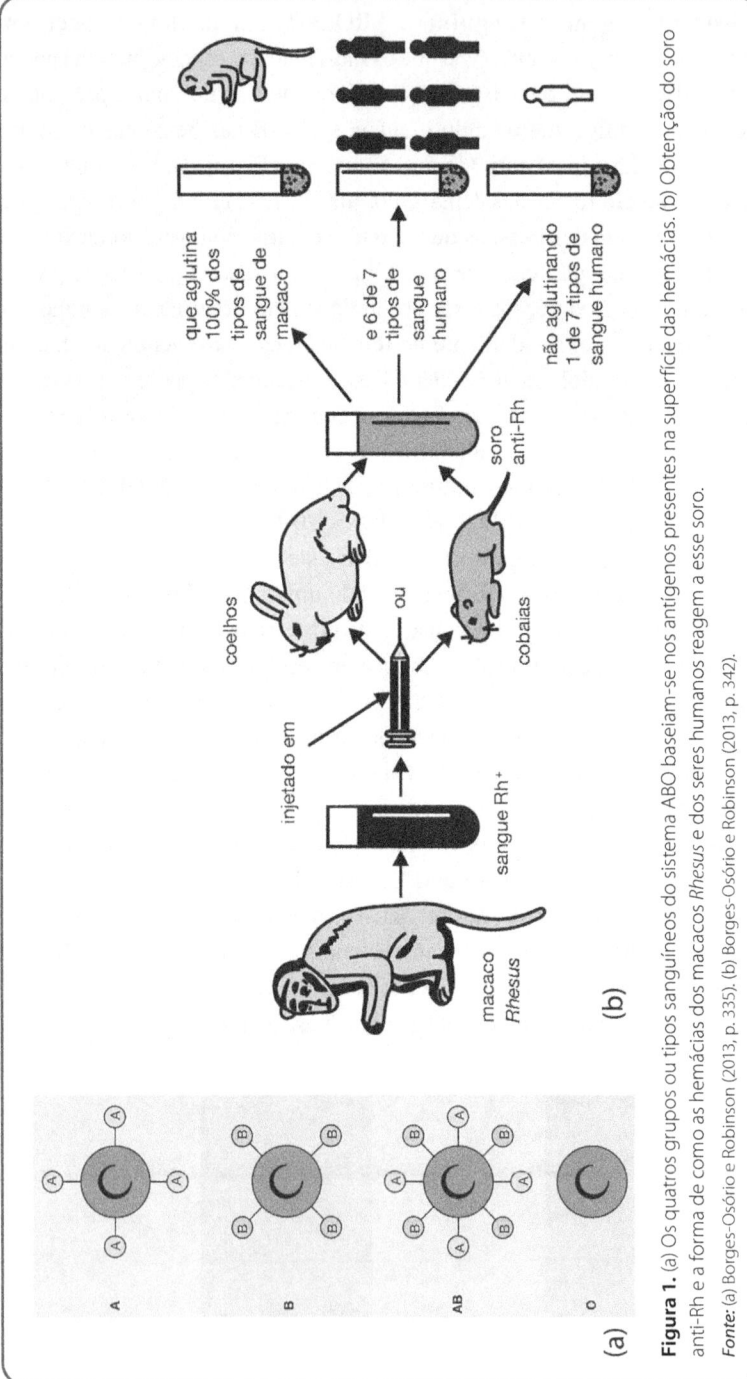

Figura 1. (a) Os quatros grupos ou tipos sanguíneos do sistema ABO baseiam-se nos antígenos presentes na superfície das hemácias. (b) Obtenção do soro anti-Rh e a forma de como as hemácias dos macacos *Rhesus* e dos seres humanos reagem a esse soro.

Fonte: (a) Borges-Osório e Robinson (2013, p. 335). (b) Borges-Osório e Robinson (2013, p. 342).

> **Saiba mais**
>
> O **antígeno** é definido como uma substância ou macromolécula que apresenta a capacidade de induzir uma resposta imunológica específica, sendo que um antígeno pode ser estar presente na superfície de uma célula, de uma bactéria ou pode não apresentar relação com as células vivas. Enquanto isso, os **anticorpos** são proteínas do soro (imunoglobulinas) que apresentam especificidade para um epítopo, que é uma pequena região específica do antígeno. As regiões de especificidade do anticorpo são denominadas parátopos ou sítios combinatórios (sítios de ligação de um anticorpo ao antígeno). Assim, as reações antígeno-anticorpo dependem, em sua maioria, de sítios mutuamente ajustáveis e específicos, em um sistema de "chave-fechadura" (BORGES-OSÓRIO; ROBINSON, 2013).

A frequência da importância clínica dos outros sistemas de grupos sanguíneos é muito menor, quando comparados com os sistemas descritos anteriormente, no Quadro 1. Embora a ocorrência natural de anticorpos dos sistemas P, Lewis e MN não seja incomum, eles geralmente reagem apenas em baixas temperaturas e, por isso, não produzem consequências clínicas. Além disso, muitos desses antígenos apresentam baixa antigenicidade ou, apesar da alta antigenicidade (exemplo: Kell), têm frequência de detecção baixa, sendo encontrados principalmente em pacientes submetidos a transfusões múltiplas (HOFFBRAND; MOSS, 2018).

Genética e determinação antigênica

Sistema de grupos sanguíneos ABO

Os alelos responsáveis pela determinação genética dos antígenos dos grupos sanguíneos do **sistema ABO** estão localizados em um lócus localizado no braço longo do cromossomo 9, sendo formado por sete éxons e seis íntrons. São observados os três alelos principais, A, B e O (alelos múltiplos), cada um apresentando diversas variantes, as quais surgiram a partir de mutações pontuais de substituição, de mudança da fase de leitura e de recombinação. Além disso, os alelos A e B são codominantes e o alelo O é recessivo, sendo considerado um alelo amorfo, porque não codifica nenhum produto gênico conhecido. Quanto à estrutura, os alelos A e B diferem entre si em sete substituições nucleotídicas. Enquanto isso, o alelo O difere do alelo A pela deleção de uma guanina localizada na posição 261, ele muda a fase de leitura e ocasiona a produção de uma proteína sem atividade enzimática (Quadro 2) (BORGES-OSÓRIO; ROBINSON, 2013).

Quadro 2. Distribuição dos fenótipos, dos genótipos, dos antígenos (hemácias) e dos anticorpos (soro) conforme o sistema de grupos sanguíneos ABO

Fenótipo	Genótipo	Antígenos (hemácias)	Anticorpos (soro)
A	AA, AO	A	Anti-B
B	BB, BO	B	Anti-A
AB	AB	A e B	Nenhum
O	OO	Nenhum	Anti-A e anti-B

Fonte: Adaptado de Borges-Osório e Robinson (2013, p. 335).

As variantes mais importantes dos alelos A são A_1, A_2, A_3, A_{el} e A_x. Dessa forma, por exemplo, os indivíduos do grupo A podem dividir-se nos subgrupos A_1, A_2, A_3, A_{el} e A_x e os indivíduos do grupo AB podem dividir-se nos subgrupos A_1B, A_2B, A_3B, $A_{el}B$ e A_xB. Além disso, existem variantes do alelo B mais raras, as quais são designadas por B_3, B_{el} e B_x. Quanto ao alelo O, as suas variantes conhecidas são denominadas O_1, O_2, O_3, O_4, O_5 e O_{10}.

O estudo sobre a base bioquímica do sistema de grupos sanguíneos ABO revelou a existência de uma glicoproteína precursora, que não apresenta atividade antigênica. O alelo H, em homozigose (HH) ou heterozigose (Hh), determina a produção de uma enzima (α-2-L-fucosiltransferase) que adiciona L-fucose à D-galactose da glicoproteína precursora, convertendo-a em antígeno H (Figura 2 [a] e [b]). Esse antígeno é uma substância necessária para a produção dos antígenos A e B, que ocorre da seguinte forma:

- Para a produção do **antígeno A**, além do alelo H, é necessário o alelo A, que determina a produção de uma enzima (α-N-acetil-D-galactosaminiltransferase) que realiza a ligação da N-acetilgalactosamina à D-galactose, a mesma que já está ligada à L-fucose do antígeno H (Figura 2 [c]). O antígeno A é necessário para a formação dos grupos A (genótipo AA ou AO) ou AB (genótipo AB).
- Para a produção do **antígeno B**, além do alelo H, é necessário o alelo B que determina a produção de outra enzima (α-D-galactosiltransferase) que realiza a ligação de uma nova D-galactose com aquela que já está unida à L-fucose do antígeno H (Figura 2 [d]). O antígeno B é necessário para a formação dos grupos B (genótipo BB ou BO) ou AB (genótipo AB).
- Os indivíduos do grupo O (genótipo OO) apresentam somente o antígeno H inalterado. Além disso, as hemácias de um indivíduo homozigoto para o alelo h (hh) aparentam ser do grupo O, isso porque não ocorre a produção das enzimas necessárias para realizar a conversão descrita anteriormente. Dessa forma, não são formados os antígenos A e B, mesmo o indivíduo sendo portador dos alelos A e B (BORGES-OSÓRIO; ROBINSON, 2013).

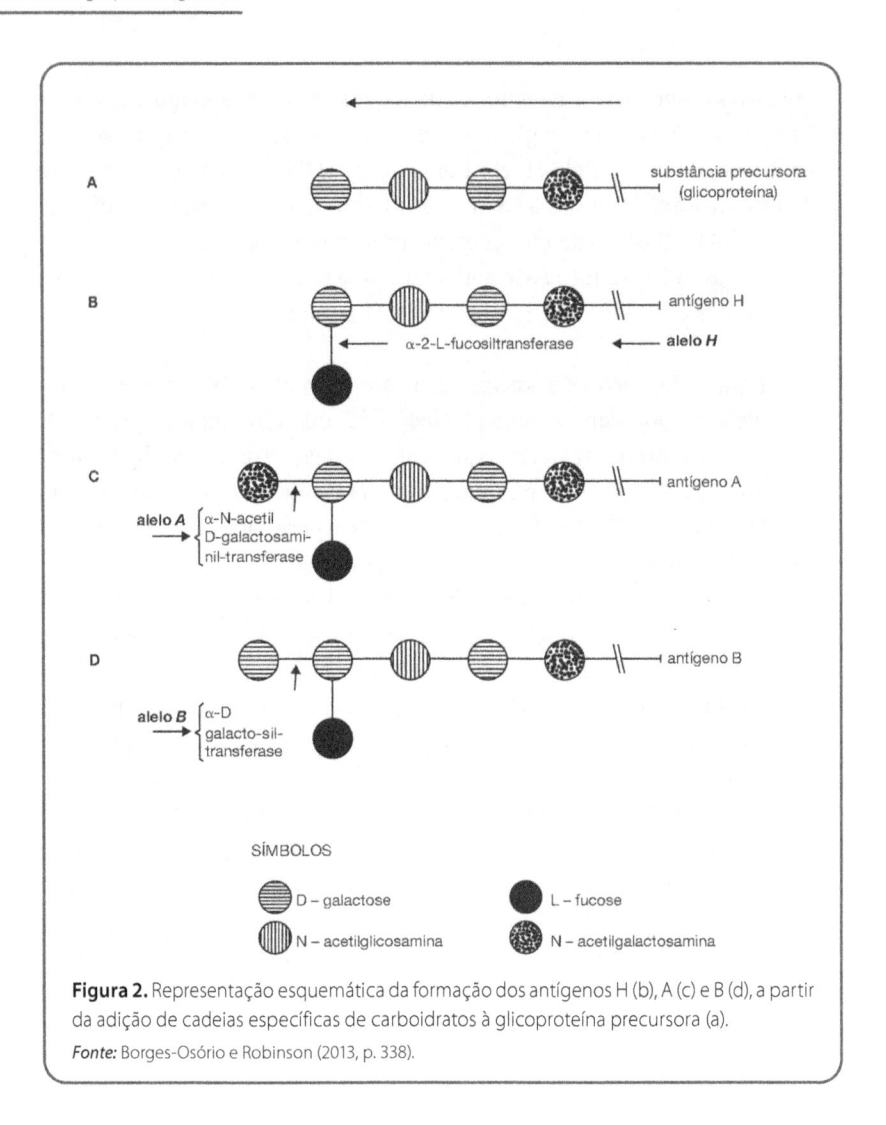

Figura 2. Representação esquemática da formação dos antígenos H (b), A (c) e B (d), a partir da adição de cadeias específicas de carboidratos à glicoproteína precursora (a).
Fonte: Borges-Osório e Robinson (2013, p. 338).

As técnicas mais simples utilizadas para a determinação dos grupos sanguíneos do sistema ABO são as **provas de hemaglutinação**. Por exemplo, pode-se colocar o soro anti-A em uma das extremidades de uma lâmina e o soro anti-B na outra, e ao misturar hemácias ou sangue total do indivíduo a esses antissoros, é possível determinar o seu tipo sanguíneo. Essa determinação baseia-se na observação da ocorrência ou não da reação hemaglutinação, ou seja, a observação da formação de aglomerados celulares. Dessa forma, se a aglutinação ocorrer no soro anti-A, o indivíduo é do grupo A, pois tem hemácias com o antígeno A que, ao entrarem em contato com o soro anti-A, aglutinam. Entretanto, se a reação ocorrer no soro anti-B, o indivíduo será do grupo B, pois tem hemácias com o antígeno B que, ao entrarem em contato com o soro anti-B, aglutinam. O indivíduo será considerado do grupo AB quando forem observadas reações de aglutinação em ambos os antissoros. Porém, se não forem observadas reações de aglutinação, o indivíduo será do grupo O, pois não apresenta antígenos A e B nas suas hemácias (Figura 3) (BORGES-OSÓRIO; ROBINSON, 2013).

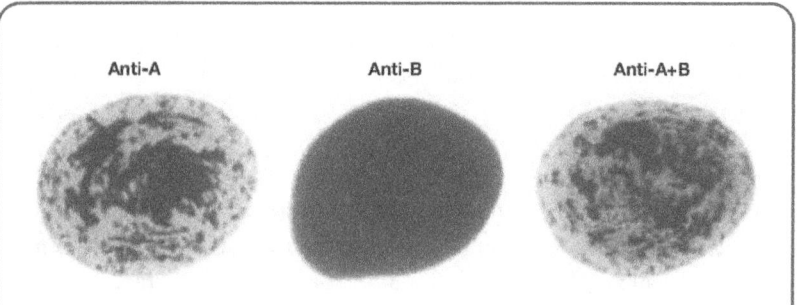

Figura 3. Tipificação ABO de um paciente do grupo A. As hemácias suspensas em salina aglutinam na presença de soros anti-A e anti-A+B.
Fonte: Borges-Osório e Robinson (2013, p. 336).

O **antígeno H** é determinado pelo lócus *FUT1* (braço longo do cromossomo 19), o qual contém dois alelos (H e h), e seu produto é o antígeno H, sobre o qual agem as enzimas produzidas pelos alelos A e B. A sua descoberta (1952) ocorreu após estudos do **fenótipo Bombaim** (O_h, identificado pela primeira vez em Bombaim, na Índia), no qual as hemácias dos indivíduos portadores não são aglutinadas por anti-A, anti-B e anti-H, mostrando que não são células do grupo O. Os indivíduos do grupo O_h, mesmo que sejam portadores dos alelos A e B, não formam antígenos desse sistema na superfície de suas hemácias, sendo considerados "falsos O". Isso acontece porque no fenótipo O_h não ocorre a produção da enzima α-2-L-fucosiltransferase e do antígeno H, consequentemente, não existe substrato para a produção dos antígenos A e B. Esse fenótipo é causado pela homozigose de uma mutação de sentido trocado no alelo *FUT1* e da deleção total do alelo *FUT2*. Por fim, os indivíduos com o fenótipo Bombaim transmitem seus alelos A e/ou B para os seus descendentes, os quais poderão se expressar caso estes apresentarem pelo menos um alelo H (BORGES-OSÓRIO; ROBINSON, 2013).

> **Saiba mais**
>
> Os sistemas de grupos sanguíneos constituem **polimorfismos** que são considerados importantes **marcadores genéticos**. Um polimorfismo pode ser conceituado como a ocorrência de dois ou mais alelos alternativos, em uma população, sendo que a frequência do alelo mais raro é igual ou superior a 1%. Um marcador genético é uma característica utilizada em estudos genéticos (familiares e populacionais) que apresenta padrão simples de herança, fenótipos facilmente identificáveis, frequências relativamente altas dos seus alelos na população e não sofre interferência ambiental. Além disso, são considerados marcadores clinicamente essenciais em transfusões de sangue, em transplantes de órgãos, na obstetrícia, na medicina legal, na genética forense e na identificação de paternidade (BORGES-OSÓRIO; ROBINSON, 2013).

Os antígenos A, B e H podem ser produzidos na forma hidrossolúvel, podendo ser encontrados na saliva, no leite materno, nas lágrimas, no sêmen, na urina, nos sucos gástricos, etc. Todavia, para que isso ocorra, é necessária a presença de um gene secretor (Se), o qual é autossômico dominante, sendo o gene não secretor (se) autossômico recessivo. Os indivíduos secretores podem ser homozigotos (SeSe) ou heterozigotos (Sese), enquanto os não secretores são somente homozigotos (sese).

A relação entre o sistema secretor de ABH nos líquidos orgânicos e o sistema de grupos sanguíneos ABO é um exemplo de **interação gênica não alélica**, a qual ocorre quando dois ou mais genes em lócus diferentes, nesse caso os genes *FUT1* e *FUT2*, atuam juntos para produzir um fenótipo. Dessa forma, um indivíduo que tem um genótipo SeSe ou Sese, apresenta os antígenos nas hemácias e nos líquidos orgânicos, enquanto um indivíduo com genótipo sese os tem somente nas hemácias. Portanto, o lócus *secretor* interfere no lócus *ABO* (BORGES-OSÓRIO; ROBINSON, 2013).

> **Fique atento**
>
> As frequências dos grupos sanguíneos do sistema ABO variam de uma população para outra. Dessa forma, os valores das frequências alélicas devem ser registrados para cada população estudada: eurodescendentes (O = 44%, A = 43%, B = 9% e AB = 4%), afrodescendentes (O = 49%, A = 27%, B = 20% e AB = 4%); asiáticos (O = 43%, A = 27%, B = 25% e AB = 5%) (BORGES-OSÓRIO; ROBINSON, 2013).

Sistema de grupos sanguíneos Rh

De forma simplificada, o **sistema de grupos Rh** pode ser descrito por meio de um único par de alelos, *D* e *d*. Dessa forma, os indivíduos com genótipo DD ou Dd são Rh positivos e os indivíduos com genótipo dd são Rh negativos. Entretanto, existem dois genes codificando o sistema Rh, um para o antígeno D (RHD) e outro para os antígenos Cc e Ee (RHCcEe), os quais estão localizados em direções opostas no cromossomo 1 (Figura 4). Dessa forma, os indivíduos RhD positivos ou Rh positivos apresentam o antígeno RhD codificado pelo gene *RHD* (lócus *RHD*) e os indivíduos RhD negativos ou Rh negativos não apresentam o antígeno RhD, porque não apresentam o gene *RHD*, sendo homozigotas para a deleção desse gene (BORGES-OSÓRIO; ROBINSON, 2013). O fenótipo RH negativo também pode ser causado pela ausência da expressão do gene *RHD*, pela formação de genes híbridos, por mutações que geram códons de finalização e por inserções ou deleções de bases que causam mudanças na fase de leitura do gene. Além disso, os anticorpos Rh raramente ocorrem de forma natural, sendo considerados anticorpos imunes, ou seja, resultam de sensibilização por meio de uma transfusão ou de uma gravidez anterior. Ademais, o anticorpo anti-D é responsável pela maior parte dos problemas clínicos relacionados com esse sistema sanguíneo. Já os anticorpos anti-C, anti-c, anti-E e anti-e são vistos ocasionalmente e podem causar tanto reações transfusionais como doença hemolítica do recém-nascido (BORGES--OSÓRIO; ROBINSON, 2013; HOFFBRAND; MOSS, 2018).

> **Fique atento**
>
> De forma geral, 85% dos indivíduos caucasoides são Rh positivos e 15% são Rh negativos, mas essa frequência apresenta variações. Por exemplo, a prevalência de Rh negativos é de 20 a 30% em europeus, 7% em afrodescendentes e inferior a 1% em asiáticos (BORGES-OSÓRIO; ROBINSON, 2013).

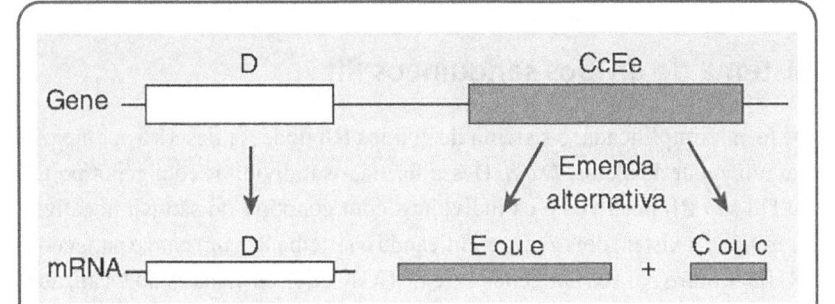

Figura 4. Genética molecular do grupo sanguíneo *Rhesus*. O lócus consiste em dois genes estreitamente ligados, *RHD* e *RHCcEe*. O gene *RHD* codifica uma proteína simples que contém o antígeno RhD, ao passo que o mRNA dos antígenos RHCcEe produz emendas alternativas, originando três transcritos. Um deles codifica o antígeno E ou e, enquanto os outros dois (somente um é mostrado) contêm o epítopo C ou c. Um polimorfismo na posição 226 do gene *RHCcEe* determina o estado do antígeno Ee, enquanto os antígenos C e c são determinados por uma diferença de quatro aminoácidos no alelo. Alguns indivíduos não têm o gene RHD e são, portanto, RhD ou Rh negativos.
Fonte: Borges-Osório e Robinson (2013, p. 342).

O sistema de grupos sanguíneos Rh tem mais de 49 antígenos detectados, mais de 200 alelos e muitos fenótipos. De fato, a proximidade dos genes e as suas orientações opostas no cromossomo aumentam as chances para o surgimento de variantes, as quais podem originar-se, por exemplo, após a ocorrência de mutações de sentido trocado ou de rearranjos gênicos com formação de genes híbridos. Uma variante genética, relacionada com esse sistema, é a **síndrome da deficiência de Rh** ou **doença do Rh nulo**, que é caracterizada pela presença do gene *RHCcEe* apenas, com falta total do gene *RHD*. O fenótipo dessa síndrome pode ser de dois tipos: o tipo regulador (análogo ao fenótipo Bombaim), que é causado pela homozigose de um gene repressor autossômico recessivo independente do lócus *RHD* e apresenta como manifestações clínicas a anemia, a redução da sobrevida eritrocitária, a presença de estomatócitos (formas de eritrócito em que uma fenda ou "boca" substitui a área central de palidez da célula) e a hemoglobina fetal (HbF) aumentada; o tipo amorfo, que é causado pela homozigose de um alelo silencioso no lócus RH e apresenta como manifestações clínicas a estomatocitose e a anemia hemolítica crônica.

A **doença hemolítica perinatal (DHPN)**, conhecida também como doença hemolítica do recém-nascido ou eritroblastose fetal, ocorre quando existe uma incompatibilidade entre a mãe e o feto em relação aos grupos sanguíneos. Em uma mãe Rh negativa, as células fetais Rh positivas que entrarem na circulação materna, geralmente após terceiro trimestre gestacional ou durante o parto, podem estimular a formação de antígenos anti-D pela mãe, os quais podem ser transferidos para a circulação fetal. Quando isso ocorre, as hemácias do feto são destruídas, o que ocasiona anemia e promove a liberação de grande quantidade de eritroblastos (hemácias imaturas e nucleadas) no sangue. A gravidade da doença hemolítica varia desde ligeira anemia até morte intrauterina, que pode ser causada por hidropsia.

Geralmente, o primeiro filho não sofre ação dos anticorpos maternos, mas em uma segunda gestação o feto poderá ser prejudicado. Além disso, quando a mãe Rh negativa já sofreu uma transfusão incompatível, abortou um feto Rh positivo ou fez amniocentese, ela poderá ter ficado sensibilizada, o que acarretará em problemas logo na primeira gestação (Figura 5). As crianças que sobrevivem à DHPN apresentam, geralmente, surdez, deficiência mental e paralisia cerebral. Podem apresentar outros sinais clínicos, como hepatoesplenomegalia, ascite, petéquias hemorrágicas e edema generalizado (BORGES-OSÓRIO; ROBINSON, 2013).

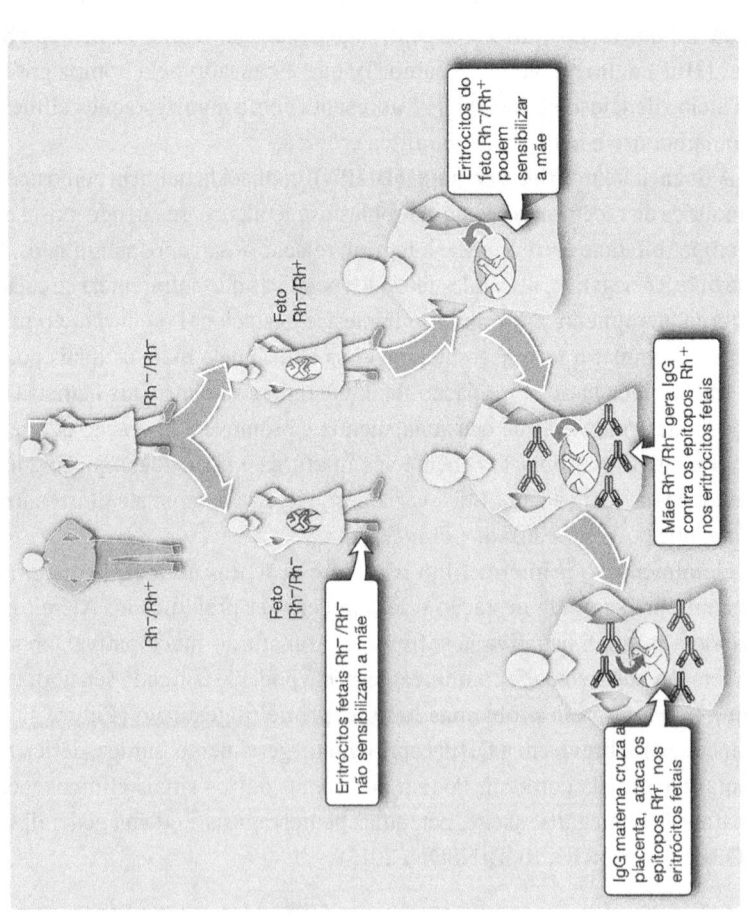

Figura 5. Mecanismo determinante da DHPN. Se um homem Rh+ e uma mulher Rh- gerarem uma criança Rh+, essa mulher poderá se tornar sensibilizada e formar anticorpos contra os antígenos presentes na superfície das hemácias de uma futura criança Rh+.

Fonte: Borges-Osório e Robinson (2013, p. 346).

A sensibilização de uma mulher Rh negativa pode ser evitada utilizando-se sempre um sangue Rh compatível em qualquer transfusão de sangue. Além disso, a sensibilização após o parto pode ser evitada pela administração de uma injeção de anticorpos anti-D, na mãe Rh negativa, pois assim qualquer célula fetal Rh positiva que seja encontrada a caminho da circulação materna será destruída antes que a mãe seja sensibilizada. Como a imunoglobulina injetada tem vida curta e é logo gasta no processo de inativação das hemácias fetais, ela se esgota nesse processo, evitando assim a imunização da mãe.

O genótipo RhD fetal pode ser determinado em uma amostra de sangue materno (28ª semana gestacional), por reação em cadeia da polimerase (PCR) para antígeno RhD, dada a notável sensibilidade dessa técnica (BORGES-OSÓRIO; ROBINSON, 2013).

Sistemas ABO e Rh em transfusões sanguíneas

Os sistemas de **grupos sanguíneos ABO** e **Rh** são os mais considerados em casos de transfusão. Geralmente, os receptores devem receber sangue de um grupo idêntico ao seu, mas, em casos de emergência, indivíduos de outros tipos sanguíneos podem ser doadores, contanto que exista compatibilidade sanguínea entre doador e receptor. Entretanto, quando houver a necessidade de transfusão de sangue superior a 500 ml, deve ser utilizado sangue idêntico ao do receptor. Durante as transfusões, é importante considerar a ocorrência de reações de aglutinação entre hemácias do doador e anticorpos do receptor, para o sistema ABO (Quadro 3). Todavia, os anticorpos no plasma do doador não são levados em conta, pois, em geral, não causam reação transfusional, visto que estão muito diluídos no sangue do receptor e são absorvidos quase que totalmente nos tecidos do indivíduo.

Com relação à compatibilidade e à incompatibilidade dos diversos grupos sanguíneos, é importante observar que se o doador for do grupo O, não serão observadas reações de aglutinação, uma vez que esse sangue não tem antígenos A e/ou B nas suas hemácias, sendo considerado um **doador universal**. Por outro lado, quando o receptor for do grupo sanguíneo AB, pelo fato de não ter anticorpos anti-A e anti-B em seu soro, poderá receber sangue de indivíduos de todos os grupos sanguíneos, motivo pelo qual ele é denominado **receptor universal**.

Quadro 3. Reações de aglutinação no sistema ABO em casos de transfusão

Receptor		Doador			
		Antígenos (hemácias)			
Grupo sanguíneo	Anticorpos (soro ou plasma)	A	B	AB	O
A	Anti-B	-	+	+	-
B	Anti-A	-	-	+	-
AB	Nenhum	-	-	-	-
O	Anti-A e anti-B	+	+	+	-

Fonte: Adaptado de Borges-Osório e Robinson (2013, p. 347).

Com relação ao sistema sanguíneo Rh, um indivíduo Rh negativo deve receber somente sangue de indivíduos Rh negativos. Nos doadores de sangue, gestantes e pacientes, deve-se estar atento à tipificação RhD, detectando-se todos os casos em que há risco de desenvolverem anti-D.

Importante ressaltar que as mulheres em idade fértil e as gestantes devem ser consideradas RhD negativo para fins transfusionais e prevenção da incompatibilidade Rh. Já nos casos de transfusões sanguíneas frequentes, em indivíduos talassêmicos ou com anemia falciforme, deve haver a maior similaridade antigênica possível entre doador e receptor, porque os indivíduos politransfundidos estão mais expostos a estímulos antigênicos que não têm (BORGES-OSÓRIO; ROBINSON, 2013). Veja a seguir a Figura 6.

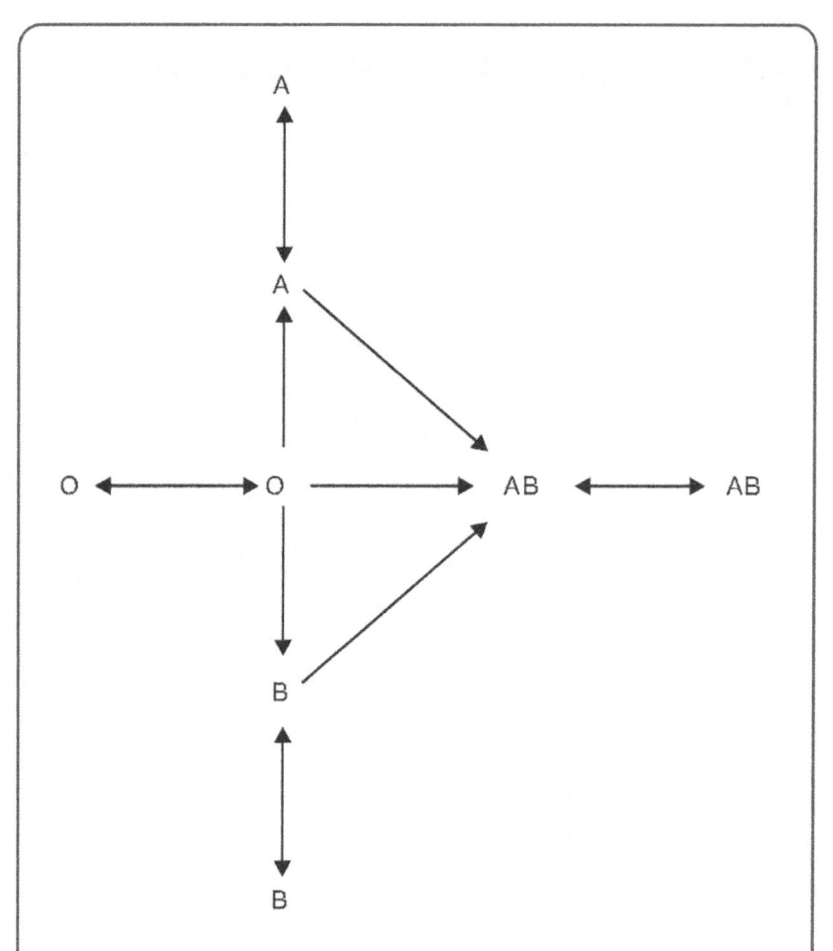

Figura 6. Compatibilidade e incompatibilidade no sistema ABO em transfusões sanguíneas.
Fonte: Borges-Osório e Robinson (2013, p. 348).

Exemplo

O futuro das transfusões sanguíneas será baseado na utilização de *chips* de *RHD* e *RHCcEe* para a realização de genotipagens em larga escala. Além disso, pesquisas estão sendo realizadas para o desenvolvimento de substitutos sintéticos para o sangue humano (BORGES-OSÓRIO; ROBINSON, 2013).

Exercícios

1. O sangue de um casal foi testado com a utilização dos soros anti-A, anti-B e anti-Rh (anti-D). Os resultados são mostrados a seguir. O sinal de positivo (+) significa aglutinação das hemácias, e o sinal de negativo (-) significa ausência de reação. Após observar as provas de hemaglutinação, determine qual o tipo sanguíneo do homem e da mulher, respectivamente:

Soro Anti-A   Soro Anti-B   Soro Anti-Rh
(+)   (-)   (-)

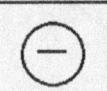

Lâmina I: Contém gotas de sangue do homem misturadas com os três antissoros.

Soro Anti-A   Soro Anti-B   Soro Anti-Rh
(-)   (+)   (+)

Lâmina II: Contém gotas de sangue da mulher misturadas com os três antissoros.

a) B + e A -.
b) B - e A +.
c) A - e B +.
d) A + e B -.
e) AB - e AB +.

2. Uma mulher sofreu um acidente automobilístico e precisou receber uma transfusão sanguínea. Analisando o seu sangue, verificou-se a presença de anticorpos anti-A e a ausência de anticorpos anti-B. No banco de sangue do hospital, estavam disponíveis somente três bolsas de sangue, as quais estão descritas a seguir:
Bolsa 1 – sangue que contém todos os tipos de antígenos presentes no sistema ABO.
Bolsa 2 – sangue que contém os anticorpos anti-A e anti-B.
Bolsa 3 – sangue que contém os antígenos presentes no tipo B.
A paciente pode receber sangue:
a) apenas da bolsa 1.
b) apenas da bolsa 2.
c) apenas da bolsa 3.
d) das bolsas 1 e 2.
e) das bolsas 2 e 3.

3. O sistema de grupos sanguíneos Rh pode ser descrito por meio de um único par de alelos, D e d. Dessa forma, os indivíduos com genótipo DD ou Dd são Rh positivos, e os indivíduos com genótipo dd são Rh negativos. Após a análise do heredograma a seguir, determine os genótipos dos indivíduos 1, 2, 3, 4, 5 e 6, respectivamente.

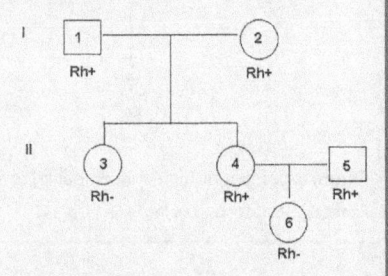

I: 1 (Rh+) — 2 (Rh+)
II: 3 (Rh-), 4 (Rh+) — 5 (Rh+), 6 (Rh-)

a) DD, Dd, Dd, DD, Dd e DD.
b) DD, Dd, Dd, dd, DD e Dd.
c) Dd, Dd, dd, Dd, Dd e dd.
d) Dd, Dd, Dd, dd, DD e Dd.
e) Dd, Dd, dd, DD, Dd e dd.

4. A redescoberta das leis de Mendel e a descoberta do primeiro sistema de grupos sanguíneos (ABO) ocorreram no mesmo ano, 1900. Atualmente são conhecidas centenas de antígenos presentes na superfície das hemácias, os quais estão agrupados em mais de 30 grupos sanguíneos diferentes. Com relação aos sistemas ABO e Rh, assinale a alternativa correta.

a) A herança do sistema ABO é determinada por três alelos múltiplos, entre os quais não existe relação de codominância.
b) Os indivíduos do grupo sanguíneo A não podem ter na sua prole indivíduos do tipo sanguíneo O, e vice-versa.
c) Nas reações de hemaglutinação, se forem observadas reações de aglutinação em ambos os antissoros, o indivíduo será considerado do grupo AB.
d) Durante as transfusões sanguíneas, um indivíduo Rh negativo deve receber sangue de indivíduos Rh negativos e Rh positivos.
e) Os indivíduos com genótipo DD (homozigoto) são Rh positivos e os indivíduos com genótipo Dd (heterozigoto) e dd (homozigoto) são Rh negativos.

5. O segundo bebê de uma mulher apresentou um quadro de hemólise de hemácias, o qual é conhecido como doença hemolítica do recém--nascido (DHRN) ou eritroblastose fetal. Considere que essa mulher não foi submetida a uma transfusão de sangue em toda a sua vida e o primeiro bebê não apresentou nenhuma anormalidade. Nesse contexto, os genótipos da mãe, do primeiro bebê e do segundo bebê são, respectivamente:
a) Rh-, Rh- e Rh+.
b) Rh-, Rh+ e Rh-.
c) Rh-, Rh+ e Rh+.
d) Rh+, Rh- e Rh+.
e) Rh+, Rh+ e Rh-.

Referências

BORGES-OSÓRIO, M. R.; ROBINSON, W. M. *Genética humana*. 3. ed. Porto Alegre: Artmed, 2013.

HOFFBRAND, A. V.; MOSS, P. A. H. *Fundamentos de hematologia de Hoffbrand*. 7. ed. Porto Alegre: Artmed, 2018.

Leitura recomendada

KLUG, W. S. et al. *Conceitos de genética*. 9. ed. Porto Alegre: Artmed, 2012.

UNIDADE 1

Genética molecular

Objetivos de aprendizagem

Ao final deste texto, você deve apresentar os seguintes aprendizados:

- Definir a estrutura do DNA e do RNA.
- Reconhecer os mecanismos de replicação e reparo do DNA.
- Descrever a organização do código genético.

Introdução

Em 1869, o então recém-formado médico suíço Friedrich Miescher realizou estudos que culminaram em um dos feitos mais importantes para a biociência: a descoberta do DNA. Utilizando leucócitos como material biológico, o jovem pesquisador primeiro investigou as proteínas, que, por sua vez, eram consideradas estruturas básicas da vida e hereditariedade. No entanto, durante seus experimentos, ele encontrou uma substância presente no núcleo que não possuía as mesmas propriedades e composição das proteínas. A esta substância ele deu o nome de nucleína, designação que permanece até os dias atuais para se referir ao DNA. Tal descoberta abriu caminhos para estudos posteriores que tiveram como finalidade elucidar a estrutura dos ácidos nucleicos e o papel dos mesmos dentro das células.

Neste capítulo, você aprenderá sobre a estrutura dos ácidos nucleicos DNA e RNA, conhecerá os mecanismos de replicação e reparo do DNA, além de entender como a informação genética está codificada.

As estruturas do DNA e RNA

O ácido desoxirribonucleico (DNA) e o ácido ribonucleico (RNA) são macromoléculas formadas por unidades menores denominadas **nucleotídeos**.

Os ácidos nucleicos são responsáveis pelo armazenamento e transmissão da informação contida nos genes, de forma a obedecer ao dogma central da biologia molecular. Isso significa que a informação genética é armazenada no DNA, decodificada em RNA por meio do processo de transcrição e por fim traduzida em uma cadeia polipeptídica, a qual fará parte da constituição de uma proteína. A proteína, por sua vez irá executar determinada função biológica nas células e/ou tecidos. Para entendermos melhor como ocorre o fluxo de informação genética, é imprescindível conhecer as estruturas dos ácidos nucleicos e como o conteúdo presente nos genes é mantido e organizado.

O DNA

Em meados do século XX, os biólogos e pesquisadores James Watson e Francis Crick conduziram pesquisas voltados para a elucidação da estrutura do DNA. Baseado nos resultados de cristalografia de Raio X obtidos nos estudos de Rosalind Franklin e Maurice Winkins e de evidências experimentais de outros pesquisadores, Watson e Crick propuseram em 1953, um modelo tridimensional composto de duas hélices em formato helicoidal como a estrutura do DNA (WATSON; CRICK, 1953). A descoberta do arcabouço deste ácido nucleico foi um marco para a ciência moderna, sendo crucial para avanços na área de biologia molecular e genética.

O DNA é formado por duas cadeias de nucleotídeos conectadas entre si por ligações de hidrogênio, assemelhando-se a uma escada retorcida. Cada nucleotídeo é composto por um grupo fosfato, um açúcar pentose e uma base nitrogenada. Os nucleotídeos que compõem o DNA podem ser chamados de desoxirribonucleotídeos, uma vez que a desoxirribose é o açúcar presente neste ácido nucleico. A base nitrogenada é a unidade variável dos nucleotídeos, havendo quatro bases nitrogenadas possíveis na composição dos nucleotídeos de DNA: adenina, timina, guanina e citosina. As ligações de hidrogênio que unem as duas hélices ocorrem entre bases complementares. Nesse contexto, a adenina se pareia à timina e a guanina se pareia à citosina.

O DNA pode adotar diferentes tipos de estrutura helicoidal. As duas fitas em hélice dupla se curvam uma em torno da outra, resultando em um sulco maior e um sulco menor, em que a distância ocupada por um giro completo da hélice mede 3,6 nm. Quando a hélice do DNA se encontra com giro para a direita, de maneira a formar um espiral com sentido horário que possui 10 nucleotídeos por giro, ele está na sua forma B. Este tipo de estrutura está presente na maior parte do DNA de células eucarióticas e procarióticas, em condições fisiológicas. De forma similar, o DNA do tipo A também apresenta giro da hélice para a direita, no entanto, cada giro é formado por 11 nucleotídeos. Finalmente, quando a fita dupla de DNA gira para a esquerda, apresentando 12 nucleotídeos por giro, este está na sua forma Z (STRACHAN; READ, 2013) (Figura 1).

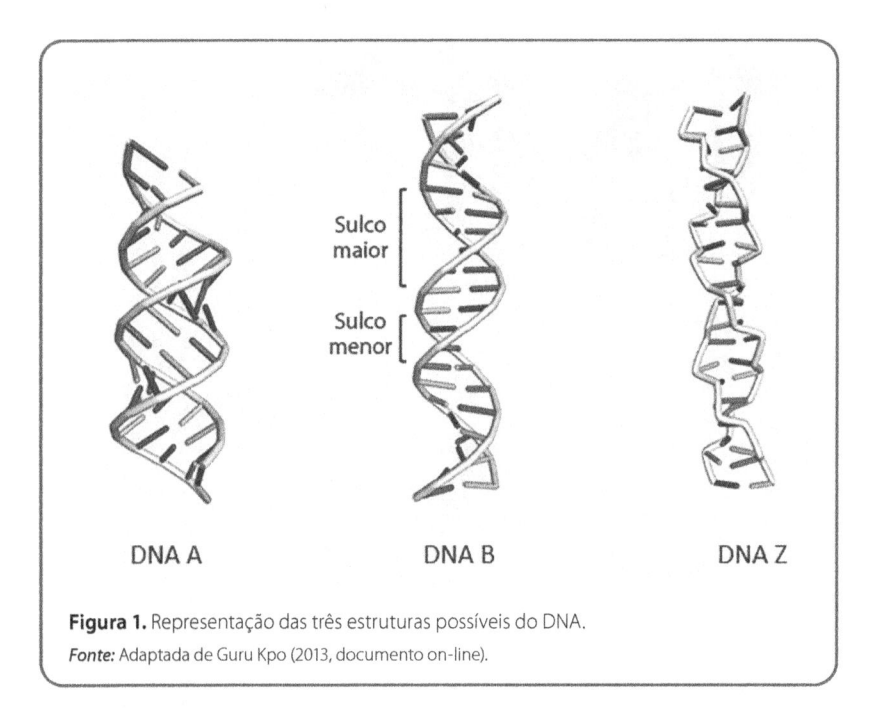

Figura 1. Representação das três estruturas possíveis do DNA.
Fonte: Adaptada de Guru Kpo (2013, documento on-line).

Para formar uma fita de DNA, os nucleotídeos são unidos por meio de ligações fosfodiéster. Os átomos de carbono que compõem a pentose são numerados de 1' a 5'. Durante a polimerização da cadeia polinucleotídica, o grupo fosfato, ligado ao carbono 5' da pentose, se liga ao carbono 3' da próxima desoxirribose, formando, assim, uma ligação de éster em ambos os lados (KLUG et al., 2012) (Figura 2a). Dessa forma, o crescimento da hélice de DNA ocorre do sentido 5' para a 3'.

As fitas do DNA são antiparalelas entre si. Isso significa que uma hélice possui direção oposta em relação a sua fita complementar (GRIFFITHS et al., 2006). Assim, nas extremidades da molécula de DNA sempre haverá uma fita cuja terminação possui uma pentose com o carbono 5' livre, enquanto a outra hélice apresentará o carbono 3' não envolvido em ligação fosfodiéster (Figura 2b).

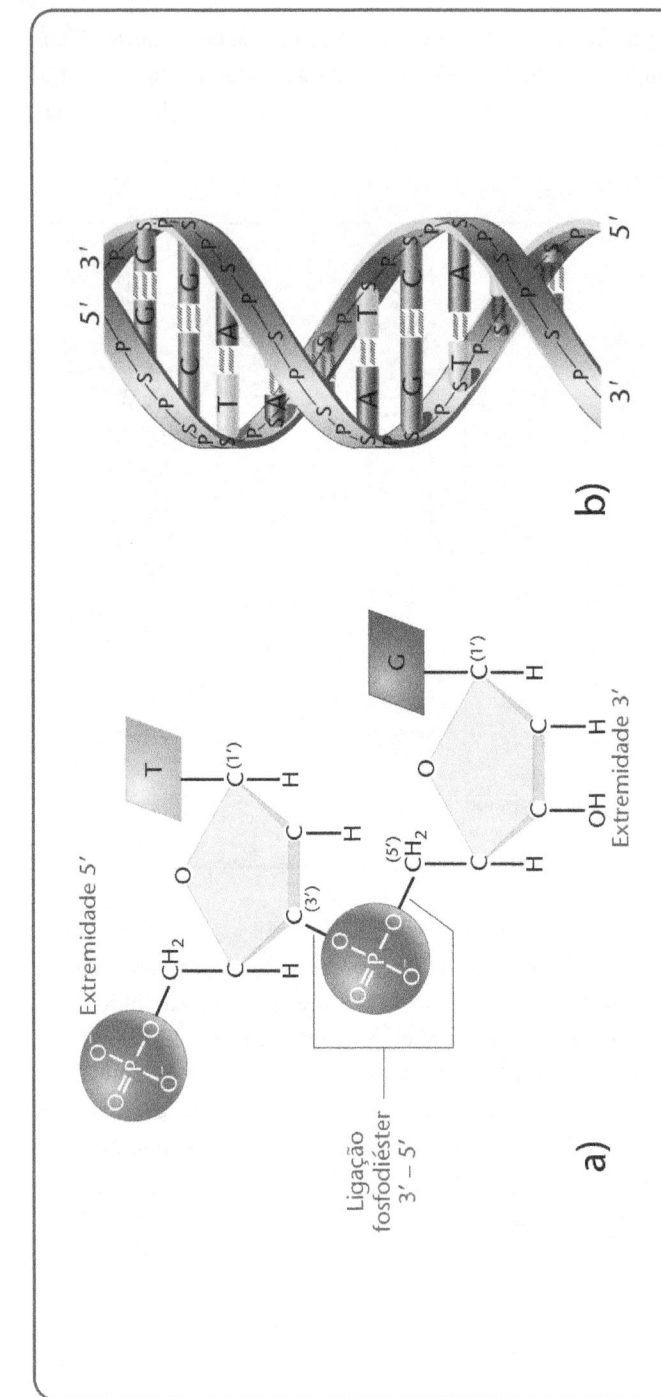

Figura 2. a) Representação da ligação fosfodiéster. O grupo fosfato ligado ao carbono 5' da pentose de um resíduo se liga ao carbono 3' da pentose do resíduo seguinte, formando duas ligações éster. b) Representação da estrutura do DNA: nas extremidades, uma fita apresenta terminação no carbono 5' enquanto a outra possui o carbono 3' livre. Note que as bases nitrogenadas se unem para formar os degraus da estrutura de "escada" do DNA, enquanto o açúcar (s) e os grupamentos fosfatos (p) formam o corrimão.

Fonte: Klug et al. (2012).

O RNA

Diferente do DNA, o RNA é um ácido nucleico geralmente formado por uma cadeia polinucleotídica única. Além disso, o RNA possui diferenças significantes quanto a sua composição. Primeiramente, o açúcar pentose presente nos nucleotídeos de RNA é a ribose, a qual se diferencia da desoxirribose apenas pela existência de um grupamento hidroxila no carbono 2'. Além disso, as bases nitrogenadas que compõem os ribonucleotídeos são: adenina, guanina, citosina e uracila.

As funções desempenhadas pelos RNAs no interior da célula estão diretamente relacionadas com as estruturas que eles adotam. Apesar do RNA apresentar fita simples, ele pode conter regiões de pareamento, formando estruturas em grampos ou *hairpins* (STRACHAN; READ, 2013) (Figura 3). Podemos tomar como exemplo o RNA transportador. Para desempenhar sua função de forma correta, este tipo de RNA forma vários grampos ao longo da molécula. Nesse caso, ocorre o pareamento da adenina com a uracila e da guanina com a citosina, e todas estas ligações são estabilizadas por ligações de hidrogênio.

Ainda é possível a formação de dúplices de DNA e RNA. Isto ocorre no momento da transcrição, em que uma hélice de DNA serve de molde para a síntese de uma fita de RNA.

5' AGACCACCAGUAAUUCAGAGCCAAUUACUAAGAGCC 3'

formação de ligações de hidrogênio

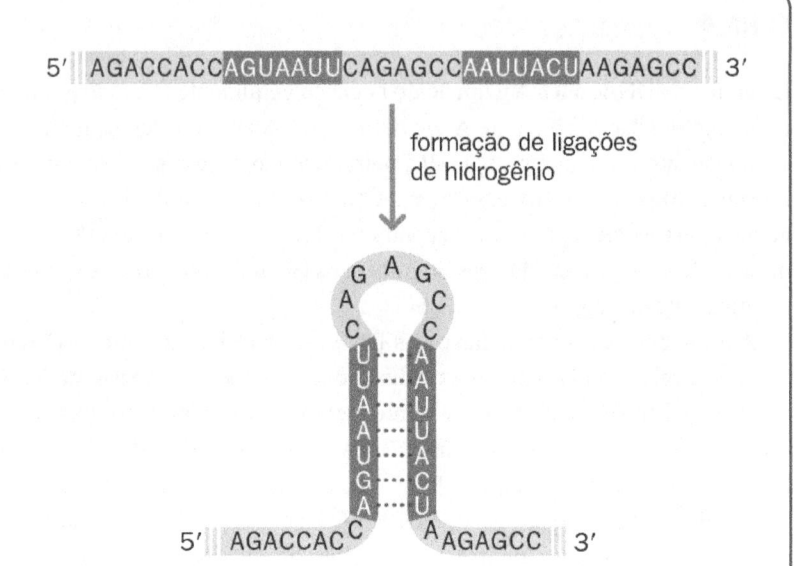

5' AGACCAC ... AGAGCC 3'

Figura 3. Representação de uma estrutura em grampo do RNA. Regiões complementares no RNA podem se parear, formando estruturas em grampo (*hairpin*).
Fonte: Strachan e Read (2013, p. 9).

Fique atento

As estruturas de DNA e RNA podem apresentar variações em alguns organismos. Em procariotos, por exemplo, o DNA é circular. Também é possível encontrar seres vivos que apresentem DNA de fita simples ou RNA de fita dupla. O parvovírus, agente etiológico da parvovirose canina é um vírus de DNA de fita simples, enquanto os rotavírus, causadores de doenças gastrointestinais em humanos, possuem seu material genético organizado em RNA de fita simples.

Replicação e reparo do DNA

A proliferação celular é um evento fundamental para o crescimento e manutenção dos organismos vivos. O processo pelo qual uma célula-mãe se divide em duas células-filhas, com preservação do conteúdo genético original, é chamado de ciclo celular. O ciclo celular pode ser divido em cinco fases: G_0, G_1, S, G_2 e mitose. Em cada uma dessas etapas ocorrem reações importantes para garantir que as duas células geradas possuam cópias idênticas às moléculas de DNA presentes na célula de origem.

No início do ciclo, as células encontram-se na fase G_0. Esta etapa é conhecida como fase de repouso, em que as células não apresentam atividade proliferativa. Mediante a ação de fatores ambientais e fisiológicos que estimulam a divisão celular, as células entram na fase G_1 . Nesse momento, ocorre o crescimento da célula e a síntese de RNAs e proteínas, que serão importantes na etapa seguinte (MALUMBRES; BARBACID, 2009). Antes que a célula ingresse na fase S, o ciclo celular é interrompido para a realização de uma checagem. No *checkpoint*, a célula avalia se ela se encontra preparada para a fase de replicação do DNA. Caso seja identificado algum erro resultante das etapas anteriores, a célula pode retornar ao início do ciclo, ou seja, para a fase de repouso, ou sofrer o processo de morte celular programada, também conhecida como apoptose (MALUMBRES; BARBACID, 2009). A fase S é uma das fases mais importantes do ciclo celular, uma vez que há a replicação das moléculas de DNA em duas cópias idênticas . Nesta etapa, ocorre a separação das duas fitas de DNA e cada fita irá atuar como molde para a síntese de uma nova cadeia. Dessa forma, dizemos que a replicação do DNA é semiconservativa, uma vez que cada molécula de DNA presente nas células-filhas apresentam uma hélice inteiramente nova e outra hélice oriunda da célula-mãe.

A replicação do DNA é um evento complexo que abrange diversas etapas. Primeiramente, ocorre a abertura da hélice dupla por meio da quebra das pontes de hidrogênio em regiões específicas, chamadas origem de replicação. A enzima helicase catalisa a separação das duas fitas e possibilita a formação de uma bolha no arcabouço do DNA, denominada forquilha de replicação. Como o DNA apresenta estrutura helicoidal, a criação de uma bolha em determinadas regiões da molécula gera uma tensão em locais que ainda possuem a hélice dupla. Essa tensão é neutralizada pela enzima topoisomerase, auxiliando, assim, a manutenção de uma molécula estável para as próximas etapas da replicação. Na forquilha de replicação, sequências menores de nucleotídeos, denominados iniciadores ou *primers*, se anelam à fita molde para iniciar o processo de síntese de uma nova fita. Em seguida, a enzima DNA-polimerase III catalisa a polimerização da fita nova de DNA por meio da incorporação de nucleotídeos complementares. A forquilha de replicação então se desloca, possibilitando a síntese do restante da hélice. Um fato importante a ser levado em consideração é a orientação da replicação. A síntese da nova cadeia polinucleotídica ocorre sempre no sentido 5' para 3'. No entanto, como já mencionado anteriormente, as hélices são antiparalelas, isto é, quando partimos de um mesmo ponto referencial, uma fita possui orientação 5' para 3' e a outra possui orientação 3' para 5'. Devido a esse fato, as fitas complementares não são sintetizadas com a mesma velocidade. Chamamos de fita líder (*leading strand*) aquela cadeia que está sendo produzida na orientação 5' para 3' e que, portanto, apresenta crescimento contínuo. Ao contrário, a outra fita é sintetizada por intermédio de fragmentos de DNA, que se ligam à fita molde e permitem o correto direcionamento da replicação. Tais pedaços de DNA são chamados de Fragmentos de Okazaki. Por apresentar uma velocidade de síntese menor que a fita líder, esta é chamada de fita retardada (*lagging strand*) (STRACHAN; READ, 2013). A Figura 4 apresenta duas representações desse processo.

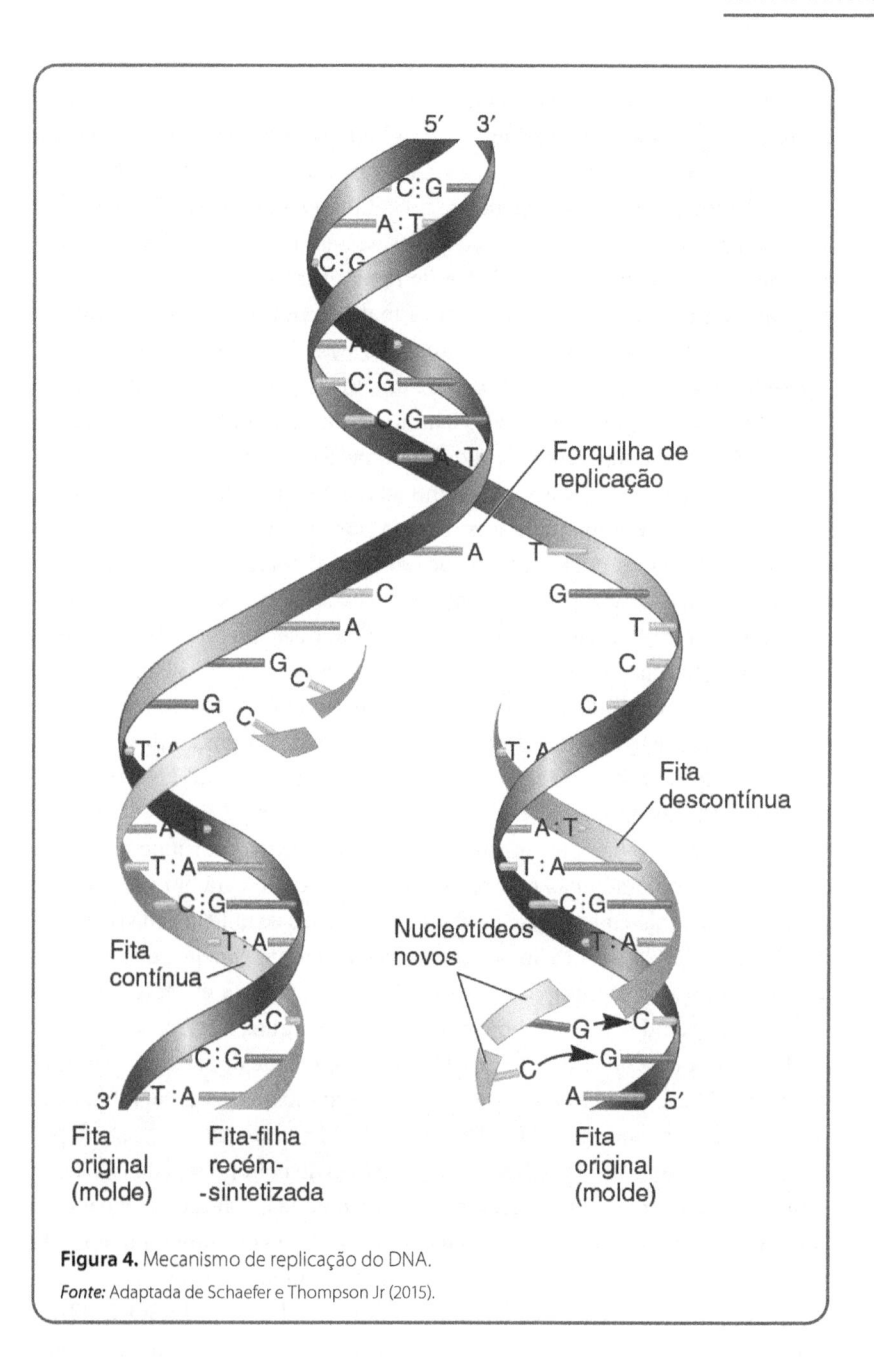

Figura 4. Mecanismo de replicação do DNA.
Fonte: Adaptada de Schaefer e Thompson Jr (2015).

Durante todo o processo de replicação e do ciclo celular em si, há a atuação de uma série de mecanismos de reparo. Qualquer alteração introduzida na hélice dupla de DNA, no momento da síntese de novas moléculas, constituem um risco para a composição genética da célula. Dessa forma, é de extrema importância a atuação de sistemas capazes de identificar possíveis modificações na constituição do novo DNA e de reparar os danos reconhecidos. No genoma humano já foram comprovados mais de cem genes envolvidos em mecanismos de reparo do DNA, incluindo os sistemas de reparo por excisão, reparo por junção de extremidades não homólogas, reparo por recombinação homóloga e reparo por subunidades catalíticas da DNA-polimerase. O reparo por excisão é adicionalmente dividido em: reparo por excisão de base, em que bases nitrogenadas danificadas são eliminadas enzimaticamente e substituídas por nucleotídeos complementares; reparo por excisão de nucleotídeo, em que há a retirada de nucleotídeos que causam distorção na hélice dupla, a exemplo de pirimidinas pareadas entre si na cadeia lateral; e reparo de pareamento incorreto, feito através da varredura na molécula de DNA em busca de pareamentos não complementares, após o término da replicação. O reparo por subunidade catalíticas da DNA-polimerase também ocorre na fase S e a sua função consiste em ressintetizar segmentos de DNA para reposição após identificação de falhas na molécula recém-formada (BORGES-OSÓRIO; ROBINSON, 2013).

Diferentemente dos mecanismos anteriores, o reparo por junção das extremidades não homólogas ocorre quando o DNA não está em processo de replicação. Este sistema corrige quebra nas duas fitas de uma mesma molécula de DNA, que pode ser ocasionada por diversas circunstâncias, como radiação ionizante, quimioterápicos ou mesmo em resposta à espécies reativas de oxigênio geradas no metabolismo. Apesar de alguns nucleotídeos serem perdidos durante a quebra da hélice dupla, o mecanismo de reparo por junção das extremidades não homólogas justapõe os fragmentos para recombinação. Assim, a sequência original do DNA acaba sendo modificada. O reparo por recombinação homóloga também repara quebras da hélice dupla do DNA. No entanto, este sistema utiliza o cromossomo homólogo não lesado como molde para construção da sequência de nucleotídeos perdida durante a quebra da hélice dupla. Ocorre, então, a transferência do fragmento recém-sintetizado para o cromossomo danificado (BORGES-OSÓRIO; ROBINSON, 2013). Portanto, dificilmente haverá alteração na sequencia original do DNA por meio desse sistema.

Após duplicar o DNA de forma correta, a célula migra para a fase G2 do ciclo, em que haverá a transcrição de RNAs e produção de proteínas para os eventos de mitose. Em seguida, há uma segunda parada no ciclo celular para mais um processo de checagem. De forma semelhante ao primeiro *checkpoint*, a célula irá avaliar se possui condições favoráveis para a divisão celular, incluindo a conferência da presença de todos as proteínas necessárias para a mitose. Caso seja identificada alguma falha, os danos podem ser corrigidos ou a célula pode sofrer apoptose (MALUMBRES; BARBACID, 2009).

Todo o ciclo celular, em especial a replicação do DNA, são altamente regulados por uma série de mecanismos coordenados que envolvem uma variedade de proteínas celulares. A incapacidade da célula de regular a divisão celular, incluindo os processos de reparo de danos e apoptose, está relacionada com rearranjos cromossômicos e risco maior de desenvolver doenças . No câncer, por exemplo, todo o ciclo celular encontra-se desregulado. De forma geral, as células não necessitam de um mediador fisiológico ou ambiental para entrar no ciclo celular; não respondem aos sinais gerados dentro da célula para sair do processo de divisão celular; possuem mecanismos de evasão da apoptose, e continuam a proliferação mesmo com danos graves na molécula de DNA e na organização cromossômica (BORGES-OSÓRIO; ROBINSON, 2013; MALUMBRES; BARBACID, 2009; MATSON; COOK, 2017).

O código genético

O DNA é a macromolécula responsável por carrear a informação genética. As características fenotípicas presente nos seres vivos são resultado da expressão desta informação, a qual encontra-se armazenada nos genes. Cada gene possui uma sequência específica de nucleotídeos que irá codificar uma molécula de RNA. Por meio do processo de transcrição, o RNA é sintetizado a partir do gene no interior do núcleo da célula. Em eucariotos, o RNA mensageiro (RNAm) recém-transcrito sofre etapas de maturação que resultam em um RNA apropriado para a tradução. O RNAm é, então, transportado para o núcleo, onde ele servirá de molde para a produção de polipeptídeos. Como podemos perceber, existe uma relação entre a informação genética contida no DNA e as proteínas, de forma que a sequência de bases de determinado gene será correspondente à sequência de aminoácidos da cadeia polipeptídica codificada por este mesmo gene. A esta relação damos o nome de código genético .

Decifrado na década de 1960, o código genético pode ser entendido como um alfabeto de quatro letras correspondentes às bases nitrogenadas do DNA (STRACHAN; READ, 2013). Este código é transferido para o RNAm por meio da transcrição, sendo organizado por intermédio de trincas. A sequência de três nucleotídeos no RNAm recebe o nome de códon, e cada códon irá codificar um único aminoácido na cadeia polipeptídica. A organização das quatro bases em trincas gera um total de 64 combinações possíveis, entretanto, existem apenas 20 aminoácidos. Dessa forma, um aminoácido pode ser codificado por mais de uma trinca (FIG 5). Por este motivo, dizemos que o código genético é redundante ou degenerado. Além disso, o código genético é universal, isto é, ele é praticamente o mesmo para os mais diversos organismos vivos (com pequenas variações para protozoários e DNA mitocondrial).

No momento da tradução, o RNAm maduro se dirige para o ribossomo para atuar como molde na construção da cadeia polipeptídica. O códon de início, representado pela trinca AUG, sinaliza o início da tradução (STRACHAN; READ, 2013). No entanto, o aminoácido não reconhece seu códon correspondente por si só. Ele é ligado a uma molécula adaptadora, o RNA transportador, que reconhece o códon por pareamento complementar. A sequência de bases do RNAt que possui complementaridade com o códon é chamada de anticódon. Todas as trincas, a partir do códon, serão lidas e traduzidas, inicialmente, em um aminoácido, até que a maquinaria da tradução reconheça um códon de terminação ou *stop codons*. Existem três códons de terminação: UAA, UAG e UGA. É importante salientar que os códons de terminação não codificam aminoácidos, eles apenas sinalizam o término da síntese polipeptídica. Outro aspecto importante é que o código genético é lido continuamente e, dessa forma, a entrada ou retirada de um nucleotídeo muda o quadro de leitura do gene (KLUG et al., 2012).

É interessante ressaltar que o código genético está, aparentemente, organizado de forma a reduzir o efeito de mutações de substituição de base, e tal hipótese é suportada por uma série de evidências. Primeiramente, aminoácidos quimicamente similares ocupam posições próximas na tabela do código genético. Por exemplo, todos os códons com a uracila na segunda posição correspondem a aminoácidos hidrofóbicos. Além disso, o segundo nucleotídeo de um códon parece ser o mais importante para a determinação do aminoácido, enquanto a uma substituição no terceiro nucleotídeo geralmente não gera efeitos na estrutura final da proteína. Ademais, alterações no primeiro nucleotídeo do códon, na maioria dos casos, leva à incorporação de um aminoácido similar ao correto .

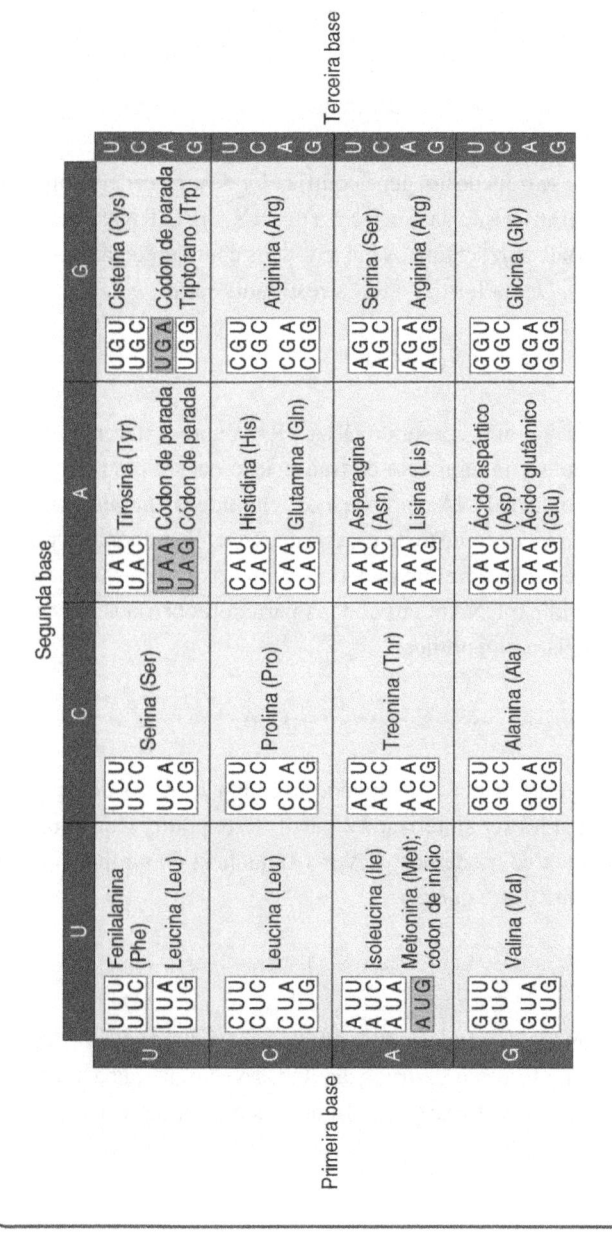

Primeira base	Segunda base				Terceira base
	U	C	A	G	
U	UUU Fenilalanina (Phe)	UCU Serina (Ser)	UAU Tirosina (Tyr)	UGU Cisteína (Cys)	U
	UUC	UCC	UAC	UGC	C
	UUA Leucina (Leu)	UCA	UAA Códon de parada	UGA Códon de parada	A
	UUG	UCG	UAG Códon de parada	UGG Triptofano (Trp)	G
C	CUU Leucina (Leu)	CCU Prolina (Pro)	CAU Histidina (His)	CGU Arginina (Arg)	U
	CUC	CCC	CAC	CGC	C
	CUA	CCA	CAA Glutamina (Gln)	CGA	A
	CUG	CCG	CAG	CGG	G
A	AUU Isoleucina (Ile)	ACU Treonina (Thr)	AAU Asparagina (Asn)	AGU Serina (Ser)	U
	AUC	ACC	AAC	AGC	C
	AUA	ACA	AAA Lisina (Lis)	AGA Arginina (Arg)	A
	AUG Metionina (Met); códon de início	ACG	AAG	AGG	G
G	GUU Valina (Val)	GCU Alanina (Ala)	GAU Ácido aspártico (Asp)	GGU Glicina (Gly)	U
	GUC	GCC	GAC	GGC	C
	GUA	GCA	GAA Ácido glutâmico (Glu)	GGA	A
	GUG	GCG	GAG	GGG	G

Figura 5. Tabela do código genético: cada códon codifica apenas um aminoácido. Entretanto, um aminoácido pode ser codificado por mais de um códon, com exceção da metionina e do triptofano.

Fonte: Tuxnator (2009, documento on-line).

Para facilitar o entendimento, vamos decodificar o seguinte fragmento de um gene hipotético:

3' TTCTACGGACATCCCTAAGCTATCGGA 5'.

Assumiremos que se trata de um gene codificador de uma cadeia polipeptídica e, portanto, sua transcrição dará origem a um RNAm. O RNA sintetizado a partir dessa fita molde apresentará os nucleotídeos complementares, porém, na orientação oposta. Dessa forma, o RNA resultante será:

5' AAGAUGCCUGUCGGGAUUCGAUAGCCU 3'.

É importante ressaltar que, apesar do DNA e RNA apresentarem estrutura e composição diferentes, no momento da transcrição ocorre um pareamento transitório da fita molde de DNA com os ribonucleotídeos em que a adenina serve de molde para a incorporação da uracila no RNA. Isso acontece porque os ácidos ribonucleicos não apresentam a timina como uma de suas bases. O próximo passo é dividir o RNAm em códons para descobrir a sequência de aminoácidos da cadeia polipeptídica:

AAG – AUG – CCU – GUC – GGG – AUU – CGA - UAG – CCU.

Observe que a segunda trinca corresponde ao códon de início, dessa forma, a cadeia polipeptídica irá ser sintetizada a partir deste ponto. Consultando a tabela do código genético, podemos prever a sequência de aminoácidos do polipeptídeo resultante desse gene:

Metionina – Prolina – Valina – Glicina – Isoleucina – Arginina.

A partir do códon UAG, a cadeia polipeptídica não é mais produzida, uma vez que este sinaliza o término da tradução. Observe ainda que a sequência dos aminoácidos obedece ao fluxo da informação genética, ou seja, do sentido 5' para 3'.

Algumas considerações

Em conclusão, o DNA e o RNA são ácidos nucleicos que possuem estrutura e composição distintas. Enquanto o DNA apresenta duas fitas (na maioria dos seres vivos), o açúcar desoxirribose e as bases nitrogenadas ATCG, os RNAs possuem uma única hélice (com exceção de alguns vírus), a ribose como açúcar e as bases nitrogenadas AUCG. O processo de replicação do DNA no ciclo celular é um evento complexo e envolve vários tipos de mecanismos de reparo. Tais sistemas garantem a alta fidelidade de replicação e são de suma importância para a preservação da informação genética. O código genético relaciona essa informação contida nos genes com a expressão de polipeptídeos.

Exercícios

1. Em 1953, Watson e Crick desvendaram a estrutura molecular do DNA. Assinale a alternativa que descreve corretamente essa estrutura:
   a) Macromolécula de fita dupla em formato de "escada retorcida", em que as bases nitrogenadas formam os degraus da escada, e a pentose e o grupo fosfato formam o corrimão.
   b) Macromolécula de fita dupla formato de "escada retorcida", em que a pentose e o grupamento fosfato formam os degraus da escada, e a as bases nitrogenadas formam o corrimão.
   c) Macromolécula de fita dupla em formato linear, em que a pentose e o grupamento fosfato formam os degraus da escada, enquanto a as bases nitrogenadas formam o corrimão.
   d) Macromolécula de fita dupla em formato linear, em que as bases nitrogenadas formam os degraus da escada, enquanto a pentose e o grupo fosfato formam o corrimão.
   e) Macromolécula de cadeia simples em formato helicoidal.

2. Os ácidos nucleicos são formados de unidades menores, os nucleotídeos. Assinale a alternativa que indica corretamente a composição dos nucleotídeos de RNA:
   a) Um grupo fosfato, um açúcar ribose e bases nitrogenadas ATCG.
   b) Um grupo fosfato, um açúcar ribose e bases nitrogenadas AUCG.
   c) Um grupo fosfato, um açúcar desoxirribose e bases nitrogenadas ATCG.
   d) Um grupo fosfato, um açúcar desoxirribose e bases nitrogenadas AUCG.

e) Um grupamento fosfato, um açúcar ribose e bases nitrogenadas ACG.

3. O ciclo celular possui cinco fases. Em cada uma delas, ocorrem eventos importantes para a correta divisão da célula. Em qual fase ocorre a replicação do DNA?
a) Fase G_0.
b) Fase G_1.
c) Fase S.
d) Fase G_2.
e) Mitose.

4. Para assegurar que o DNA herdado pelas células filhas sejam cópias idênticas da molécula de DNA da célula mãe, há a atuação de vários sistemas de reparo durante o ciclo celular. Assinale a alternativa que representa corretamente o sistema de reparo responsável por corrigir erros que geram grandes distorções na hélice dupla.
a) Reparo por excisão de base.
b) Reparo por excisão de nucleotídeo.
c) Reparo de pareamento incorreto.
d) Reparo por recombinação homóloga.
e) Reparo por junção das extremidades não homólogas.

5. O código genético descreve a relação entre a sequência de nucleotídeos em um gene e a uma cadeia de peptídeo. Em relação ao código genético, assinale a alternativa correta:
a) O código genético é organizado em trincas de nucleotídeos.
b) Cada espécie possui seu próprio código genético.
c) A sequência de RNAm que codifica um aminoácido é chamada de anticódon.
d) O aminoácido é incorporado à cadeia polipeptídica sem necessidade de uma molécula adaptadora.
e) Existem três sequências de nucleotídeos que sinalizam o início da tradução.

Referências

BORGES-OSÓRIO, M.; ROBINSON, W. *Genética humana*. 3. ed. Porto Alegre: Artmed, 2013.

GRIFFITHS, A. J. et al. *Introdução à genética*. 8. ed. Rio de Janeiro: Guanabara Koogan, 2006.

KLUG, W. et al. *Conceitos de genética*. 9. ed. Porto Alegre: Artmed, 2012.

KOONIN, E. V.; NOVOZHILOV, A. S. Origin and Evolution of the Universal Genetic Code. *Annual Review of Genetics*, v. 51, p. 45-62, 2017.

MALUMBRES, M.; BARBACID, M. Cell cycle, CDKs and cancer: a changing paradigm. *Nature Reviews Cancer*, v. 9, n. 3, p. 153-166, 2009.

MATSON, J. P.; COOK, J. G. Cell cycle proliferation decisions: the impact of single cell analyses. *The FEBS journal*, v. 284, n.3, p. 362-375, 2017.

SCHAEFER, G. B.; THOMPSON JR, J. N. *Genética médica*. Porto Alegre: AMGH, 2015.

STRACHAN, T.; READ, A. *Genética molecular humana*. 4. ed. Porto Alegre: Artmed, 2013.

TUXNATOR. *Código genético*. 22 nov. 2009. Disponível em: <https://pt.slideshare.net/tuxnator/cdigo-gentico-2560290>. Acesso em: 27 ago. 2018.

UNIVERSIDADE DE SÃO PAULO. *Biologia molecular:* texto 2, a replicação do DNA. 2018. Disponível em: <https://edisciplinas.usp.br/pluginfile.php/2937177/mod_resource/content/2/BiologiaMolecular_texto02%20final.pdf>. Acesso em: 27 ago. 2018.

WATSON, J. D.; CRICK, F. H. Molecular structure of nucleic acids. *Nature*, v. 171, n. 4356, p. 737-738, 1953.

Estudo dos ácidos nucleicos: composição química, estrutura, tipos de moléculas e funções

Objetivos de aprendizagem

Ao final deste texto, você deve apresentar os seguintes aprendizados:

- Identificar a composição química e a estrutura dos ácidos nucleicos.
- Classificar os tipos de ácidos nucleicos.
- Descrever as funções dos ácidos nucleicos.

Introdução

Os ácidos nucleicos participam de inúmeros eventos bioquímicos e regulatórios nos seres vivos. Embora eles sejam genericamente agrupados em ácido desoxirribonucleico (DNA) e ácido ribonucleico (RNA), existem vários subtipos de ácidos nucleicos, a exemplo do material genético encontrado em organelas e das mais variadas classes de RNA presente nas células. O DNA e o RNA são formados a partir da polimerização de nucleotídeos, sendo que cada macromolécula apresenta suas particularidades quanto à constituição e ao arcabouço molecular.

Neste capítulo, você vai aprender sobre a composição química e a estrutura dos ácidos nucleicos, vai reconhecer os vários subtipos de DNA e RNA, além de conhecer as suas funções no interior das células.

Composição dos ácidos nucleicos

Os ácidos nucleicos são macromoléculas que desempenham papel importante na transmissão e expressão dos caracteres hereditários e em eventos regulatórios. Apesar de a composição química dos ácidos nucleicos sofrer algumas variações de acordo com a sua classificação, todos eles são formados pela mesma unidade estrutural: os **nucleotídeos**.

Os nucleotídeos têm uma composição química básica bem definida. Todos eles são formados por um grupo fosfato (PO_4), uma pentose, isto é, um açúcar de cinco carbonos, e uma base nitrogenada. O grupo fosfato confere carga negativa à macromolécula e será igual para todos os tipos de ácidos nucleicos, ao passo que a pentose pode variar. Nucleotídeos que têm a ribose como açúcar são chamados de **ribonucleotídeos** e a polimerização destes forma os RNAs. Já os nucleotídeos que apresentam a desoxirribose como pentose recebem o nome de **desoxirribonucleotídeos**, que, por sua vez, são os monômeros constituintes do DNA. Ambas as pentoses formam um anel, se diferenciando apenas pela presença de um grupo hidroxila no carbono 2' da ribose (STRACHAN; READ, 2014).

Fique atento

DNA e RNA são polímeros de nucleotídeos. Chamamos de **polinucleotídeos** os ácidos nucleicos que têm mais de 50 nucleotídeos. Moléculas com um número inferior de nucleotídeos são denominadas **oligonucleotídeos**.

As bases nitrogenadas se ligam ao carbono 1' da pentose e constituem a terceira molécula formadora dos nucleotídeos. As bases que compõem os ácidos nucleicos são provenientes da purina e da pirimidina. Ambas são moléculas planares, aromáticas e heterocíclicas; no entanto, a purina apresenta dois anéis heterocíclicos compostos por nove membros, enquanto a pirimidina tem apenas um, formado por nove membros (KLUG et al., 2012). Tais características químicas são preservadas nas bases nitrogenadas derivadas, o que permite classificá-las em bases púricas ou simplesmente purinas e bases pirimídicas, ou pirimidinas. As bases nitrogenadas que entram na composição dos nucleotídeos são as bases púricas adenina e guanina e as bases pirimídicas timina, citosina e uracila (STRACHAN; READ, 2014). Para entender melhor a composição dos nucleotídeos, observe a Figura 1 a seguir.

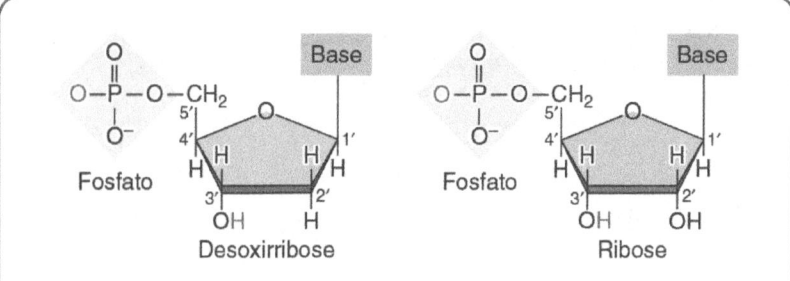

Figura 1. Representação da composição dos nucleotídeos. Cada nucleotídeo é formado por um grupo fosfato, uma pentose (ribose ou desoxirribose) e uma base nitrogenada.
Fonte: Strachan e Read (2014, p. 3).

O DNA e RNA não se diferenciam entre si apenas pelo tipo de pentose, mas também pelas bases nitrogenadas que compõem seus nucleotídeos. No DNA, encontramos unidades que apresentam as bases adenina, citosina, guanina e timina. Já nos ribonucleotídeos, a base pirimídica uracila substitui a timina. Dessa forma, oito tipos de nucleotídeos compõem os ácidos nucleicos: quatro ribonucleotídeos que apresentam as bases A,U,C ou G e quatro desoxirribonucleotídeos de bases A,T,C ou G.

Observe a Figura 2 a seguir.

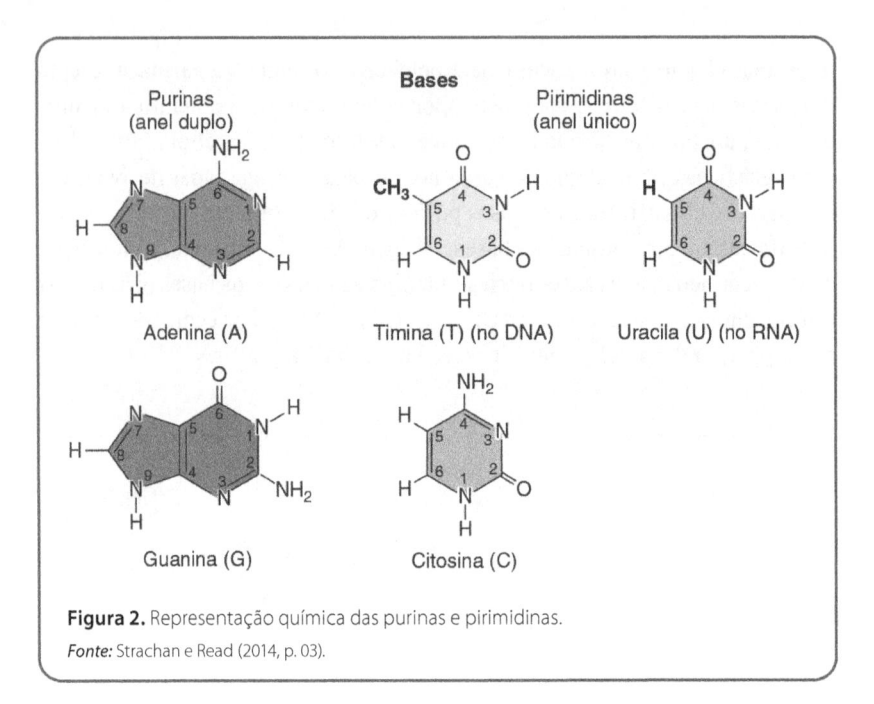

Figura 2. Representação química das purinas e pirimidinas.
Fonte: Strachan e Read (2014, p. 03).

Os nucleotídeos estabelecem ligações covalentes para construir uma fita de ácido nucleico. A formação da cadeia polinucleotídica ocorre por meio de ligações fosfodiéster, em que o fosfato conectado ao carbono 5' da pentose se liga com o carbono 3' do próximo açúcar (STRACHAN; READ, 2014). Assim, o sentido de crescimento tanto das fitas de DNA quanto de RNA é 5' para 3'. É importante notar que, na polimerização da fita de ácido nucleico, o composto contendo apenas o açúcar e a base nitrogenada é adicionado à fita, se ligando ao grupo fosfato já existente na cadeia. As unidades químicas que têm somente a pentose e uma base são chamadas de **nucleosídeos** (KLUG et al., 2012).

Estrutura dos ácidos nucleicos

O DNA é estruturado em duas cadeias de polinucleotídeos conectadas entre si por ligações intermoleculares de hidrogênio (KLUG et al., 2012). Tais interações ocorrem entre uma base púrica e outra pirimídica. Nesse contexto, a adenina se pareia com a timina por meio de duas ligações de hidrogênio e a guanina se pareia com a citosina via três ligações de hidrogênio (BORGES-OSÓRIO; ROBINSON, 2013). Para que essas interações sejam possíveis, as fitas do DNA devem estar em orientações opostas, ou seja, enquanto uma cadeia tem a direção 5' para 3', a outra cadeia tem orientação 3' para 5' (STRACHAN; READ, 2014).

Dessa forma, dizemos que as hélices do DNA têm orientação antiparalela entre si. A ausência da hidroxila no carbono 2' da pentose favorece a formação da hélice dupla e auxilia na estabilidade da molécula, uma vez que reduz a suscetibilidade do DNA a reações de hidrólise alcalina (WATSON et al., 2015). As interações de hidrogênio entre as bases se localizam no interior da macromolécula, enquanto a pentose e o grupo fosfato fazem parte da cadeia lateral do DNA.

As fitas do DNA giram uma em torno da outra, conferindo à molécula um aspecto helicoidal. Nesse contexto, o DNA pode adotar três tipos de estruturas em espiral. A forma A ocorre em situações com baixa humidade e representa o arcabouço mais compacto, com as fitas girando para a direita. O DNA-B também gira para a direita e forma uma estrutura mais alongada. Em solução, o DNA tende a adotar essa forma (STRACHAN; READ, 2014).

Diferentemente das outras estruturas, o DNA-Z apresenta suas hélices girando para a esquerda. Segmentos da molécula de DNA que sofreram metilação, isto é, adição de grupos CH3, podem apresentar mudança da conformação B para a forma Z ((BORGES-OSÓRIO; ROBINSON, 2013).

O RNA geralmente apresenta estrutura em fita simples. Assim como o DNA, o RNA também adota conformação helicoidal e com rotação para a direita em condições fisiológicas (VOET; VOET; PRATT, 2014). Nas ocasiões em que o RNA tem duas hélices (como em alguns genomas virais), a estrutura observada se assemelha à forma do DNA — forma A. Em razão do impedimento estérico causado pela presença da hidroxila na posição 2', o RNA em fita dupla é incapaz de adotar a forma B (VOET; VOET; PRATT, 2014). Quando comparado ao DNA, o RNA apresenta maior suscetibilidade à degradação por hidrólise em condições alcalinas, em razão do grupo OH⁻ adicional na ribose (WATSON et al., 2015).

Uma única cadeia de RNA pode dobrar sobre si mesma, permitindo ligações intramoleculares entre regiões complementares, formando uma estrutura terciária. Nesse caso, também ocorre o pareamento de uma purina com uma pirimidina: a adenina se liga à uracila via duas interações de hidrogênio e a guanina se liga a citosina, assim como ocorre no DNA (STRACHAN; READ, 2014). Essa propriedade de formar hélice dupla por meio de dobramentos é fundamental para uma série de atividades biológicas executadas pelas moléculas de DNA.

Tipos de ácidos nucleicos

De forma geral, os ácidos nucleicos se dividem em DNA e RNA. Como já foi mencionado anteriormente, eles se distinguem pelo tipo de pentose, pela composição de bases nitrogenadas e pela estrutura molecular. No DNA o açúcar é a desoxirribose, enquanto no RNA temos a ribose. Em relação às bases nitrogenadas, no DNA a timina pareia com a adenina e no RNA a uracila é a base pirimídica que se liga à adenina. Por fim, a hélice dupla é a estrutura molecular adotada pelo DNA em grande parte dos seres vivos, ao passo que o RNA se apresenta como fita simples, com exceção de alguns genomas virais. Tanto o DNA quanto o RNA podem ser classificados de acordo com a sua localização celular e/ou função. Veja na Figura 3 a seguir a estrutura e a composição do DNA e do RNA.

A maior parte do DNA dos seres eucariontes está presente no núcleo, no entanto, é possível encontrar material genético no interior das mitocôndrias de animais, plantas e fungos e também no cloroplasto dos vegetais. Enquanto o DNA nuclear se apresenta como uma molécula linear compactada como cromossomo, o DNA mitocondrial típico tem estrutura circular que codifica proteínas essenciais para o funcionamento dessa organela (MADIGAN et al., 2016).

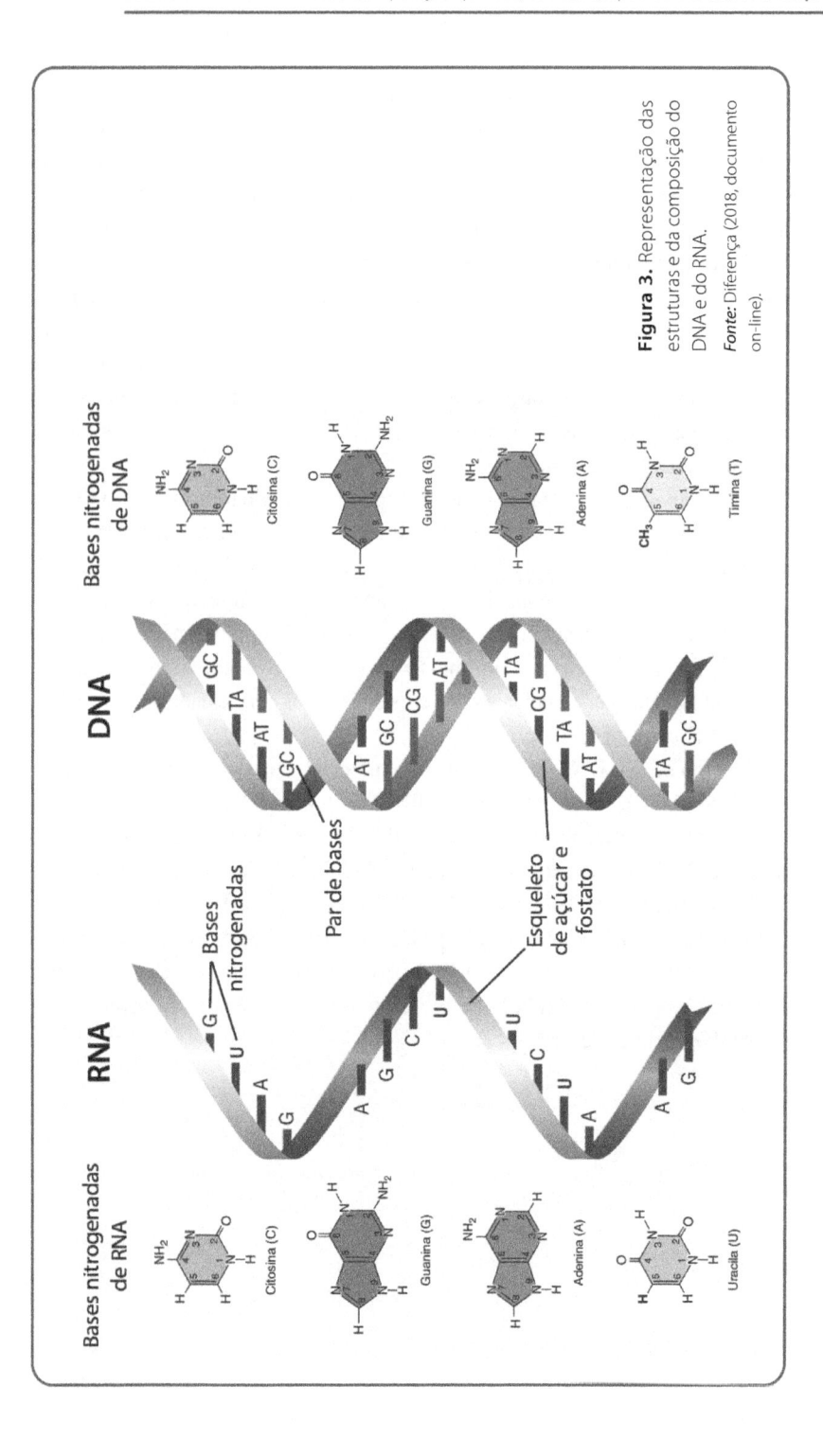

Figura 3. Representação das estruturas e da composição do DNA e do RNA.

Fonte: Diferença (2018, documento on-line).

Em seres humanos, por exemplo, o DNA mitocondrial tem extensão de 16.569 pares de bases e compreende 37 genes, sendo 13 codificadores de proteínas, 22 para RNA transportadores e 2 para subunidades ribossômicas (MADIGAN et al., 2016). No entanto, as proteínas envolvidas na regulação da atividade da mitocôndria são codificadas pelo material genômico nuclear.

Outra particularidade do DNA mitocondrial é a sua forma de herança. Diferentemente do DNA cromossômico, que é herdado igualmente por ambos os progenitores, o DNA mitocondrial tem origem materna em mamíferos e em plantas superiores (ALBERTS et al., 2017). Isso ocorre porque, no momento da fertilização, o gameta feminino contém um número abundante de mitocôndrias no citoplasma, ao passo que o gameta masculino contribui pouquíssimo ou não contribui para a herança dessas organelas.

Já em leveduras, a herança das mitocôndrias é biparental, uma vez que ambos os progenitores contribuem igualmente para o conteúdo citoplasmático da célula-filha durante a fusão de células haploides (ALBERTS et al., 2017). Além disso, o DNA mitocondrial representa uma das raras exceções da universalidade do código genético. Em outras palavras, o código genético utilizado no DNA das mitocôndrias de animais e fungos é sutilmente diferente daquele empregado pelos gene nucleares de seres eucariotos e procariotos (ALBERTS et al., 2017). Observe a Figura 4 a seguir.

Assim como o DNA mitocondrial, o material genético presente no cloroplasto de plantas verdes também codifica proteínas e RNAs essenciais para as reações de obtenção de energia realizadas na própria organela. O DNA do cloroplasto se apresenta como uma molécula circular que compreende de 120.000 a 160.000 pares de bases (MADIGAN et al., 2016). Interessantemente, tanto a mitocôndria quanto o cloroplasto são organelas importantes do ponto de vista energético, sendo a mitocôndria responsável pela síntese de ATP por meio da fosforilação oxidativa e o cloroplasto encarregado da fotossíntese (MADIGAN et al., 2016).

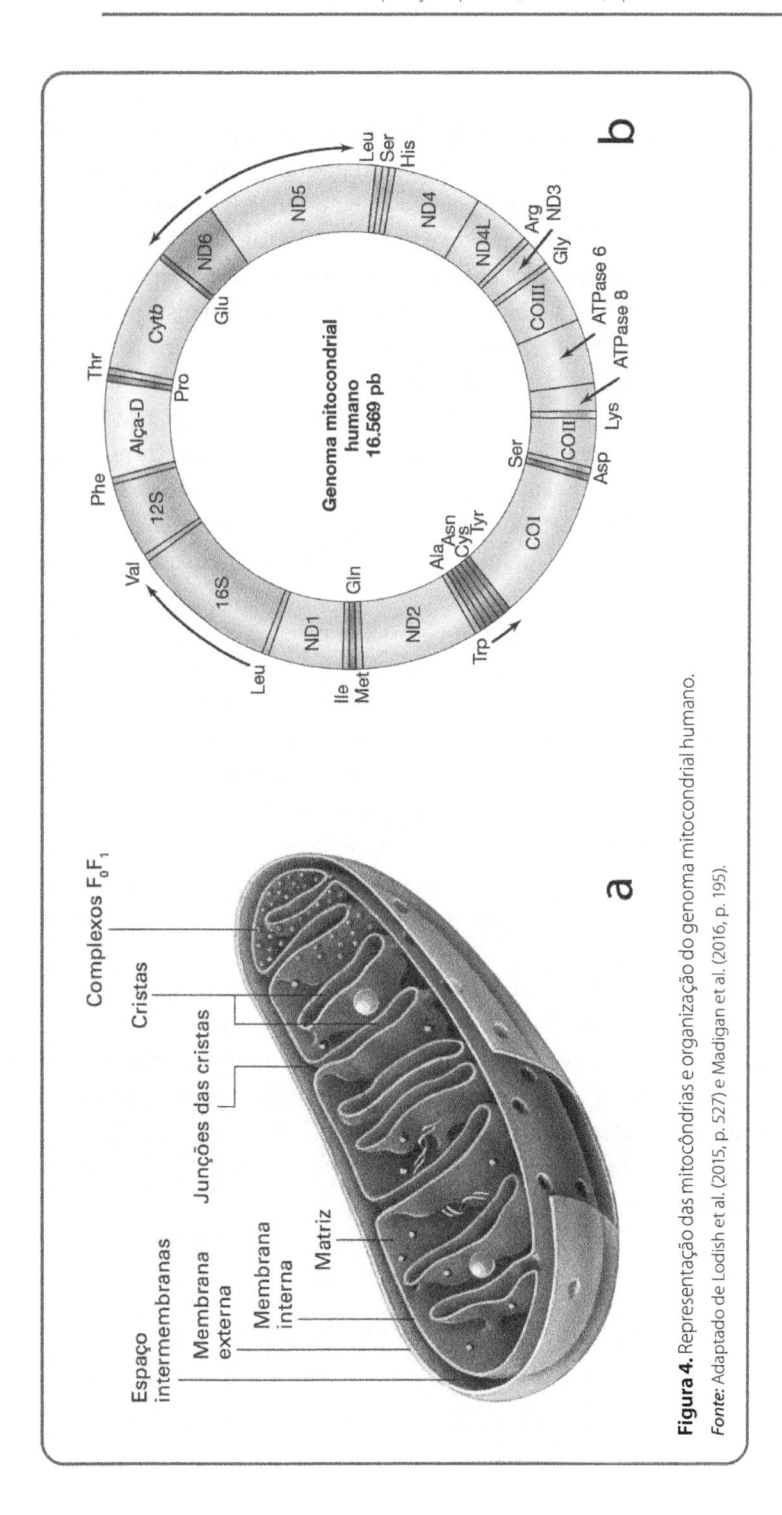

Figura 4. Representação das mitocôndrias e organização do genoma mitocondrial humano.

Fonte: Adaptado de Lodish et al. (2015, p. 527) e Madigan et al. (2016, p. 195).

O fato de ambas as organelas apresentarem genoma próprio, contendo genes que codificam a maquinaria necessária para síntese proteica (a exemplo de subunidades ribossomais e RNAs transportadores), e apresentarem propriedades e características estruturais que se assemelham aos genomas bacterianos fortalece a hipótese endossimbionte (ALBERTS et al., 2017). De acordo com esta teoria, mitocôndrias e cloroplastos são oriundos de bactérias que viviam permanentemente em simbiose dentro de células de animais e plantas.

Em muitos procariotos também encontramos um DNA extracromossômico. A esses DNAs damos o nome de **plasmídeos**. Essas moléculas tipicamente apresentam DNA circular de fita dupla e têm menos de 5% do tamanho do cromossomo bacteriano (MADIGAN et al., 2016). De forma geral, os plasmídeos não codificam genes essenciais para o crescimento celular, mas ganham notável importância no que se refere à resistência a antibióticos e à presença de fatores de virulência em micro-organismos patogênicos (MADIGAN et al., 2016).

Os plasmídeos de resistência codificam genes envolvidos na inativação de antibióticos e de outros inibidores de crescimento. Além disso, fatores que facilitam a colonização de um hospedeiro e aumentam a capacidade do micro-organismo de causar doença são frequentemente codificados por plasmídeos. Moléculas de adesão e toxinas são exemplos de fatores de virulência que estão codificados em genes plasmidiais de algumas bactérias, como em cepas de *Escherichia coli*. Organismos carreadores de plasmídeos podem, ainda, transferi-los para outros procariotos no processo de conjugação, conferindo às bactérias receptoras todas as características codificadas pelos genes plasmidiais.

No interior de células eucarióticas e procarióticas existe uma variedade de RNAs. Eles podem se apresentar como uma molécula preferencialmente linear, como o RNA mensageiro, ou podem adotar estruturas terciárias complexas, a exemplo do RNA ribossômico. Além desses dois tipos de RNAs, também encontramos o RNA transportador, os microRNAs, os pequenos RNAs nucleares, dentre muitos outros. Para facilitar o entendimento, este capítulo focará somente nos RNAs citados.

Funções dos ácidos nucleicos

As principais funções do DNA são armazenar a informação genética e transmitir os caracteres hereditários para os descendentes (KLUG et al., 2012). A informação genética está contida nos genes, que, por sua vez, têm sequências que codificam produtos funcionais, isto é, polipeptídeos ou RNAs. Sequências não codificadoras do DNA variam de acordo com o ser vivo e têm função estrutural e/ou regulatória. O DNA também realiza a autorreplicação, evento necessário para a manutenção do material genético durante a proliferação celular (GRIFFITHS et al., 2006). Já o RNA assume diversas funções no interior da célula, sendo classificado de acordo com o seu papel no fluxo da informação gênica.

De modo geral, moléculas de RNA estão envolvidas na codificação, na decodificação, na regulação do conteúdo genético e na síntese proteica. Alguns RNAs ainda atuam como enzimas e outros constituem o repositório da informação genética em alguns genomas virais (KLUG et al., 2012).

Para que determinada proteína seja expressa, é preciso que a informação armazenada nos genes seja transcrita em um RNA mensageiro. O RNA recém-sintetizado a partir de um molde de DNA é chamado de pré-RNA mensageiro. Ele precisa sofrer um processamento pós-transcricional que culminará em um RNA mensageiro maduro, pronto para ser traduzido no ribossomo (BORGES-OSÓRIO; ROBINSON, 2013). Dessa forma, este tipo de RNA tem a função de transmitir a informação contida no DNA para proteína.

Como o RNA mensageiro carrega a informação para a estrutura primária de uma proteína, ele é considerado um RNA codificador (KLUG et al., 2012). Outros dois tipos de RNA participam diretamente da produção da cadeia polipeptídica durante a tradução. Os RNAs transportadores, como o próprio nome sugere, realiza o transporte de aminoácidos do citoplasma para o polipeptídeo em construção. Cada RNA transportador tem uma sequência específica de três bases, o anticódon, que se pareia com o códon no RNA mensageiro para incorporar um aminoácido na proteína.

É importante destacar que o RNA transportador tem uma estrutura terciária que é fundamental para a execução correta da sua função. Esse RNA age como uma molécula adaptadora entre o RNA mensageiro e a síntese proteica (STRACHAN; READ, 2014). O RNA ribossômico, por sua vez, além de ser um componente estrutural do ribossomo, atua como catalisador da produção de proteínas. RNAs que exercem papéis enzimáticos, a exemplo do RNA ribossômico, recebem o nome de **ribozimas**. Diferentemente do DNA, alguns RNAs podem apresentar atividade catalítica em razão da capacidade desses ácidos nucleicos de formar estruturas terciárias complexas, que, por sua vez, se assemelham à conformação de proteínas (BORGES-OSÓRIO; ROBINSON, 2013).

RNAs transportadores e ribossômicos são RNAs não codificadores. Outros tipos de RNAs que não codificam polipeptídeos têm papel fundamental em processos metabólicos e na regulação da expressão genética (YANG et al., 2018). O pequeno RNA nuclear (snRNA), por exemplo, trata-se de pequenas moléculas presentes no núcleo de eucariotos e que estão envolvidas em vários processos. Eles atuam no evento de *splicing*, o qual é uma das modificações após a transcrição, necessária para a formação do RNA mensageiro maduro e em reações de manutenção das telomerases. Esses são os fragmentos finais do DNA cromossômico e o seu encurtamento é relacionado com o envelhecimento. Já os microRNAs normalmente têm de 19 a 24 nucleotídeos de extensão e estão intimamente relacionados com a regulação da expressão dos genes a nível pós-transcricional. Esses RNAs se ligam ao RNA mensageiro reprimindo a tradução do produto final. Além destes, existem outras classes de RNA que atuam em diversos processos celulares, incluindo maturação de RNAs, inativação do cromossomo X e transporte de proteínas para o retículo endoplasmático (MATERA; TERNS; TERNS, 2007).

Considerações finais

DNA e RNA são macromoléculas formadas por monômeros de nucleotídeos. Em relação à composição, os ácidos nucleicos se diferenciam entre si de acordo com a pentose e as bases nitrogenadas dos nucleotídeos que os compõem. No âmbito estrutural, enquanto o DNA se apresenta como uma molécula de fita dupla na maioria dos organismos vivos, o RNA é encontrado principalmente em cadeia simples. Além do material genético cromossômico, podemos encontrar, em grande parte das células eucarióticas, DNA no interior das mitocôndrias e no cloroplasto de plantas. Os procariotos, por sua vez, apresentam um DNA extracromossômico que pode carrear genes de resistência e fatores de virulência.

Por fim, a função fundamental do DNA é carrear a informação genética e transmiti-la para a prole, enquanto o RNA pode assumir uma diversidade de funções, incluindo decodificação do código genético e papel regulatório.

Exercícios

1. A hélice dupla do DNA é formada por meio de ligações de hidrogênio entre uma base púrica de uma fita com uma base pirimídica da outra fita. Assinale a opção que representa um pareamento de uma purina com uma pirimidina na molécula de DNA.
   a) Adenina – guanina.
   b) Citosona – timina.
   c) Adenina – timina.
   d) Guanina – uracila.
   e) Citosina – adenina.

2. O DNA e o RNA são ácidos nucleicos que se diferenciam entre si quanto à composição da pentose e em relação às bases nitrogenadas. Assinale a alternativa que indica a base nitrogenada exclusiva do RNA.
   a) Adenina.
   b) Timina.
   c) Guanina.
   d) Citosina.
   e) Uracila.

3. Além do DNA cromossômico, podemos encontrar material genético no interior de mitocôndrias em células de animais, plantas e fungos. Em relação ao DNA mitocondrial, assinale a alternativa correta.
   a) O DNA mitocondrial típico se apresenta como uma molécula linear.
   b) O DNA mitocondrial tem seu próprio código genético.
   c) Em mamíferos, a herança do DNA mitocondrial é biparental.
   d) Os genes presentes no DNA mitocondrial codificam apenas proteínas.
   e) O DNA mitocondrial apresenta fita simples.

4. Uma variedade de RNAs é produzida dentro das células. Tal variedade é reflexo da diversidade funcional que eles podem desempenhar. Nesse contexto, um RNA pode ser classificado como codificador ou não codificador. Assinale a alternativa que representa um RNA codificador.
   a) RNA mensageiro.
   b) RNA transportador.
   c) RNA ribossômico.
   d) MicroRNA.
   e) Pequeno RNA nuclear.

5. Os RNAs têm diversas funções e são regulados tanto por proteínas quanto por outros RNAs. Assinale a alternativa que representa corretamente o conceito de ribozima.
   a) Enzima que se assemelha ao RNA mensageiro.
   b) RNA que tem atividade enzimática.
   c) Proteína que degrada RNAs.
   d) Complexo de proteínas e RNAs.
   e) Enzimas envolvidas na síntese de RNAs.

Referências

ALBERTS, B. et al. *Biologia molecular da célula*. 6. ed. Porto Alegre: Artmed, 2017.

BORGES-OSÓRIO, M.; ROBINSON, W. *Genética humana*. 3. ed. Porto Alegre: Artmed, 2013.

DIFERENÇA. *Qual a diferença entre DNA e RNA?* 2018. Disponível em: <https://www.diferenca.com/dna-e-rna/>. Acesso em: 05 set. 2018.

GARRIDO, N. et al. Composition and dynamics of human mitochondrial nucleoids. *Molecular biology of the cell*, v. 14, n. 4, p. 1583-1596, abr. 2003.

GRIFFITHS, A. J. et al. *Introdução à genética*. 7. ed. Rio de janeiro: Guanabara Koogan, 2006.

KLUG, W. S. et al. *Conceitos de genética*. 9. ed. Porto Alegre: Artmed, 2012.

LODISH. H. et al. *Biologia celular e molecular*. 7. ed. Porto Alegre: Artmed, 2015.

MADIGAN, M. T. et al. *Microbiologia de Brock*. 14. ed. Porto Alegre: Artmed, 2016.

MATERA, A. G.; TERNS, R. M.; TERNS, M. P. Non-coding RNAs: lessons from the small nuclear and small nucleolar RNAs. *Nature Reviews Molecular Cell Biology*, v. 8, n. 3, p. 209-220, mar. 2007.

STRACHAN, T.; READ, A. *Genética molecular humana*. 4. ed. Porto Alegre: Artmed, 2014.

VOET, D.; VOET, J. G.; PRATT, C. W. *Fundamentos de bioquímica*: a vida em nível molecular. 4. ed. Porto Alegre: Artmed, 2014.

WATSON, J. D. et al. *Biologia molecular do gene*. 7. ed. Porto Alegre: Artmed, 2015.

YANG, S. et al. MicroRNAs, long noncoding RNAs, and circular RNAs: potential tumor biomarkers and targets for colorectal cancer. *Cancer management and research*, v. 10, p. 2249-2257, abr. 2018. Disponível em: <https://www.dovepress.com/micrornas-long-noncoding-rnas-and-circular-rnas-potential-biomar-peer-reviewed-fulltext-article-CMAR>. Acesso em: 05 set. 2018.

Mecanismo de replicação do DNA

Objetivos de aprendizagem

Ao final deste texto, você deve apresentar os seguintes aprendizados:

- Identificar a replicação do DNA e seus objetivos.
- Descrever as etapas de replicação do DNA.
- Reconhecer os elementos necessários para o processo de replicação.

Introdução

O DNA armazena a informação genética e a transmite para as células-filhas no momento da proliferação celular. Para garantir a conservação do conteúdo genético para a próxima geração, o DNA se duplica em um processo altamente regulado e coordenado. A replicação necessita de uma variedade de enzimas, proteínas, moléculas orgânicas e cofatores inorgânicos.

Neste capítulo, você vai aprender sobre os objetivos da replicação do material genético e o mecanismo e as etapas da replicação em procariotos e eucariotos. Ainda, vai reconhecer os elementos essenciais para o processo de duplicação.

A replicação do DNA é semiconservativa

O dogma central da biologia molecular postula que a informação contida nos genes é transcrita na forma de RNA mensageiro e este, por sua vez, é traduzido em uma proteína. O DNA é o repositório da informação genética na grande maioria dos seres vivos e, por isso, é necessário que essa molécula seja capaz de autoduplicar a fim de conservar a informação genética para os eventos de mitose e meiose. Dessa forma, cópias fieis do DNA são transmitidas para as células-filhas e a informação genética é preservada para a próxima geração (STRACHAN; READ, 2013).

Ao elucidarem a estrutura em hélice dupla do DNA em 1953, Watson e Crick sugeriram um mecanismo de replicação para essa molécula (WATSON; CRICK, 1953). O modelo de duplicação semiconservativa determinava que cada fita do DNA serviria de molde para a síntese de uma nova hélice. Nesse mecanismo, a fita dupla seria desenrolada e a nova fita seria produzida por meio da incorporação de nucleotídeos contendo bases complementares à fita molde (KLUG et al., 2012).

Em 1958, os pesquisadores Meselson e Stahl publicaram o resultado de seus estudos que confirmaram a hipótese da replicação semiconservativa (Figura 1). Eles cultivaram *Escherichia coli* contendo o isótopo pesado ^{15}N. Assim, após o crescimento de várias gerações, as bases nitrogenadas do DNA das bactérias estavam marcadas com o nitrogênio pesado (MESELSON; STAHL, 1958). Amostras do DNA foram purificadas e submetidas a uma centrifugação por gradiente de densidade. A cultura foi então transferida para um meio contendo apenas o isótopo leve ^{14}N. Após o crescimento de uma geração, uma nova amostra de DNA da cultura foi coletada, purificada e submetida ao mesmo método de centrifugação, a fim de medir indiretamente o conteúdo de ^{15}N e ^{14}N. A centrifugação por gradiente de densidade separa o DNA em bandas e permite identificar pequenas diferenças no peso das moléculas.

Os pesquisadores observaram que as primeiras gerações de bactérias cultivadas com o nitrogênio pesado apresentavam uma banda única quando centrifugadas (MESELSON; STAHL, 1958). Esse resultado indicava que apenas o DNA contendo bases marcadas com ^{15}N estava presente. Após as bactérias serem transferidas para um meio contendo somente nitrogênio leve, eles visualizaram uma banda menos densa em relação à banda previamente observada (MESELSON; STAHL, 1958). Os pesquisadores também centrifugaram amostras de DNA das gerações seguintes cultivadas com ^{14}N. Nesse caso, duas bandas foram observadas, indicando a presença de dois tipos de DNAs, com pesos moleculares diferentes (MESELSON; STAHL, 1958). Esses resultados demonstraram que a proliferação das bactérias logo após a transferência do meio produziu um DNA híbrido, isto é, uma molécula que tinha tanto ^{15}N quanto ^{14}N. Já a segunda banda observada após o crescimento de várias gerações de *E. coli* em meio com ^{14}N mostraram que DNA marcado exclusivamente com o nitrogênio leve estava sendo sintetizado (MESELSON; STAHL, 1958). Tais achados permitiram que Meselson e Stahl afirmassem que o DNA se replicava de forma semiconservativa, de forma que, em cada célula-filha, 50% do DNA era parental e os outros 50% era completamente novo.

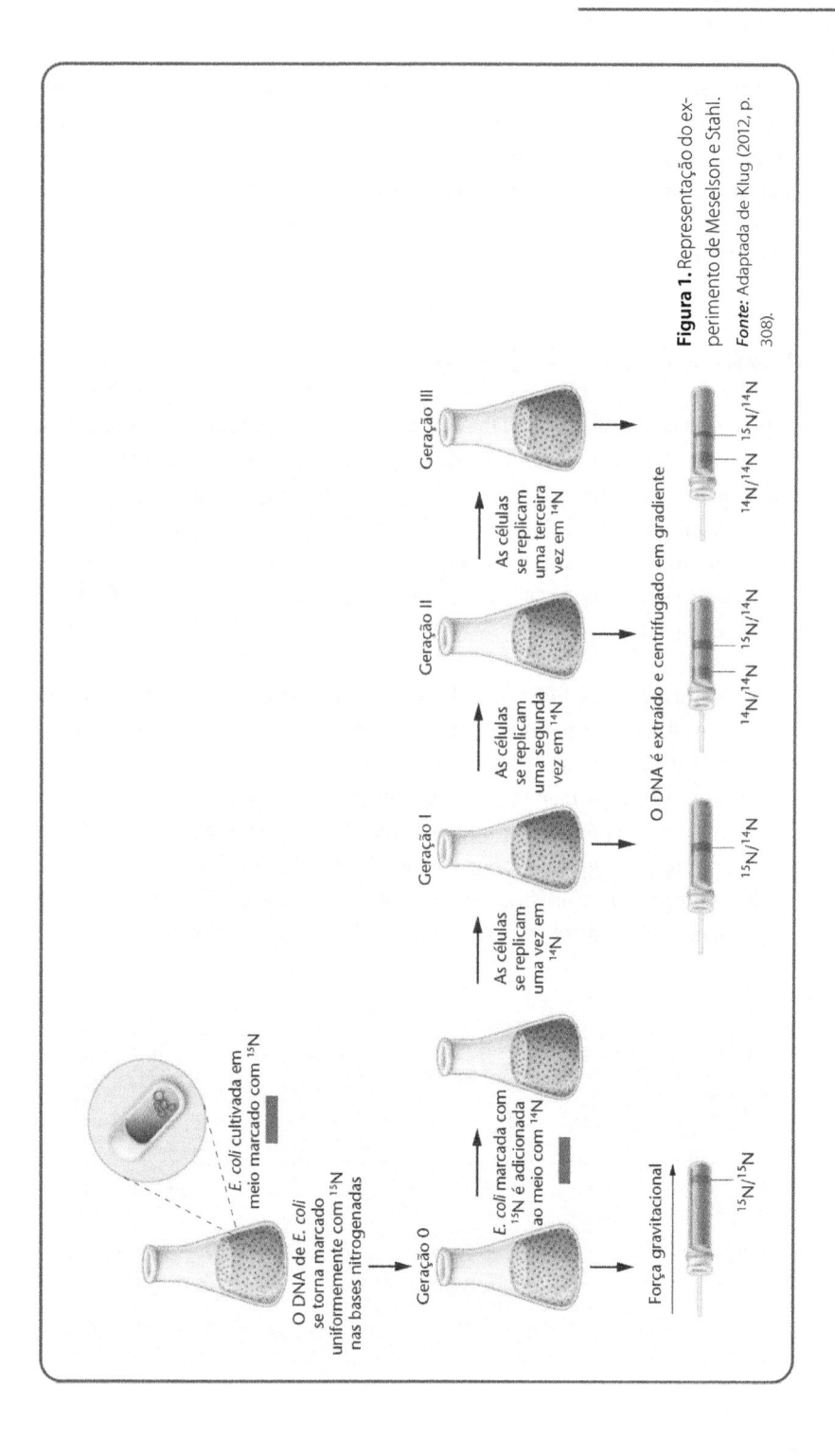

Figura 1. Representação do experimento de Meselson e Stahl. *Fonte:* Adaptada de Klug (2012, p. 308).

Esse experimento utilizou bactérias para comprovar a hipótese da replicação semiconservativa, no entanto, atualmente sabe-se que esse mecanismo também é válido para eucariotos. Além disso, em ambos os organismos a síntese da cadeia nova de DNA ocorre do sentido 5' para 3', é bidirecional e requer a participação coordenada e precisa de uma variedade de enzimas (KLUG et al., 2012).

Etapas de replicação do DNA

O processo de duplicação do DNA em procariotos e eucariotos são semelhantes. Porém, em razão de maior tamanho do genoma, formato cromossômico linear e formação de complexos DNA-proteínas, a replicação em eucariotos é mais complexa (KLUG et al., 2012). Em ambos os organismos, uma maquinaria multienzimática, chamada replissomo (Figura 2), é formada para duplicar o DNA. De forma geral, o processo replicativo pode ser dividido em três etapas:

1. **Separação da hélice dupla**, em que as ligações de hidrogênio são rompidas em uma reação de hidrólise, catalisada pelas helicases. As SSBPs impedem o reanelamento das fitas.
2. **Síntese dos *primers***, em que oligonucleotídeos de RNA são produzidos pela enzima primase e ligados à sequência complementar no DNA na região de origem de replicação para possibilitar o início da síntese.
3. **Alongamento da fita**, em que a enzima DNA-polimerase catalisa a adição de nucleotídeos trifosfatados à fita em crescimento.

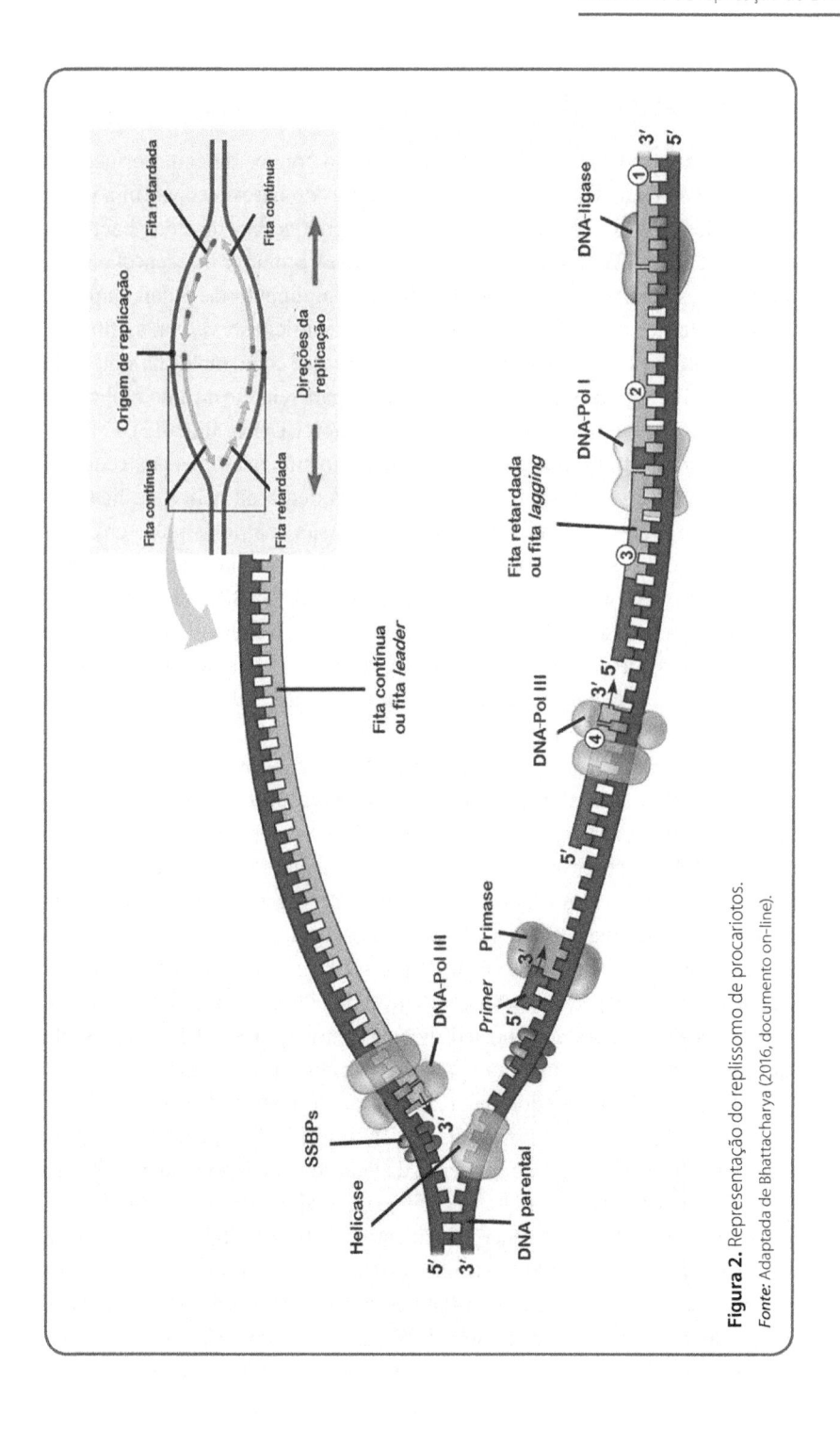

Figura 2. Representação do replissomo de procariotos.
Fonte: Adaptada de Bhattacharya (2016, documento on-line).

A replicação em procariotos

A duplicação do DNA se inicia em uma região conhecida como origem de replicação. O chamado sítio *oriC* tem 250 pares de bases e constitui a única origem de replicação presente no material genético circular das bactérias (KLUG et al., 2012). Nesse local, a proteína DnaA promove o desenrolamento inicial da estrutura do DNA para facilitar o rompimento da cadeia dupla. É fundamental ter em mente que, na replicação semiconservativa, as fitas do DNA precisam estar isoladas para que cada uma atue como molde na síntese da nova hélice. A região de separação das cadeias para o início da autoduplicação é chamada de forquilha ou bolha de replicação (KLUG et al., 2012).

A quebra da fita dupla do DNA, bem como sua estabilização, requer a atuação de várias proteínas. Após o desenrolamento da hélice, as ligações de hidrogênio entre as bases complementares são rompidas pelas enzimas helicases. Como as fitas separadas têm afinidade entre si e tendem a se unir novamente, as proteínas de ligação à fita simples (SSBPs) se associam às hélices impedindo a hibridização do DNA. Por fim, a abertura de uma bolha no meio da estrutura helicoidal gera uma tensão no restante da molécula, a qual é neutralizada pela enzima DNA-topoisomerase, que também pode ser referida como DNA-girase (KLUG et al., 2012).

Após a abertura da forquilha de replicação, a enzima primase se liga às fitas simples do DNA. Essa enzima é uma RNA polimerase que utiliza o DNA como molde para sintetizar pequenos fragmentos de RNA (de 10 a 12 nucleotídeos de extensão) que atuam como iniciadores ou *primers* (KLUG et al., 2012). A presença dos *primers* anelados à fita molde são essenciais para o início da síntese do DNA, uma vez que a DNA-polimerase III, enzima responsável pelo alongamento da cadeia, não é capaz de produzir uma fita sem uma sequência de nucleotídeos preexistente. Na construção da hélice nova, é necessário que essa enzima realize o ataque nucleofílico da terminação 3'– OH livre presente na cadeia em crescimento, para adicionar o primeiro desoxirribonucleotídeo (KLUG et al., 2012). É importante ressaltar que os nucleotídeos incorporados pela DNA-polimerase são trifosfatados (LUJAN; WILLIAMS; KUNKEL, 2016). Consequentemente, durante a formação da ligação fosfodiéster, um pirofosfato (P-P) rico em energia é liberado, auxiliando na estabilização da reação de polimerização e impulsionando energeticamente a replicação (KLUG et al., 2012).

A replicação do DNA é bidirecional. Isso significa que nas duas extremidades da forquilha de replicação ocorrem sínteses de novas hélices de DNA (Figura 3). Tal produção ocorre sempre do sentido 5' para 3', sendo dirigido por complementariedade. Vale recordar que as fitas do DNA são antiparalelas entre si, isto é, uma fita corre na direção 5' para 3', enquanto outra tem polaridade oposta, de 3' para 5' (STRACHAN; READ, 2013). Por esse motivo, o mecanismo de síntese da cadeia complementar de cada hélice apresenta algumas diferenças.

Durante o deslocamento da bolha de replicação, a fita molde que apresenta orientação 3' para 5' direciona a síntese da cadeia complementar de forma contínua, ao passo que a produção da hélice nova a partir da fita que tem orientação 5' para 3' é feita por meio de fragmentos (KLUG et al., 2012). Na fita contínua, também chamada de fita *leader*, a enzima DNA-polimerase catalisa a polimerização do DNA a partir de um único *primer*. Já na fita retardada, ou fita *lagging*, os chamados fragmentos de Okazaki conduzem a síntese da nova cadeia. Esses fragmentos têm extensão variada e são compostos por um *primer* de RNA e uma sequência de DNA (SMITH; YADAV; WHITEHOUSE, 2015). Na fita *lagging*, a DNA-polimerase III catalisa a síntese da cadeia complementar até o primer do próximo fragmento de Okazaki (KLUG et al., 2012). Antes do término da replicação, a enzima RNAse H remove os *primers* de RNA e as lacunas são preenchidas pela adição de nucleotídeos complementares pela DNA-polimerase I (FUKUSHIMA et al. 2007). Na fita retardada, a DNA-polimerase I ainda pode degradar os *primers* em razão da sua atividade de exonuclease no sentido 5' para 3'(LODISH et al., 2015). Por fim, os fragmentos de Okazaki são unidos pela DNA-ligase para formar uma hélice inteira (KLUG et al., 2012).

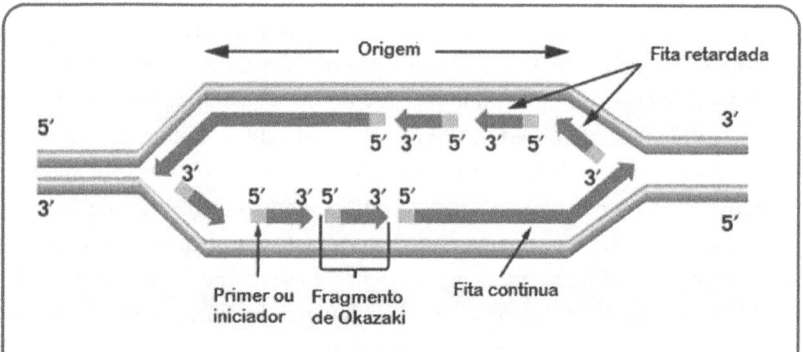

Figura 3. Representação da forquilha de replicação. Observe como a duplicação do DNA é unidirecional. Os fragmentos de Okazaki representam um mecanismo que torna possível a síntese do DNA na orientação 5' para 3'.

Fonte: Adaptada de Gómez (2018, documento on-line).

A replicação em eucariotos

Embora existam algumas diferenças entre a replicação de procariotos e eucariotos, o mecanismo de duplicação em ambos os organismos é basicamente o mesmo. Os principais aspectos divergentes se referem ao número de origens de replicação, quantidade e tipos de enzimas DNA-polimerase, extensão dos fragmentos de Okazaki e mecanismo de replicação na porção terminal dos cromossomos.

Diferentemente das bactérias, os eucariotos apresentam múltiplas origens de replicação, e consequentemente, várias forquilhas de replicação são formadas ao longo do DNA (KLUG et al., 2012). Tais sequências são reconhecidas por um complexo multienzimático chamado complexo de reconhecimento de origem (ORC). Os ORCs, por sua vez, sinalizam o desenrolamento do DNA com a retirada das histonas e a abertura da hélice dupla para o início da polimerização da nova fita. Após a quebra das ligações de hidrogênio pela DNA-helicase, as SSBPs se ligam às fitas simples para impedir o reanelamento. As DNA-toposiomerases também atuam para aliviar a tensão de superenrolamento causada pela abertura e pelo deslocamento da bolha replicativa (KLUG et al., 2012).

Em eucariotos, as DNA-polimerases têm nomenclatura e características diferentes. De forma geral, três polimerases são essenciais para a replicação do DNA nuclear (LUJAN; WILLIAMS; KUNKE, 2016). A DNA-polimerase α se associa com a DNA-primase para formar um complexo de quatro subunidades capaz de sintetizar o *primer* de RNA tanto na fita *leader* quanto na fita *lagging* (MUZI-FALCONI, 2003). Após o anelamento de cerca de 10 ribonucleotídeos, a DNA-polimerase α inicia o alongamento da fita catalisando a adição de 20 a 30 nucleotídeos de DNA (MUZI-FALCONI et al., 2003). Em seguida, a DNA-polimerase α é substituída pelas DNA-polimerase ε e -δ, que, por sua vez, promovem o alongamento das fitas a partir da complementariedade de bases nitrogenadas. Acredita-se que, enquanto polimerase ε catalisa a formação da fita contínua, a polimerase δ é envolvida na síntese da fita retardada (LUJAN; WILLIAMS; KUNKE, 2016). Comparado ao genoma bacteriano, o DNA dos eucariotos tem maior extensão e apresenta várias forquilhas de replicação. Por esse motivo, uma única célula eucariótica pode chegar a ter 50 mil cópias de polimerases, enquanto na *E. coli*, por exemplo, apenas 15 DNA-polimerases III são encontradas (KLUG et al., 2012).

Assim como nas bactérias, a replicação da fita tardia ocorre por meio dos fragmentos de Okazaki. No entanto, essas sequências apresentam extensão menor em eucariontes, medindo aproximadamente 200 nucleotídeos (LUJAN; WILLIAMS; KUNKE, 2016). A substituição dos *primers* de RNA por desoxirribonucleotídeos ocorre primeiramente pela degradação dos ribonucleotídeos pela RNAse H e, em seguida, pela síntese da sequência complementar por meio do movimento continuado da DNA-polimerase δ (KLUG et al., 2012). É importante ressaltar que normalmente o material genético de eucariotos se encontra agregado a histonas para melhor permitir a sua compactação. No início do processo replicativo, tais proteínas são removidas ou modificadas para que o DNA seja capaz de abrir a sua hélice dupla. À medida que a replicação avança, ocorre a reassociação do DNA com as histonas, permitindo novamente a condensação do material genético (WATSON et al., 2015).

A porção terminal dos cromossomos lineares de eucariotos é chamada de telômero. Composta por várias repetições TTGGG, essa região apresenta um mecanismo de replicação diferente do restante da molécula (KLUG et al., 2012). Após o pareamento do *primer*, a fita contínua é sintetizada até o final do DNA, enquanto a fita retardada é produzida por meio dos fragmentos de Okazaki. A síntese em ambas as fitas se baseia na adição de nucleotídeos pela DNA-polimerase, a partir da terminação 3' -OH livre. No entanto, após a retirada do último *primer* na extremidade da fita retardada, a lacuna resultante não dispõe de um próximo fragmento de Okazaki para fornecer a hidroxila. Esse problema é solucionado pela telomerase (KLUG et al., 2012). Essa enzima é uma ribonucleoproteína e, como tal, apresenta sequências de RNA em sua estrutura. A função da telomerase é realizar a replicação do telômero a partir de uma transcrição reversa. Os fragmentos de RNA presentes na enzima têm sequências complementares às repetições teloméricas TTGGG. Parte da sequência de RNA se pareia com a terminação do DNA e o restante do RNA se estende além dessa projeção. Em seguida, essa sequência estendida atua como molde para a síntese de DNA, de forma a aumentar a fita molde rica em G na extremidade 3'. A lacuna na fita complementar, rica em C, pode então ser preenchida por DNA-primase e DNA-polimerase (KLUG et al., 2012).

> **Fique atento**
>
> **Transcrição reversa** é o evento pelo qual uma molécula de DNA é produzida a partir de um molde de RNA. Como acabamos de ver, esse processo ocorre durante a replicação dos telômeros de eucariotos e é muito comum na patogênese dos retrovírus, a exemplo do vírus da imunodeficiência humana (HIV). Como esses vírus têm o genoma de RNA, eles necessitam transferir os seus genes para uma molécula de DNA. Para isso, eles utilizam uma enzima denominada transcriptase reversa. Dessa forma, eles são capazes de incorporar seu material genético no genoma da célula hospedeira e sintetizar os elementos necessários para o ciclo viral (SCHULTZ; CHAMPOUX, 2008).

Elementos necessários para a replicação

A replicação do DNA é um evento que conta com a participação de diversas proteínas, RNAs, elementos inorgânicos e também fatores do próprio material genético. Primeiramente, para que a replicação tenha início, é necessário que a molécula de DNA parental apresente origens de replicação conservadas, capazes de serem reconhecidas pelas proteínas que sinalizam a formação do replissomo (KLUG et al., 2012). A duplicação do material genético ocorre somente na fase S do ciclo celular de eucariotos, porém, na etapa anterior (G1), tais sequências já encontram-se inicialmente ligadas às proteínas integrantes do ORC (BELL; DUTTA, 2002). Mutações na origem de replicação ou em qualquer um dos genes que codificam os elementos da ORC podem levar à supressão da replicação do DNA (KLUG et al., 2012).

As enzimas que constituem toda a maquinaria de replicação também são elementos fundamentais para o processo. A DNA-helicase permite que haja a separação da fita dupla para que cada hélice possa atuar como fita molde. As proteínas SSBPs e DNA-topoisomerases têm grande importância na estabilização da molécula. Esta última retira a tensão de espiralização a partir da inserção de um fosfato inorgânico na ligação fosfodiéster. A partir desse mecanismo, a DNA-topoisomerase cliva uma das fitas e a mantém ligada à própria enzima. A fita não clivada atua como um suporte, uma vez que ela gira livremente em torno da outra hélice. A primase é uma RNA polimerase dependente de DNA que sintetiza o *primer* de RNA, elemento essencial para o início da polimerização da cadeia polinucleotídica (KLUG et al., 2012). As DNA-polimerases de procariotos e eucariotos necessitam de um grupo hidroxila na terminação 3' da cadeia crescente para catalisar a formação da ligação fosfodiéster, e o iniciador de RNA oferece tal condição. No entanto, sabemos que os ribonucleotídeos não fazem parte da constituição do DNA. A estrutura química da ribose confere instabilidade e dificulta a formação da hélice dupla (WATSON et al., 2015). Dessa forma, os *primers* precisam ser removidos. Quem executa essa função são as enzimas RNAse H e a própria DNA-polimerase I em bactérias. Por fim, a DNA-ligase promove a união dos fragmentos de Okazaki na fita tardia, permitindo a formação de uma fita inteira (KLUG et al., 2012).

Dentre todas as enzimas que participam da autoduplicação do material genético, as DNA-polimerases merecem atenção especial. Tanto em procariotos quanto em eucariotos, essa classe de enzimas desempenha muitas funções e, por isso, são divididas em grupos. Em bactérias, as DNA-polimerases I, II e III são as mais importantes. Todas elas são capazes de catalisar o crescimento da cadeia polinucleotídica no sentido 5' para 3', porém, a DNA-polimerase III á a principal enzima envolvida nessa função. Além de adicionar nucleotídeos em alta processividade, a DNA-polimerase III tem atividade de exonuclease 3' para 5', ou seja, ela pode inverter a direção da sua ação e excisar nucleotídeos erroneamente adicionados. Tal mecanismo permite que a DNA-polimerase III seja capaz de revisar a fita em crescimento e corrigir pareamentos incorretos (KLUG et al., 2012). De forma similar, a DNA-polimerase I também catalisa a adição de nucleotídeos, principalmente na lacuna deixada na fita após a remoção do *primer* de RNA. Em razão de sua atividade exonucleásica nos dois sentidos, isto é, de 5' para 3' e de 3' para 5', essa mesma enzima pode remover os ribonucleotídeos e sintetizar o DNA complementar (LODISH et al., 2015). Por fim, a DNA-polimerase-II constitui uma enzima alternativa de reparo. Ela atua na correção do DNA danificado por forças externas, a exemplo da luz ultravioleta (KLUG et al., 2012).

Em eucariotos, temos seis tipos de DNA-polimerases, embora apenas três delas sejam, de fato, essenciais para a replicação do material nuclear. As DNA-polimerases δ e ε são as enzimas de alongamento da fita. Elas apresentam atividade 3' 5' exonuclease, permitindo a revisão e o reparo do DNA no momento da construção da hélice (LUJAN; WILLIAMS; KUNKE, 2016). A DNA-polimerase α tem particular importância na síntese das primeiras sequências de DNA da fita. Porém, como essa enzima apresenta baixa processividade e maior taxa de erros, a forma α é adequada somente para a síntese de sequências menores (KLUG et al., 2012). Outras duas polimerases, β e ζ, são associadas com mecanismos de reparo do DNA e manutenção da estabilidade do genoma (PAN et al., 2016).

Além dos elementos já citados, os nucleotídeos trifosfatados (dNTPs) constituem componentes importantes para a replicação do DNA. É essencial que a célula tenha níveis balanceados dos quatro tipos de desoxirribonucleotídeos contendo três fosfatos para o início da catálise pelas DNA-polimerases e alongamento da fita (LUJAN; WILLIAMS; KUNKE, 2016). Convém recordar que a energia liberada pelo pirofosfato, após a ligação fosfodiéster, auxilia a estabilizar a cadeia em crescimento e a impulsionar a replicação (KLUG et al., 2012). Outro elemento fundamental da reação é o íon Mg^{2+}. Este atua como cofator inorgânico das enzimas polimerases (OGRIZEK et al., 2016). Finalmente, as reações que ocorrem no replissomo, a exemplo das catalisadas pelas helicases e toposiomerases, envolvem gasto de energia. Dessa forma, níveis satisfatórios de ATP no interior da célula também são essenciais para a autoduplicação do DNA.

Considerações finais

A replicação semiconservativa no DNA ocorre por meio de mecanismos similares em procariotos e eucariotos. Em ambos os organismos, a autoduplicação do material genético pode ser dividida em três fases: desnaturação da fita dupla, anelamento dos *primers* e alongamento das fitas. Para que uma molécula de DNA seja sintetizada a partir do molde da hélice parental, uma maquinaria multienzimática chamada replissomo é formada. Enzimas como DNA-helicase, DNA-topoisomerase, DNA-polimerases, DNA-primase e DNA-ligase são essenciais para a correta replicação do material genético. Além disso, para que a duplicação do DNA ocorra, é necessária a presença dos quatro nucleotídeos trifosfatados e cofatores enzimáticos inorgânicos, como o Mg^{2+}.

Exercícios

1. O DNA é a molécula que armazena a informação genética na grande maioria dos seres vivos. O processo pelo qual o DNA garante que tal informação seja fielmente transferida para as células-filhas durante a divisão celular e conservada para a próxima geração na formação dos gametas é chamado de:
   a) replicação.
   b) transcrição.
   c) tradução.
   d) transcrição reversa.
   e) síntese proteica.

2. Para que a autoduplicação do DNA seja possível, é necessário que um complexo multienzimático seja formado na região de abertura da fita dupla. Assinale a alternativa que representa a classe de enzimas responsáveis por neutralizar a tensão de superenrolamento ocasionada por desnaturação do DNA e movimento da forquilha de replicação.
   a) Helicases.
   b) Topoisomerases.
   c) Polimerases.
   d) Ligases.
   e) Primases.

3. Apesar de o mecanismo de duplicação do DNA ser similar em procariotos e eucariotos, existem algumas diferenças importantes na replicação entre os dois grupos de organismos. Assinale a alternativa que representa uma dessas diferenças.
   a) Em procariotos, a primase sintetiza um *primer* de RNA, enquanto em eucariotos, o *primer* é de DNA.
   b) Eucariotos têm múltiplas origens de replicação, ao passo que procariotos apresentam apenas uma.
   c) Em procariotos, a replicação ocorre de forma unidirecional, enquanto em eucariotos, a síntese do DNA é feita de forma bidirecional.
   d) A replicação em eucariotos é semiconservativa, enquanto em procariotos é conservativa.
   e) O sentido da replicação em procariotos é 3' para 5' e em eucariotos é 5' para 3'.

4. De forma geral o processo de replicação apresenta três etapas. Assinale a alternativa que apresenta a ordem correta dessas etapas.
   a) Separação da hélice dupla, alongamento das fitas e síntese dos *primers*.
   b) Síntese dos *primers*, alongamento da fita dupla e união das hélices complementares.
   c) Separação da hélice dupla, síntese dos *primers* e alongamento da fita dupla.
   d) Alongamento da fita dupla, síntese dos *primers* e separação da hélice dupla.
   e) Separação da hélice dupla, alongamento da fita dupla e união das hélices complementares.

5. A replicação do DNA exige a participação de diversas enzimas, moléculas orgânicas e cofatores inorgânicos. Assinale a alternativa que representa o cofator enzimático da enzima DNA-polimerase.
   a) HCO_3^-.
   b) K^+.
   c) Cl^-.
   d) Na^+.
   e) Mg^{2+}.

Referências

BELL, S. P.; DUTTA, A. DNA replication in eukaryotic cells. *Annual review of biochemistry*, v. 71, n. 1, p. 333-374, 2002.

BHATTACHARYA, A. *Replication Bubble*. 07 fev. 2016. Disponível em: <http://logyofbio.blogspot.com/2016/02/replication-bubble.html>. Acesso em: 29 set. 2018.

FUKUSHIMA, S. et al. Reassessment of the In Vivo Functions of DNA Polymerase I and RNase H in Bacterial Cell Growth. *Journal of Bacteriology*, v. 189, n. 23, p. 8575-8583.

GÓMEZ, R. C. B. *¿Por qué se forman los fragmentos de Okazaki?* 30 jan. 2018. Disponível em: <https://es.quora.com/Por-qu%C3%A9-se-forman-los-fragmentos-de-Okazaki>. Acesso em: 29 set. 2018.

KLUG, W. S. *Conceitos de genética*. 9. ed. Porto Alegre: Artmed, 2012.

LODISH, H. *Biologia celular e molecular*. 7. ed. Porto Alegre: Artmed, 2015.

LUJAN, S. A.; WILLIAMS, J. S.; KUNKEL, T. A. DNA polymerases divide the labor of genome replication. *Trends in Cell Biology*, v. 26, n.9, p. 640-654, 2016.

MESELSON, M.; STAHL, F. W. The replication of DNA in escherichia coli. *Proceedings of the National Academy of Sciences of the United States of America*, v. 44, n. 7, p. 671-682, 1958.

MUZI-FALCONI, M. et al. The DNA Polymerase ħ-Primase Complex: Multiple Functions and Interactions. *The Scientific World Journal*, v. 3, p. 21-33, 2003.

OGRIZEK, M. Role of magnesium ions in the reaction mechanism at the interface between Tm1631 protein and its DNA ligand. *Chemistry Central Journal*, v. 10, p. 41, 2016.

PAN, F. et al. Mutation of DNA Polymerase β R137Q Results in Retarded Embryo Development Due to Impaired DNA Base Excision Repair in Mice. *Scientific Reports*, v. 6, n. 28614, 2016.

SMITH, D. J.; YADAV, T.; WHITEHOUSE, I. Detection and sequencing of Okazaki fragments in S. cerevisiae. *Methods in Molecular Biology*, v. 1300, p. 141-153.

STRACHAN, T.; READ, A. *Genética molecular humana*. 4. ed. Porto Alegre: Artmed, 2013.

WATSON, J. D. et al. *Biologia molecular do gene*. 7. ed. Porto Alegre: Artmed, 2015.

WATSON, J. D.; CRICK, F. H. Molecular structure of nucleic acids. *Nature*, v. 171, n. 4356, p. 737-738, 1953.

Leitura recomendada

SCHULTZ, S. J.; CHAMPOUX, J. J. RNase H Activity: Structure, Specificity, and Function in Reverse Transcription. *Virus research*, v. 134, n. 1-2, p. 86-103, 2008.

Expressão gênica: transcrição e processamento do RNA

Objetivos de aprendizagem

Ao final deste texto, você deve apresentar os seguintes aprendizados:

- Reconhecer a organização e o controle da expressão gênica.
- Descrever a transcrição e o processamento do ácido ribonucleico (RNA).
- Identificar o processo de tradução e organização do código genético.

Introdução

A maioria dos genes encontrados nos seres vivos são codificadores de produtos proteicos. Para que a informação armazenada no ácido desoxirribonucleico (DNA) venha, de fato, a se tornar uma proteína, dois eventos principais são necessários: a transcrição e a tradução.

Neste capítulo, você vai aprender sobre a regulação da expressão dos genes, os eventos envolvidos na transcrição de procariotos e eucariotos e como os polipeptídeos são produzidos seguindo os princípios do código genético.

Regulação da expressão gênica

O DNA é o repositório da informação genética tanto em organismos procariotos quanto em eucariotos. Tal informação encontra-se armazenada nos genes, ou seja, sequências específicas de DNA que codificam uma molécula de RNA funcionalmente importante (STRACHAN; READ, 2014). Os RNAs podem ser qualificados como codificantes ou não codificantes. Os primeiros constituem os RNAs mensageiros e assim são classificados, pois eles contêm a informação para a estrutura primária de um polipeptídeo (KLUG et al.,

2012). Já os RNAs não codificantes constituem uma classe heterogênea de moléculas que participam de inúmeros processos celulares, incluindo eventos regulatórios (KLUG et al., 2012). Os RNAs transportadores, ribossômicos e microRNAs são exemplos de RNAs não codificantes.

A expressão de genes que codificam produtos proteicos envolve dois eventos principais:

1. Transcrição: processo em que o DNA serve como molde para a produção de um RNA. Em eucariotos, ocorre no núcleo. A transcrição de genes codificadores de proteínas dá origem a um RNA mensageiro.
2. Tradução: processo em que o RNA mensageiro é decodificado no ribossomo para a síntese de uma cadeia polipeptídica. Ocorre no citoplasma.

Com raras exceções, todas as células de um ser vivo pluricelular apresentam as mesmas informações depositadas no genoma. No entanto, durante as fases de desenvolvimento do organismo ou em diferentes tecidos, as exigências metabólicas são diferenciadas (MARTINS; MACIEL FILHO, 2010). Sabemos que as células que compõem cada tecido do organismo apresentam estrutura e funções próprias, o que é fundamental para a obtenção do equilíbrio fisiológico. Qual é então o fator que determina que células contendo os mesmos genes apresentem diversidade funcional e estrutural entre si? Para responder tal questionamento, precisamos considerar que o trabalho que uma célula desempenha está diretamente relacionado com os genes que estão sendo expressos naquela célula. Apesar de o genoma completo estar presente no núcleo de organismos eucariotos, nem todos os genes estão ativados (MARTINS; MACIEL FILHO, 2010). Somente os genes essenciais para a homeostase e a função do tipo celular estão sendo transcritos em RNAs mensageiros e traduzidos em proteínas. Nesse contexto, a expressão de um gene pode ser constitutiva, isto é, o seu produto é fabricado de forma constante, ou pode ser induzida, sendo o produto gênico sintetizado mediante algum estímulo (ALBERTS et al., 2017). Por outro lado, aqueles genes que não são cruciais para a especialidade e a sobrevivência da célula encontram-se silenciados (MARTINS; MACIEL FILHO, 2010). Além disso, a frequência de síntese de determinada proteína pode variar de acordo com o tecido (MARTINS; MACIEL FILHO, 2010). Visto isso, um neurônio, por exemplo, não apresentará o mesmo perfil de expressão gênica que uma célula cardíaca.

A expressão gênica é regulada por diversos mecanismos. No DNA, podemos encontrar sequências de nucleotídeos que têm a função de sinalizar a transcrição de um gene, aumentar a sua eficiência ou até mesmo inibir a produção do RNA (KLUG et al., 2012). Frequentemente, essas regiões interagem com proteínas efetoras que irão, de fato, exercer essa regulação. Chamamos de acentuadores ou *enhancers* aquelas sequências que aumentam a afinidade da maquinaria de transcrição com o gene (KOLOVOS et al., 2012). Eles podem estar presentes perto da região codificadora ou até mesmo a milhares de pares de bases de distância (KLUG et al., 2012). Ao contrário, existem as sequências silenciadoras, que, por sua vez, impedem a transcrição do gene (KOLOVOS et al., 2012).

Além dos mecanismos intrínsecos à transcrição de um gene em uma molécula de RNA, a expressão gênica em eucariotos pode ser regulada em muitas etapas até a produção final da proteína (Figura 1).

Como vimos, o **controle transcricional** se refere principalmente à frequência de transcrição de um gene, com a participação de sequências acentuadoras e silenciadoras. RNAs de eucariotos sofrem modificações pós-transcricionais e todo esse processo é regulado por mecanismos específicos de **controle de processamento do RNA** (ALBERTS et al., 2017). Após essa fase, há a atuação do **controle de transporte e localização do RNA**, em que determinados RNAs mensageiros serão exportados do núcleo para o citoplasma, no qual serão traduzidos (ALBERTS et al., 2017). Uma vez no citoplasma, os mecanismos de **controle traducional** serão encarregados de selecionar quais RNAs mensageiros serão traduzidos nos ribossomos(ALBERTS et al., 2017). Nesse contexto, processos que impedem a tradução de um RNA mensageiro previamente transcrito merece destaque. Um dos principais meios de inibir a expressão do produto proteico final é a partir da interação de microRNAs com sequências complementares do RNA mensageiro. Ao formar um RNA de fita dupla, o filamento de ribonucleotídeos é incapaz de ser traduzido no ribossomo, sendo posteriormente degradado (MATERA; TERNS; TERNS, 2007). Igualmente importante, o **controle de degradação do RNA** é responsável por sinalizar a degradação de certas moléculas. Por fim, com a produção da cadeia polipeptídica, os mecanismos de **controle da atividade proteica** irão ativar, inativar, degradar ou compartimentalizar determinadas proteínas (ALBERTS et al., 2017).

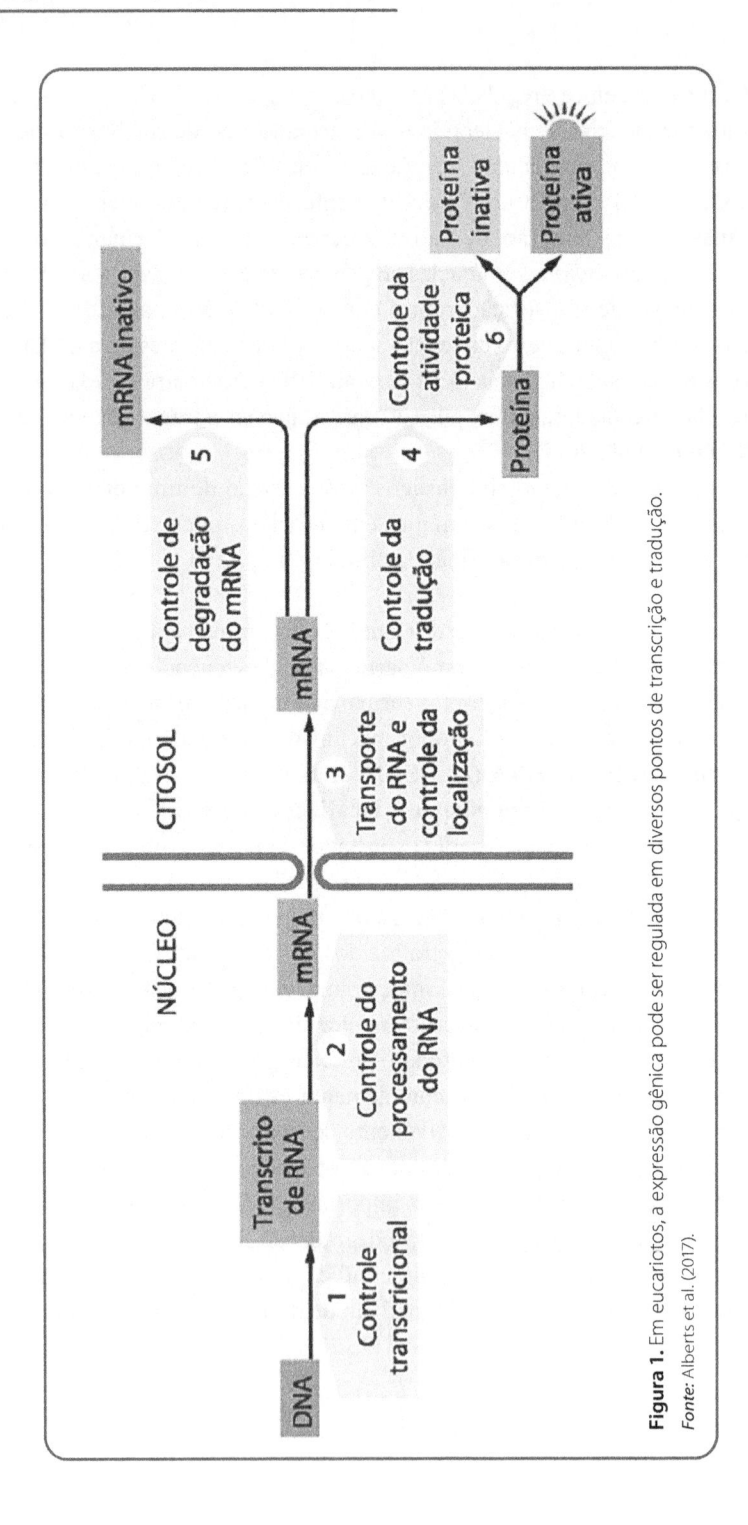

Figura 1. Em eucariotos, a expressão gênica pode ser regulada em diversos pontos de transcrição e tradução.
Fonte: Alberts et al. (2017).

A enzima responsável por catalisar a síntese de um RNA é a RNA polimerase. Ao contrário das DNAs polimerases, as polimerases de RNA são capazes de iniciar uma nova cadeia polinucleotídica sem a necessidade de um *primer* ou iniciador. Na transcrição, essa enzima produz uma fita simples de RNA complementar à fita molde do DNA, do sentido 5' para 3' (KLUG et al., 2012). O RNA sintetizado apresenta uma sequência **igual** à sequência da fita codificadora do DNA, exceto pela substituição de uracila por timina. Dessa forma, o **filamento molde** do DNA constitui a fita **não codificadora** ou **fita antissenso**, e o **filamento não molde** constitui a **fita codificadora** ou **fita senso** (Figura 2) (STRACHAN; READ, 2014).

(5') CGCTATAGCGTTT (3') DNA fita codificadora
(3') GCGATATCGCAAA (5') DNA fita molde

(5') CGCUAUAGCGUUU (3') RNA transcrito

Figura 2. Com exceção da substituição de U por T, o RNA transcrito apresenta a mesma sequência da fita codificadora (não molde). A fita molde é não codificadora.
Fonte: Trajetória de uma nutricionista... (2017, documento on-line).

De forma geral, o processo de transcrição se inicia quando a RNA polimerase reconhece sequências específicas em uma região que chamamos de **promotor**. O promotor geralmente se localiza no começo do gene e inclui um sítio de iniciação, onde a primeira base do DNA será transcrita (KLUG et al., 2012). O início da transcrição é quando ocorre os principais eventos regulatórios. Sinais moleculares intracelulares podem levar à ligação de proteínas repressoras no promotor, impedindo o acesso da RNA polimerase no seu sítio de ação. Ao contrário, proteínas ativadoras da transcrição podem se associar a sequências específicas no promotor, auxiliando no recrutamento da enzima (KLUG et al., 2012). A partir do sítio de iniciação, a RNA polimerase se desloca de forma a adicionar ribonucleotídeos complementares à fita molde de DNA. A transcrição termina quando a enzima reconhece a sequência de terminação. Quando isso ocorre, o complexo de transcrição se dissocia, liberando a molécula de RNA recém-sintetizada (KLUG et al., 2012). A região do gene que abrange o promotor, a região a ser transcrita e a sequência de terminação, é chamada de **unidade de transcrição** (SNUSTAD; SIMMONS, 2011). A transcrição em procariotos e eucariotos têm diferenças significativas. Veremos com mais detalhes alguns aspectos importantes do processo em cada organismo.

Transcrição e o processamento do RNA

Para entendermos como ocorre a transcrição em procariotos, primeiro é preciso ter em mente como o genoma bacteriano é organizado. Genes cujos produtos proteicos atuam na mesma via metabólica frequentemente encontram-se agrupados ao longo do DNA circular. Em alguns casos, os genes são contíguos e apenas o último gene apresenta a sequência de terminação (SNUSTAD; SIMMONS, 2011). Dessa forma, um único RNA mensageiro é transcrito para vários genes. Os genes bacterianos podem ser chamados de cistrons e, por isso, o RNA mensageiro resultante da transcrição de diversos genes acoplados é chamado de RNA mensageiro policistrônico (KLUG et al., 2012). A seguir, serão detalhados todos esses processos.

A transcrição em procariotos

Procariotos apresentam apenas um tipo de RNA polimerase. A subunidade sigma dessa enzima reconhece duas sequências consenso no promotor para iniciar a síntese do RNA (SNUSTAD; SIMMONS, 2011). A primeira se localiza a 35 nucleotídeos do sítio de iniciação, sendo composta pelas bases TTGACA. A outra sequência encontra-se a cerca de 10 nucleotídeos do sítio de início, sendo formada pelas bases TATAAT. Em razão da localização de tais sequências, elas recebem o nome de **sequência-35** e **sequência-10**, respectivamente (KLUG et al., 2012). Mutações que alterem a ordem desses nucleotídeos são potencialmente prejudiciais à bactéria, uma vez que podem reduzir a taxa transcricional (KLUG et al., 2012).

Na região promotora, a fita dupla do DNA é desnaturada pela própria RNA polimerase para permitir o acesso da enzima ao filamento molde (SNUSTAD; SIMMONS, 2011). As regiões adjacentes ao gene e que participam da regulação da transcrição, a exemplo das sequências -10 e -35 recebem o nome de elementos regulatórios *cis*. Ao contrário, os elementos regulatórios *trans* são proteínas que se ligam às sequências em *cis* para controlar a transcrição, seja estimulando a síntese do RNA ou inibindo-a (KLUG et al., 2012).

Após o reconhecimento de sequências consenso na região promotora, a RNA polimerase inicia a síntese de uma fita de RNA a partir do sítio de iniciação (KLUG et al., 2012). À medida que a enzima catalisa as ligações fosfodiéster entre os ribonucleotídeos trifosfatados e promove a extensão do RNA, há a formação transitória de uma fita dupla híbrida de DNA e RNA. A taxa de incorporação dos nucleotídeos na cadeia nascente pela RNA polimerase em *E. coli* é de 40 nucleotídeos por segundo (SNUSTAD; SIMMONS, 2011). O alongamento da cadeia ocorre até o momento do reconhecimento da sequência de terminação. Em bactérias, tal sequencia tem cerca de 40 nucleotídeos e também é transcrita pela RNA polimerase (KLUG et al., 2012). Interessantemente, o local do término é organizado de tal forma a compreender regiões de complementariedade das bases guanina e citosina, fazendo com que o RNA dobre sobre si mesmo e forme uma estrutura secundária em grampo (KLUG et al., 2012). Tal conformação secundária impede a movimentação da RNA polimerase, provocando a sua pausa (SNUSTAD; SIMMONS, 2011). A finalização da transcrição também pode ser mediada pela proteína Rho, a qual tem atividade de helicase. No término da transcrição, esse proteína desnatura a fita híbrida, liberando assim a molécula de RNA recém-formada (SNUSTAD; SIMMONS, 2011).

Fique atento

Sequências consenso: são sequências semelhantes (homólogas) de nucleotídeos que estão presentes em vários genes do mesmo organismo. Geralmente são sequências conservadas durante a evolução, o que indica a importância do seu papel nos processos biológicos (KLUG et al., 2012).

A transcrição em eucariotos

A transcrição em eucariotos é mais complexa e inclui uma etapa adicional de processamento do RNA mensageiro. Primeiramente, existem três tipos principais de RNAs polimerases nesses organismos. A RNA polimerase I é a enzima responsável por transcrever os genes codificadores dos RNAs que compõem as subunidades ribossomais 5.8S, 18S e 28S. A RNA polimerase II está envolvida na transcrição de RNAs mensageiros, microRNAs e alguns pequenos RNAs nucleares (snRNAs). Por fim, a RNA polimerase III catalisa a síntese dos RNAs transportadores, RNA ribossômico 5S e outros RNAs menores (KLUG et al., 2012). Aprofundaremos a síntese do RNA mensageiro pela RNA polimerase II.

Na região promotora de eucariotos existem sequências consenso que têm a função de **sinalizar do início da transcrição** ou **regular a eficiência** da produção de RNA. Tais elementos *cis* são referidos coletivamente como "promotores". O principal ativador do início da transcrição se localiza a 35 nucleotídeos de distância do ponto inicial da síntese do RNA e se caracteriza por ter a sequência TATAAAA, também referida como *TATA box*. Este constitui o elemento **promotor central**, sendo presente em quase todos os genes eucarióticos (LODISH et al., 2015). Existem outras duas outras sequências promotoras principais, denominadas CG box e CAAT box (SNUSTAD; SIMMONS, 2011). A primeira apresenta uma sequência rica em citosina e guanina, sendo frequente em genes domésticos, isto é, codificadores de proteínas que desempenham a mesma função em todas as células, como histonas, polimerases e unidades ribossomais (ALBERTS et al., 2017). Já a sequência GGCAATCT representa o *CAAT box*, um elementos *cis* localizado a 80 nucleotídeos do início da transcrição, cuja função é regular a frequência com que a polimerase transcreve o gene (KLUG et al., 2012). Tanto O GC box quanto o CAAT box estão intimamente envolvidos no controle da eficiência do processo transcricional (LODISH et al., 2015). É importante ressaltar que, além das sequências promotoras, a molécula de DNA conta com os acentuadores, que, como já abordado neste capítulo, aumentam a afinidade do complexo de transcrição com o promotor (KOLOVOS et al., 2012).

No início do processo transcricional os elementos regulatórios *trans*, também chamados de **fatores de transcrição,** se ligam aos elementos *cis* e promovem a ligação da RNA polimerase II à fita molde do DNA (SNUSTAD; SIMMONS, 2011). Os fatores de transcrição são denominados **TFIIx**, sigla que vem do inglês *Transcription Factor x for RNA Polymerase II* (SNUSTAD; SIMMONS, 2011). O TFIID é o primeiro fator de transcrição a interagir com o promotor central. Ele apresenta em sua constituição uma proteína de ligação TATA (TBP), que como o próprio nome sugere, se liga ao *TATA box* (KLUG et al., 2012). Em seguida, outros fatores de transcrição, a exemplo de TFIIA e TFIIB, se unem à TBP formando um **complexo de pré-iniciação**. Vale lembrar que, no núcleo das células eucarióticas, a molécula de DNA encontra-se associada às histonas para permitir a compactação do material genético. Dessa forma, durante a etapa inicial da transcrição ocorre o desenrolamento da cromatina, a fim de possibilitar o acesso da RNA polimerase II e proteínas regulatórias ao DNA. Nesse contexto, um dos fatores de transcrição recrutados, o TFIIF, realiza o desenovelamento da molécula de ácido nucleico no sítio de iniciação (SNUSTAD; SIMMONS, 2011). A RNA polimerase é atraída para o complexo de pré-iniciação e, então, se liga ao aglomerado de proteínas (KLUG et al., 2012).

Para dar início à síntese da cadeia, a RNA polimerase II se dissocia dos fatores de transcrição por meio da fosforilação da sua porção carboxi-terminal (SHANDILYA; ROBERTS, 2012). Na fase de alongamento, a enzima catalisa a formação da ligação fosfodiéster entre os ribonucleotídeos, usando como molde a fita não codificadora do DNA. Assim como ocorre em organismos procariotos, uma fita dupla híbrida de DNA e RNA é formada. Ao encontrar a sequência de término da transcrição, a RNA polimerase II cessa o crescimento da cadeia e libera o RNA. O RNA recém-sintetizado recebe o nome de pré-RNA mensageiro, uma vez que este ainda necessita passar por modificações para se tornar um RNA mensageiro maduro, pronto para ser lido no ribossomo. A maturação do pré-mRNA ocorre ainda no núcleo e envolve três processos distintos: o capeamento da extremidade 5', a poliadenilação da extremidade 3' e o *splicing (KLUG et al., 2012)*.

A primeira modificação pós-transcricional é o capeamento da extremidade 5'. Nesse processo, um nucleosídeo 7-metilguanosina (7-mG) é adicionado à terminação 5' do pré-RNAm antes mesmo do término da transcrição (KLUG et al., 2012). O CAP 7-mG confere à molécula proteção contra exonucleases e auxilia no transporte do RNA mensageiro maduro para o citoplasma, local onde ele será traduzido em um polipeptídeo. Essa modificação também é importante para a inicialização da tradução. Além de atuar como elemento de reconhecimento por proteínas que compõem a maquinaria da síntese proteica, ela é importante na ligação do RNA mensageiro ao complexo de iniciação da tradução (KLUG et al., 2012; SNUSTAD; SIMMONS, 2011). Diferentemente das ligações fosfodiéster que conectam os ribonucleotídeos, o CAP 7-mg é adicionado à cadeia por meio de uma ligação trifosfato 5'-5' (KLUG et al., 2012).

O pré-RNA mensageiro também sofre alterações na sua outra extremidade. A terminação 3' é clivada enzimaticamente em uma região situada entre 10 a 35 nucleotídeos de distância da sequência AAUAAA, o qual é altamente conservada. Em seguida, ocorre a adição de uma cadeia polinucleotídica rica em adenina. A cauda poli-A contém cerca de 250 nucleotídeos de adenina e, assim como o CAP 7-mG, é fundamental para o transporte do RNA mensageiro para o citoplasma e para a proteção da molécula contra degradação (KLUG et al., 2012).

O terceiro processamento pós-transcricional ao qual o pré-RNAm é submetido é o *splicing*. Neste processo, sequências não codificantes ao longo da molécula são removidas e os fragmentos codificadores são ligados entre si, culminando em um RNA mensageiro maduro (KLUG et al., 2012). As sequências do gene que correspondem aos fragmentos excisados são chamadas de **íntrons**, enquanto as sequências que são mantidas no RNA mensageiro e, portanto, expressas são chamadas de **éxons** (KLUG et al., 2012). O processo de *splicing* é complexo e requer formação de uma maquinaria denominada spliceossomos, constituída de proteínas e snRNAs. Geralmente os íntrons têm os nucleotídeos GU em sua extremidade 5' e AG na terminação 3'. Essas e outras sequências consenso na junção de íntrons e éxons são reconhecidas pelo spliceossomo, que, por meio de reações de transesterificação, cliva a porção terminal 5' e a une com uma adenina presente no extremo 3', formando uma estrutura em alça. Dessa forma, o íntron é removido e os éxons são unidos (KLUG et al., 2012).

Tradução e código genético

A tradução é o processo pelo qual o RNA mensageiro maduro é decodificado nos ribossomos, levando à produção de um polipeptídeo. Em procariotos, a tradução ocorre de forma concomitante à transcrição. Isso significa que, uma vez sintetizada, a extremidade 5' do RNA mensageiro pode ser imediatamente usada na síntese proteica, já que o sentido da tradução também é de 5' para 3' (SNUSTAD; SIMMONS, 2011). A simultaneidade dos processos só é possível em razão da ausência de um envoltório nuclear. Dessa forma, não há compartimentalização da produção do RNA e da síntese proteica. Vale relembrar que muitos RNAs mensageiros de procariotos são policistrônicos. Dessa forma, vários polipeptídeos são sintetizados a partir de um único RNA mensageiro. Já em eucariotos, a transcrição ocorre no interior do núcleo enquanto a tradução acontece no citoplasma (KLUG et al., 2012).

As informações genéticas contidas no DNA são transcritas e traduzidas em proteínas, de forma que a sequência de bases de determinado gene se relaciona com a sequência de aminoácidos da cadeia polipeptídica codificada por esse mesmo gene. Essa correspondência entre DNA e proteína é denominada código genético . Decifrado na década de 1960, o código genético pode ser entendido como um alfabeto de quatro letras correspondentes às bases nitrogenadas do DNA. Esse código é transferido para o RNA mensageiro por meio da transcrição, sendo organizado por trincas. Isso significa que a cada sequência de três ribonucleotídeos lidos no ribossomo, há a decodificação de um aminoácido. Tais trincas recebem o nome de **códons** (STRACHAN; READ, 2014).

A organização das quatro bases em trincas gera um total de 64 combinações possíveis, no entanto, existem apenas 20 aminoácidos. Assim, dizemos que o código genético é degenerado, uma vez que um mesmo aminoácido pode ser adicionado à cadeia polipeptídica por mais de um códon (KLUG et al., 2012). No entanto, o contrário não é verdade. Dessa forma, um códon só dá origem a um aminoácido. Além disso, não há superposição no código genético, isto é, aminoácidos consecutivos são decodificados por códons consecutivos (KLUG et al., 2012). Finalmente, o código genético é considerado universal. Com raras exceções, a mesma trinca de bases irá decodificar o mesmo aminoácido em praticamente todos os seres vivos .

No momento da tradução, o RNA mensageiro é direcionado para os ribossomos. Essas organelas são compostas de duas subunidades constituídas de proteínas e RNAs. Em eucariotos, os ribossomos localizados no citoplasma contêm a subunidade maior 60S e menor 40S. Já os procariotos têm organelas compostas pelas subunidades menor 30S e maior 50S. Os RNAs ribossômicos são os constituintes responsáveis pela atividade catalítica, enquanto as proteínas parecem modular a função de tais ribozimas. Esse processo também conta com a participação de uma coleção de RNAs transportadores. Cada RNA transportador apresenta uma trinca de bases, o anticódon, que será complementar a um códon específico. Ao carrear o aminoácido para o sítio da tradução, eles atuam como moléculas adaptadoras entre o RNA mensageiro e o polipeptídeo em crescimento (STRACHAN; READ, 2014).

Apesar de ser um evento dinâmico, a tradução pode ser dividida didaticamente em três etapas principais: início, alongamento e término. Na fase de início, o capeamento na extremidade 5' do RNA mensageiro é reconhecido por proteínas que se ligam à unidade menor do ribossomo, de forma a manter o RNA codificador na posição correta. Em eucariotos, apenas um fragmento da molécula de RNA mensageiro é traduzido. As regiões não traduzidas flanqueiam a porção codificadora, sendo chamadas de regiões 5' UTR e 3' UTR. Apesar de não participarem da síntese do polipeptídeo propriamente dita, essas sequências são importantes, uma vez que elas auxiliam na estabilização do RNA mensageiro no ribossomo e têm função regulatória. Uma vez que o RNA mensageiro se encontra no ribossomo, essa organela percorre o ácido ribonucleico no sentido 5' para 3', a fim de encontrar o códon de início AUG. Quando este é identificado, o RNA transportador de início, carregando uma metionina, se liga à subunidade maior do ribossomo de forma a realizar o pareamento com o códon do RNA mensageiro. Em seguida, as próximas trincas de bases se pareiam com os RNAs transportadores correspondentes, sendo assim, interpretadas de acordo com o código genético. O RNA ribossômico presente na subunidade maior atua como peptidiltransferase, catalisando a formação da ligação peptídica (STRACHAN; READ, 2014).

Tem início, então, a segunda fase da tradução: o alongamento. À medida que o RNA mensageiro se desloca no ribossomo, um novo aminoácido é adicionado à cadeia polipeptídica nascente. Esse processo continua até o momento em que um códon de terminação é identificado UAG, UAA ou UGA. A terceira fase da tradução é caracterizada pela ação dos fatores de liberação. Esses fatores atuam separando a cadeia polipeptídica do RNA transportador, mediante sinalização pelo códon de terminação. Dessa forma, a proteína é liberada do complexo de tradução (KLUG et al., 2012).

Considerações finais

Em conclusão, a expressão de genes codificadores de proteínas envolve dois processos celulares principais: a transcrição e a tradução. A síntese do RNA é um processo altamente regulado, principalmente por sequências específicas do DNA, que sinalizam acentuam e silenciam a transcrição.

Em eucariotos, a produção do RNA é mais complexa em relação ao mesmo evento em bactérias, uma vez que conta com a participação de diversos fatores de transcrição, elementos *cis* regulatórios e envolve etapas de processamento do pré-RNA mensageiro. Além disso, a associação da molécula de DNA de eucariotos com histonas confere uma complexidade adicional. A maturação do RNA mensageiro é obtida por meio do capeamento da extremidade 5, adição da cauda de adenina e *splicing*.

Uma vez realizados todos esses eventos, o RNA encontra-se pronto para ser traduzido no ribossomo. Além do RNA mensageiro, a tradução conta com a participação dos RNAs transportadores e ribossômico, sendo este último o responsável pela catálise da ligação peptídica.

Exercícios

1. O DNA é a macromolécula que armazena a informação genética na maioria dos seres vivos. O processo pelo qual tal informação é repassada para uma molécula de RNA é denominado:
   a) replicação.
   b) transcrição.
   c) transcrição reversa.
   d) tradução.
   e) síntese proteica.

2. Na síntese do RNA, um dos filamentos do DNA serve como molde para a construção da cadeia de ribonucleotídeos. Em relação a essa afirmação, assinale a alternativa correta.
   a) O filamento molde do DNA constitui a fita codificadora.
   b) O RNA transcrito é igual ao filamento molde.
   c) Senso e antissenso são terminologias usadas para se referir às fitas não codificadoras e codificadoras, respectivamente.
   d) Com exceção da substituição de T por U, o RNA produzido é igual ao filamento senso.
   e) A síntese de RNA a partir de um molde de DNA ocorre do sentido 3' para 5'.

3. A forma de organização do genoma de procariotos influencia nos mecanismos de transcrição nesses organismos. Em relação à síntese de RNA em procariotos, assinale a alternativa correta.
   a) Procariotos são capazes de produzir RNAs mensageiros policistrônicos.
   b) Existem três tipos de RNAs polimerases em bactérias.
   c) Após a transcrição completa do RNA mensageiro, há o início do processo de tradução.
   d) Assim como em eucariotos, os RNAs bacterianos sofrem *splicing*.
   e) A região promotora dos genes bacterianos tem apenas uma sequência consenso reconhecida pela RNA polimerase.

4. A transcrição de eucariotos é um evento complexo que requer a atuação de várias proteínas. Os elementos *trans* que regulam a síntese do RNA são chamados de:
   a) RNAs polimerases.
   b) fatores de transcrição.
   c) TATA box.
   d) íntrons.
   e) éxons.

5. A síntese de polipeptídeos é fundamentada no código genético. Assinale a alternativa correta em relação à tradução e ao código genético.
   a) Uma trinca de bases no RNA mensageiro decodifica um aminoácido na cadeia polipeptídica.
   b) As bases do RNA transportador que se liga ao RNA mensageiro para adicionar um aminoácido são chamadas de códon.
   c) Cada espécie apresenta o seu próprio código genético.
   d) No momento da tradução, o código genético é decifrado no núcleo de organismos eucariotos.
   e) Somente o RNA mensageiro e os RNAs transportadores participam da síntese de polipeptídeos.

Referências

ALBERTS, B. et al. *Biologia molecular da célula*. 6. ed. Porto Alegre: Artmed, 2017.

KLUG, W. S. et al. *Conceitos de genética*. 9. ed. Porto Alegre: Artmed, 2012.

KOLOVOS, P. et al. Enhancers and silencers: an integrated and simple model for their function. *Epigenetics Chromatin*, v. 5, n. 1, 2012. Disponível em: <https://epigeneticsandchromatin.biomedcentral.com/articles/10.1186/1756-8935-5-1>. Acesso em: 30 out. 2018.

KOONIN, E. V.; NOVOZHILOV, A. S. Origin and evolution of the universal genetic code. *Annual Review Genetics*, v. 51, p. 45-62, 2017. Disponível em: <https://www.annualreviews.org/doi/abs/10.1146/annurev-genet-120116-024713>. Acesso em: 30 out. 2018.

LODISH, H. et al. *Biologia celular e molecular*. 7. ed. Porto Alegre: Artmed, 2015.

MARTINS, E. A. C.; MACIEL FILHO, P. R. Mecanismos de expressão gênica em Eucariotos. *Revista da biologia*, v. 4, p. 1-5, 2010. Disponível em: <http://www.ib.usp.br/revista/node/3#abstract>. Acesso em: 30 out. 2018.

MATERA, A. G.; TERNS, R. M.; TERNS, M. P. Non-coding RNAs: lessons from the small nuclear and small nucleolar RNAs. *Nature Reviews Molecular Cell Biology*, v. 8, n. 3, p. 209-220, mar. 2007. Disponível em: <https://www.ncbi.nlm.nih.gov/pubmed/17318225>. Acesso em: 30 out. 2018.

SHANDILYA, J.; ROBERTS, S. G. The transcription cycle in eukaryotes: from productive initiation to RNA polymerase II recycling. *Biochimica et Biophysica Acta (BBA) - Gene Regulatory Mechanisms*, v. 1819, n. 5, p. 391-400, mai. 2012. Disponível em: <https://www.sciencedirect.com/science/article/pii/S1874939912000284?via%3Dihub>. Acesso em: 30 out. 2018.

SNUSTAD, D. P.; SIMMONS, M. J. *Principles of genetics*. New Jersey: John Wiley and Sons, 2011.

STRACHAN, T.; READ, A. *Genética molecular humana*. 4. ed. Porto Alegre: Artmed, 2014.

TRAJETÓRIA DE UMA NUTRICIONISTA. *Genética*: transcrição. 27 jun. 2017. Disponível em: <http://trajetoriadeumanutricionista.blogspot.com/2017/06/genetica-transcricao.html>. Acesso em: 30 out. 2018.

Leitura recomendada

MARTINS, K. A., FREIRE M. C. M. Guias alimentares para populações: aspectos históricos e conceituais. *Brasília Médica*, v. 45, n. 4, p. 291-302, 2008. Disponível em: <http://bases.bireme.br/cgi-bin/wxislind.exe/iah/online/?IsisScript=iah/iah.xis&src=google&base=LILACS&lang=p&nextAction=lnk&exprSearch=528099&indexSearch=ID>. Acesso em: 30 out. 2018.

Alterações no material genético: mutações e mecanismos de reparo

Objetivos de aprendizagem

Ao final deste texto, você deve apresentar os seguintes aprendizados:

- Diferenciar as bases moleculares das mutações.
- Descrever os mecanismos de reparo biológico.
- Reconhecer os efeitos das mutações espontâneas e induzidas.

Introdução

Uma mutação gênica pode ser definida com uma alteração na sequência do ácido desoxirribonucleico (DNA). De acordo com a sua etiologia, as mutações podem ser classificadas em **espontâneas**, quando sua ocorrência não está relacionada com a presença de agentes específicos, ou em **induzidas**, as quais ocorrem com maior frequência por meio da ação de agentes mutagênicos. Entretanto, qualquer dano que introduza uma alteração no material genético representa uma ameaça à constituição genética da célula. Dessa forma, esse dano deverá ser reconhecido e corrigido por complexos **sistemas de reparo**, os quais, todavia, podem apresentar falhas e gerar mutações.

Neste capítulo, você vai distinguir as bases moleculares das mutações gênicas, reconhecendo os efeitos das mutações espontâneas e induzidas. Além disso, vai compreender os complexos mecanismos de reparo biológico de danos no material genético.

As bases moleculares das mutações gênicas

Uma **mutação gênica** pode ser definida como uma alteração na sequência do ácido desoxirribonucleico (DNA). De fato, qualquer modificação em um par de bases, em qualquer parte da molécula de DNA, pode ser considerada uma mutação. Entretanto, como os genomas eucarióticos são formados principalmente por regiões não codificadoras, a maior parte das mutações não afeta os produtos ou a expressão gênica, sendo denominadas mutações neutras. Além disso, devemos considerar que as mutações podem ser **somáticas**, as quais ocorrem nas células somáticas e estão relacionadas com o desenvolvimento de tumores e doenças degenerativas, ou **gaméticas**, que ocorrem em células da linhagem germinativa e são transmitidas às futuras gerações.

Em razão da ampla variedade de tipos e de efeitos das mutações, os geneticistas as classificam utilizando diversos esquemas. Dentre esses esquemas, as mutações podem ser classificadas da seguinte forma:

Mutações espontâneas: são mudanças na sequência nucleotídica dos genes que ocorrem por alguma causa aparentemente desconhecida. Sua ocorrência não está relacionada com agentes específicos, sendo que muitas dessas mutações surgem como consequência de processos biológicos ou químicos normais do organismo, os quais alteram a estrutura das bases nitrogenadas (KLUG et al., 2012). Os principais processos moleculares relacionados com a formação desse tipo de alteração genética são os seguintes:

- **Erros de replicação do DNA:** o processo de replicação do DNA não é perfeito, sendo que, por exemplo, pode ocorrer a inserção de nucleotídeos incorretos na fita de DNA, pela DNA-polimerase. Embora essa enzima consiga corrigir a maior parte desses erros de replicação, alguns nucleotídeos mal incorporados podem persistir, o que está relacionado com a geração de mutações pontuais.
- **Deslize na replicação:** além das mutações pontuais, a replicação do DNA pode levar à introdução de pequenas inserções ou deleções. Essas mutações podem ocorrer se, durante a replicação, uma fita do molde de DNA se desenlaça e fica deslocada, ou quando a DNA-polimerase desliza ou se afrouxa. Além disso, essas inserções ou deleções podem gerar mutações de alteração de fase, adição de aminoácidos ou deleções no produto gênico.

- **Mudanças tautoméricas:** as purinas e as pirimidinas podem existir em formas tautoméricas, ou seja, em formas químicas alternativas que diferem em um único próton na molécula. Os tautômeros mais importantes são as formas cetônica e enólica da timina e da guanina, e as formas amino e imino da citosina e da adenina. Essas trocas mudam a estrutura de ligação da molécula, permitindo a formação de pontes de hidrogênio entre bases não complementares. Dessa forma, podem levar a mudanças permanentes nos pareamentos de bases e a mutações pontuais (Figura 1).
- **Depurinação e desaminação:** são consideradas as principais causas das mutações espontâneas. A depurinação é a perda de uma base nitrogenada, geralmente uma purina, em uma molécula de DNA de hélice dupla, intacta. Isso ocorre em razão do rompimento da ligação glicosídica que une o 1'- C da desoxirribose à posição 9 do anel da purina, levando à formação de um sítio apurínico em uma das fitas do DNA. Todavia, se os sítios apurínicos não forem reparados, não haverá, naquela posição, uma base para servir de molde durante a replicação do DNA. Em consequência, a DNA-polimerase pode introduzir um nucleotídeo aleatório naquele sítio. Enquanto isso, na desaminação, um grupo amino da citosina, ou da adenina, é convertido em um grupo cetônico (Figura 2). Nesses casos, a citosina é convertida em uracila e a adenina, em hipoxantina. O principal efeito dessas mudanças é uma alteração nas especificidades de pareamento dessas duas bases durante a replicação do DNA. Por exemplo, a conversão da citosina em uracila promove uma alteração de pareamento, no qual o par original G-C é convertido em um par A-U. Quando a adenina é desaminada, o par A-T original é convertido para um par G-C, isso porque a hipoxantina pareia naturalmente com a citosina.

(a) Pareamentos de bases padrões

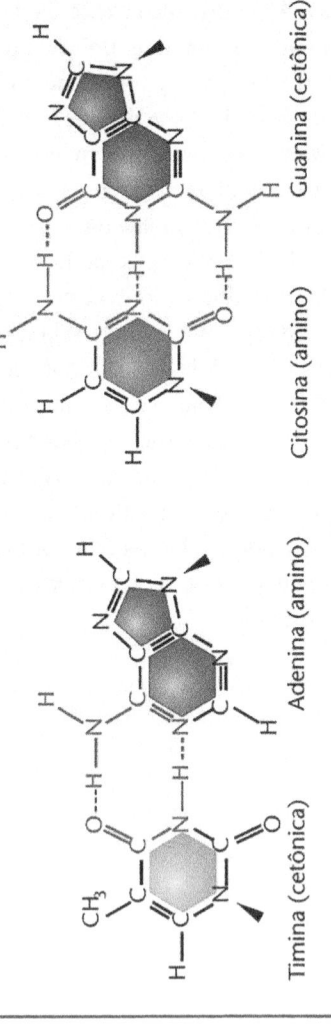

Timina (cetônica) — Adenina (amino)

Citosina (amino) — Guanina (cetônica)

(b) Pareamentos de bases anômalos

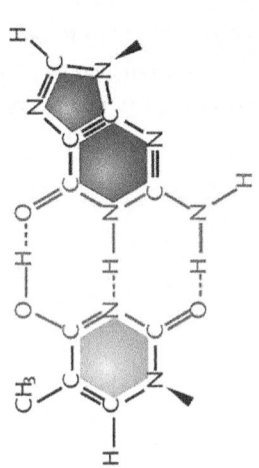

Timina (enólica) — Guanina (cetônica)

Citosina (imino) — Adenina (amino)

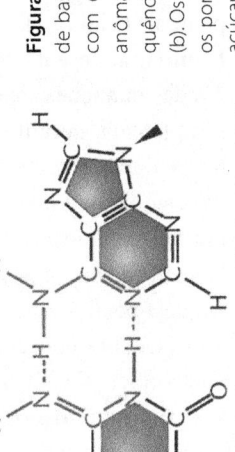

Figura 1. Relações de pareamentos de bases padrões (a), comparadas com exemplos de pareamentos anômalos que ocorrem em consequência de mudanças tautoméricas (b). Os triângulos alongados indicam os pontos em que a base se liga ao açúcar pentose.
Fonte: Klug et al. (2012, p. 416).

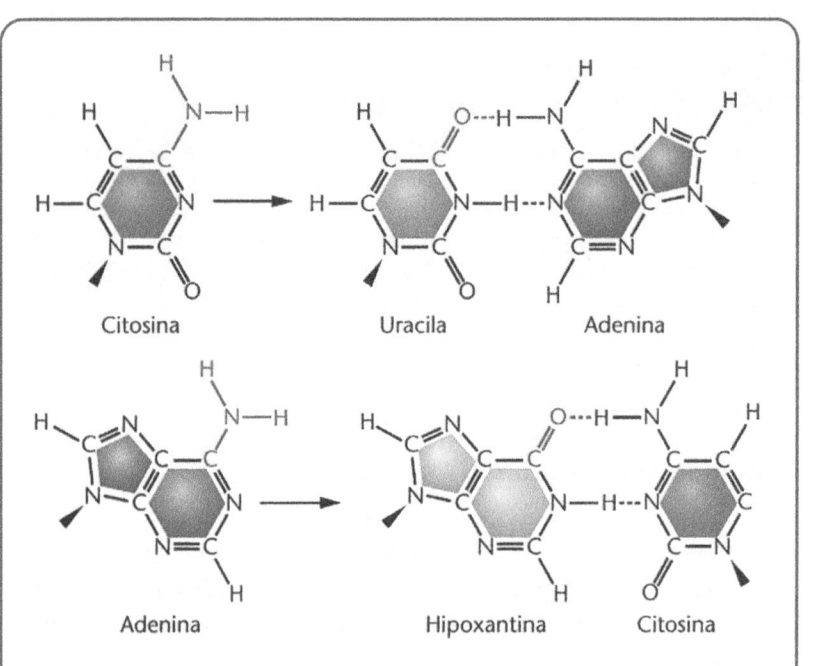

Figura 2. Desaminação da citosina e da adenina, levando a um novo pareamento de bases e à mutação. A citosina é transformada em uracila, que pareia com a adenina. A adenina é transformada em hipoxantina, que pareia com a citosina.
Fonte: Klug et al. (2012, p. 416).

- **Dano oxidativo:** o material genético também pode ser danificado por subprodutos dos processos celulares normais. Esses subprodutos incluem os oxigênios reativos (exemplos: superóxidos, radicais hidroxila e peróxido de hidrogênio) que são produzidos durante a respiração aeróbica normal e podem produzir mais de 100 tipos diferentes de modificações químicas no DNA, inclusive nas bases, levando a malpareamentos no processo de replicação.
- **Transposons:** são elementos de DNA que podem se movimentar no genoma, ou entre genomas, sendo que podem agir como agentes mutagênicos de ocorrência natural. Por exemplo, quando os transposons se mudam para uma nova localização, eles podem se inserir na região codificadora de um gene e alterar a fase de leitura ou introduzir códons de terminação. Além disso, na região reguladora de um gene, os transposons podem interromper a expressão apropriada do mesmo (KLUG et al., 2012).

> **Saiba mais**
>
> Os genes virais e bacterianos sofrem mutações em uma taxa média de cerca e 1 em 100 milhões de divisões celulares. Enquanto isso, os genes estudados na mosca da fruta e nos seres humanos apresentam valores médios de cerca de 1/1.000.000 a 1/100.000 mutações em cada gameta formado. Ainda não está esclarecido o motivo para essas variações na taxa de mutações entre as espécies, todavia, isso pode estar relacionado com a eficiência dos sistemas de revisão e reparo do DNA nesses organismos (KLUG et al., 2012).

Mutações induzidas: são mutações resultantes de fatores extrínsecos (naturais ou artificiais), os quais são denominados agentes mutagênicos (exemplos: toxinas fúngicas, raios cósmicos, poluentes ambientais e radiação ultravioleta) (KLUG et al., 2012; BORGES-OSÓRIO; ROBINSON, 2013). Os principais processos moleculares relacionados com a formação desse tipo de alteração genética são os seguintes:

- **Análogos de base:** é uma das categorias de mutagênicos químicos que podem substituir as purinas ou as pirimidinas durante a biossíntese dos ácidos nucleicos. Por exemplo, o 5-bromouracil (5-BU), um derivado da uracila, se comporta como um análogo da timina, mas é halogenado na posição 5 do anel pirimídico. Quando o 5-BU liga-se quimicamente à desoxirribose, forma-se o nucleosídeo análogo, a bromodesoxiuridina (BrdU). Entretanto, se o 5-BU for incorporado ao DNA no lugar da timina e ocorrer uma mudança tautomérica para a forma enólica, o 5-BU pareará com a guanina (Figura 3). Depois de uma rodada de replicação, resulta em uma transição A-T para G-C. Além disso, a presença de 5-BU no DNA aumenta a sensibilidade da molécula à luz ultravioleta, que é mutagênica. Outro exemplo de análogo de base, é a 2-aminopurina (2-AP), a qual pode agir como um análogo da adenina.

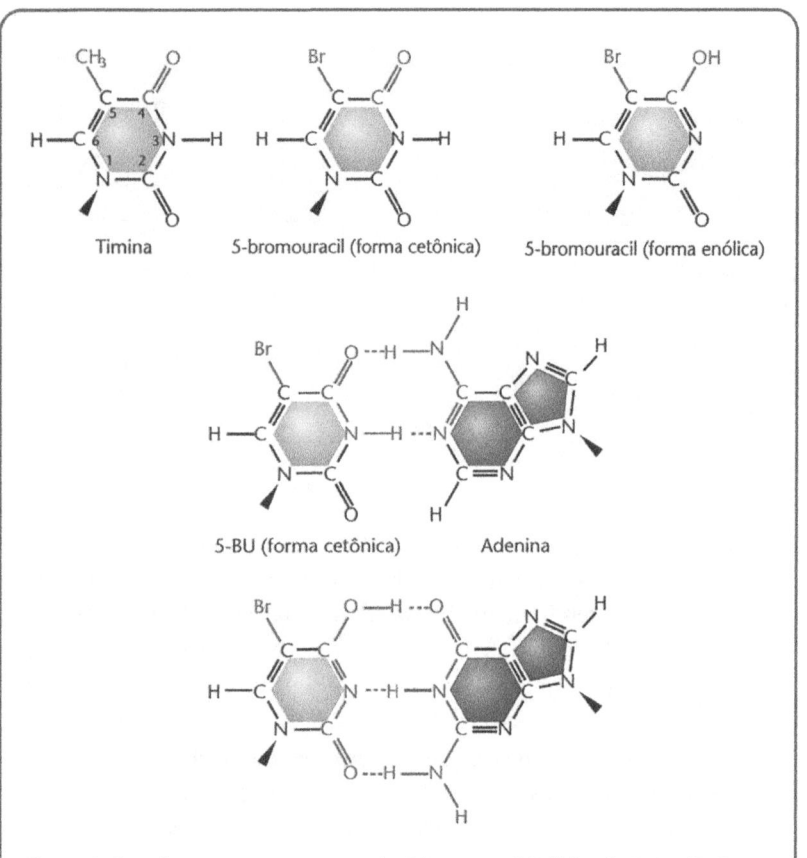

Figura 3. Semelhanças entre a estrutura do 5-bromouracil (5-BU) e da timina. Na forma comum, a cetônica, o 5-BU, pareia normalmente com a adenina, comportando-se como um análogo da timina. Na forma rara, a enólica, ele pareia anormalmente com a guanina.
Fonte: Klug et al. (2012, p. 417).

- **Agentes alquilantes:** são compostos químicos (exemplo: gás mostarda utilizado na Segunda Guerra Mundial) que doam um grupo alquila, CH_3 ou CH_3CH_2, para os grupos amino ou cetona dos nucleotídeos. Por exemplo, o etilmetanossulfonato (EMS) alquila grupos cetônicos na posição 6 da guanina e na posição 4 da timina. Assim como nos análogos de base, as afinidades de pareamento são alteradas, resultando em mutações de transição (Figura 4).

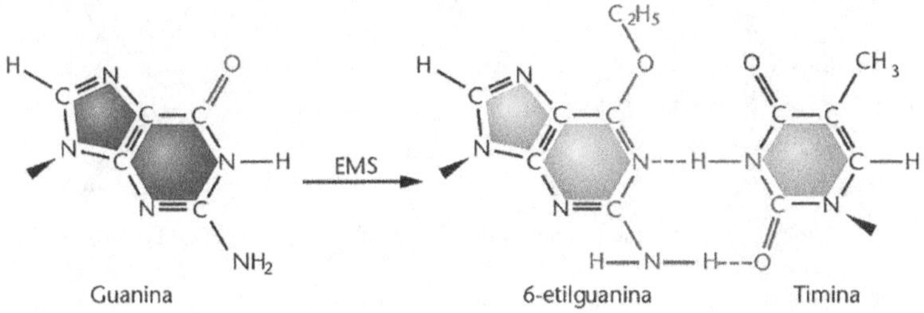

Figura 4. Conversão da guanina em 6-etilguanina pelo agente alquilante EMS. A 6-etil-guanina pareia com uma timina.
Fonte: Klug et al. (2012, p. 418).

- **Luz ultravioleta:** A radiação eletromagnética em comprimentos de onda mais curtos do que o da luz visível, por ser inerentemente mais energética, têm potencial para desordenar as moléculas orgânicas. Dessa forma, as purinas e as pirimidinas absorvem mais intensamente a radiação ultravioleta (UV) com comprimento de onda de 260 nm. Um dos principais efeitos da radiação UV no material genético é a criação de dímeros de pirimidina, que são espécies químicas que consistem em duas pirimidinas idênticas. Os dímeros de pirimidina distorcem a conformação do DNA e inibem a replicação normal. Como consequência, erros podem ser adicionados na sequência de bases do DNA durante a replicação (Figura 5). Quando esse processo é extenso, pode-se observar a ocorrência de morte celular.

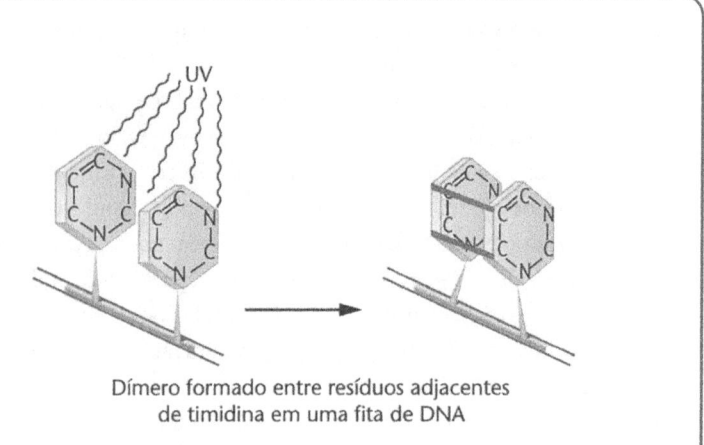

Figura 5. Indução de um dímero de timina por radiação UV, levando a distorção do DNA. As ligações covalentes ocorrem entre os átomos do anel pirimídico.
Fonte: Klug et al. (2012, p. 419).

- **Radiações ionizantes:** como os raios X, os raios gama e os raios cósmicos são os mais energéticos. Eles penetram nos tecidos causando ionização dos componentes celulares encontrados no seu trajeto. Por exemplo, quando os raios X penetram nas células, são ejetados elétrons dos átomos das moléculas afetadas pela radiação. Dessa forma, as moléculas e os átomos estáveis são transformados em radicais livres, que podem afetar direta ou indiretamente o material genético, alterando purinas e pirimidinas no DNA e ocasionando a formação de mutações pontuais. Além disso, a radiação ionizante pode produzir quebras na ligação fosfodiéster, perturbando assim a integridade dos cromossomos e produzindo uma variedade de aberrações cromossômicas como deleções, translocações e fragmentação dos cromossomos (KLUG et al., 2012).

Mecanismos de reparo biológico

Os seres vivos desenvolveram uma série de elaborados sistemas de reparo, os quais se contrapõem tanto aos dados espontâneos quanto aos danos induzidos no material genético. Esses sistemas são essenciais para a manutenção da integridade e para a sobrevivência dos organismos. A seguir, serão revisados os principais sistemas de reparação do DNA.

Revisão de leitura e reparação de mal pareamento: alguns dos tipos mais comuns de mutações surgem durante a replicação do DNA, quando um nucleotídeo incorreto é inserido pela DNA-polimerase. Todavia, se um nucleotídeo é inserido de forma incorreta, essa enzima apresenta o potencial de reconhecer o erro e "reverter" a sua direção, comportando-se como uma exonuclease de 3' para 5', retirando o nucleotídeo incorreto e substituindo-o pelo correto. Entretanto, para fazer frente aos erros que ocorrem após a revisão de leitura, pode ser ativado outro mecanismo, denominado reparação de malpareamento. Nesse processo, ocorre a identificação da fita (molde ou recém-sintetizada) que contém a base incorreta por uma enzima de reparação, evitando, dessa forma, a ocorrência de excisões aleatórias. Em algumas bactérias, esse processo de identificação baseia-se no processo de metilação do DNA.

Reparação posterior à replicação: esse sistema de reparo responde depois que o DNA danificado escapou da reparação e não pode ser duplicado novamente. Dessa forma, quando o DNA que porta algum tipo de lesão está sendo replicado, a DNA-polimerase pode deter-se na lesão e então pulá-la, deixando um espaço na fita recém-sintetizada. Para corrigir esse espaço, a proteína RecA coordena uma troca, por recombinação, com a região correspondente da fita parental não danificada, de igual polaridade (a fita "doadora"). Quando o segmento de DNA não danificado substitui o segmento faltante, o vazio é transferido para a fita doadora. À medida que a replicação continua, esse vazio pode ser preenchido por síntese de reparação (Figura 6a). Como esse tipo de reparação envolve um evento de recombinação, ele é considerado como uma forma de reparação por recombinação homóloga.

Reparação por fotorreativação: a radiação UV é mutagênica, estando associada com a formação de dímeros de pirimidina, os quais podem ser reparados após a exposição das células à luz da faixa azul do espectro visível. Esse processo é dependente de uma proteína denominada enzima de fotorreativação (PRE), que é responsável pela clivagem das ligações entre os dímeros de timina, revertendo diretamente os efeitos da radiação UV sobre o DNA (Figura 6b). Essa enzima pode ser detectada em bactérias, fungos, plantas e alguns tipos de vertebrados, todavia, não está presente nos seres humanos.

Reparação por excisão de bases e de nucleotídeo: este sistema de reparo consiste nos três passos seguintes: (1) a distorção ou o erro presente em uma das fitas da hélice do DNA é reconhecido e enzimaticamente retirado por uma exonuclease; (2) uma DNA-polimerase preenche o espaço por meio da inserção dos desoxirribonucleotídeos complementares aos da fita intacta, que é utilizada como um molde replicativo; (3) a DNA-ligase lacra o "corte" de permanência na extremidade 3'-OH da última base inserida, fechando o espaço. Existem dois tipos de reparação por excisão. O primeiro tipo é a excisão por reparação de base (BER), que corrige o dano causado às bases nitrogenadas pela hidrólise espontânea ou por agentes que as alteram quimicamente, como a enzima uracil-DNA-glicosilase, que reconhece a presença de uracil no DNA, cortando inicialmente a ligação glicosídica entre a base e o açúcar e criando um sítio apirimídico. Então, esse açúcar com base faltante é reconhecido por uma enzima chamada AP endonuclease, que faz um corte no sítio apirimídico do arcabouço fosfodiéster, criando uma distorção na hélice do DNA, a qual é reconhecida pelo sistema de reparo por excisão, que ativada leva à correção do erro no material genético. O segundo tipo é a excisão por reparação de nucleotídeo (NER), que está relacionada com o reparo de lesões "grosseiras" no DNA, que alteram ou distorcem a hélice dupla. Na via NER, que foi descoberta em bactérias, os produtos gênicos *uvr* (de *ultraviolet repair* – reparação de ultravioleta) estão envolvidos no reconhecimento e na remoção das lesões no DNA. Geralmente, um número muito específico de nucleotídeos é removido de cada lado da lesão, sendo a reparação completada pelas enzimas DNA-polimerase I e DNA-ligase, de forma semelhante ao que ocorre no BER. A fita não danificada, oposta à lesão, é utilizada como molde para replicação, resultando, por fim, na reparação do material genético.

Saiba mais

O mecanismo de reparação por NER em humanos é muito mais complicado em eucariotos do que em procariotos. Os estudos sobre esses mecanismos em humanos foram realizados em indivíduos com xeroderma pigmentoso (XP), que é um distúrbio recessivo raro que predispõe os indivíduos a graves anormalidades da pele e a cânceres. Isso ocorre porque esses indivíduos perderam a capacidade de realizar o NER, consequentemente, quando exposto à luz solar, os indivíduos que sofrem de XP apresentam reações que podem variar de sardas e ulcerações de pele até o desenvolvimento de câncer de pele (KLUG et al., 2012).

A reparação posterior à replicação

1. O DNA se desenrola antes da replicação
2. A replicação pula a lesão e prossegue
3. A região complementar intacta, da fita parental, é recombinada
4. O novo espaço é preenchido pela DNA-polimerase e pela DNA-ligase

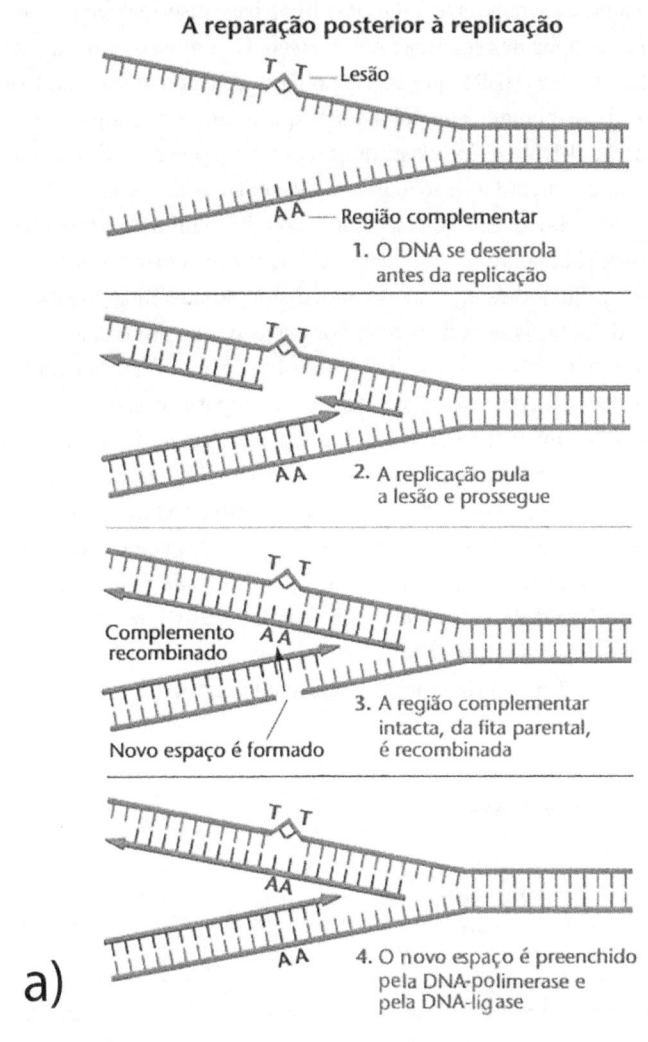

a)

Figura 6. (*Continua*) (a) A reparação pós-replicação ocorre se a replicação do DNA pulou uma lesão, tal como um dímero de pirimidina. A sequência complementar correta é recrutada da fita parental, por meio do processo de recombinação, e inserida no espaço oposto à lesão. O novo vazio é preenchido pela DNA-polimerase e pela DNA-ligase. (b) DNA danificado reparado pela reparação por fotorreativação. A ligação que cria o dímero de timina é clivada pela enzima PRE, que precisa ser ativada pela luz azul do espectro visível. (c) Reparo por BER completado pela uracil-DNA-glicosilase, pela AP-endonuclease, pela DNA-polimerase e pela DNA-ligase. A uracila é reconhecida como uma base não complementar, sendo removida e substituída pela base complementar (C). (d) Reparação de um dímero de pirimidina induzido por UV por NE.

Fonte: (a) Klug et al. (2012, p. 422); (b) Klug et al. (2012, p. 423); (c) e (d) (Klug et al. (2012, p. 424).

Alterações no material genético: mutações e mecanismos de reparo | 207

Reparação por fotorreativação

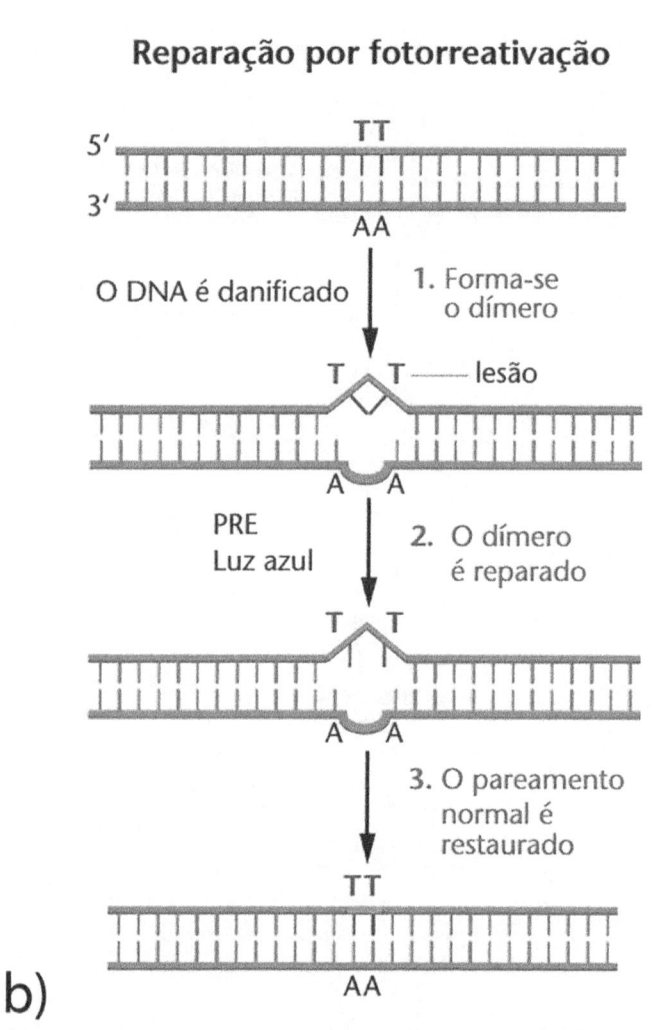

5'
3'
TT
AA

O DNA é danificado → **1.** Forma-se o dímero

T T ---- lesão
A A

PRE
Luz azul → **2.** O dímero é reparado

T T
A A

↓ **3.** O pareamento normal é restaurado

TT
AA

b)

Figura 6. (*Continuação*) (a) A reparação pós-replicação ocorre se a replicação do DNA pulou uma lesão, tal como um dímero de pirimidina. A sequência complementar correta é recrutada da fita parental, por meio do processo de recombinação, e inserida no espaço oposto à lesão. O novo vazio é preenchido pela DNA-polimerase e pela DNA-ligase. (b) DNA danificado reparado pela reparação por fotorreativação. A ligação que cria o dímero de timina é clivada pela enzima PRE, que precisa ser ativada pela luz azul do espectro visível. (c) Reparo por BER completado pela uracil-DNA-glicosilase, pela AP-endonuclease, pela DNA-polimerase e pela DNA-ligase. A uracila é reconhecida como uma base não complementar, sendo removida e substituída pela base complementar (C). (d) Reparação de um dímero de pirimidina induzido por UV por NE).

Fonte: (a) Klug et al. (2012, p. 422); (b) Klug et al. (2012, p. 423); (c) e (d) (Klug et al. (2012, p. 424).

Reparação por excisão de base

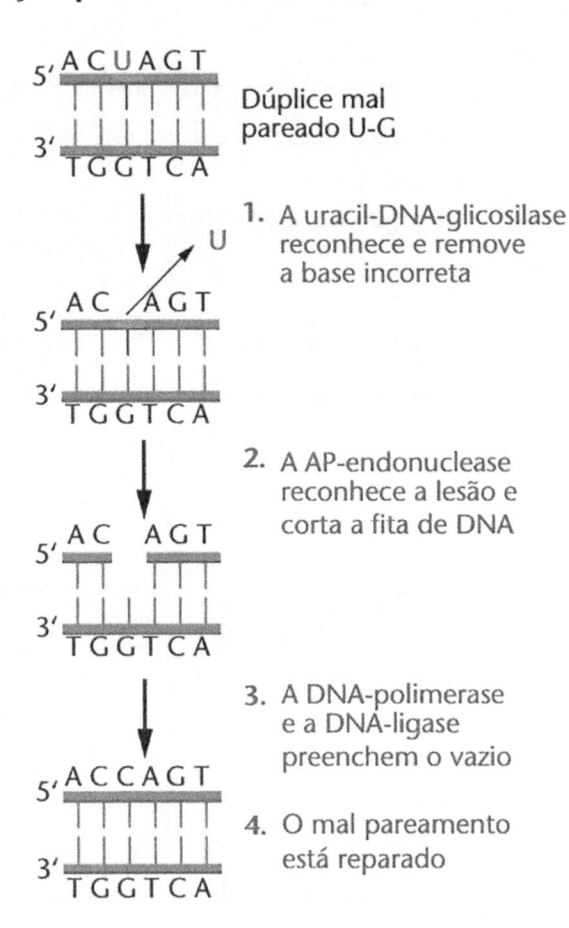

5' A C U A G T
3' T G G T C A
Dúplice mal pareado U-G

1. A uracil-DNA-glicosilase reconhece e remove a base incorreta

5' A C _ A G T
3' T G G T C A

2. A AP-endonuclease reconhece a lesão e corta a fita de DNA

5' A C   A G T
3' T G G T C A

3. A DNA-polimerase e a DNA-ligase preenchem o vazio

5' A C C A G T
3' T G G T C A

4. O mal pareamento está reparado

c)

Figura 6. (*Continuação*) (a) A reparação pós-replicação ocorre se a replicação do DNA pulou uma lesão, tal como um dímero de pirimidina. A sequência complementar correta é recrutada da fita parental, por meio do processo de recombinação, e inserida no espaço oposto à lesão. O novo vazio é preenchido pela DNA-polimerase e pela DNA-ligase. (b) DNA danificado reparado pela reparação por fotorreativação. A ligação que cria o dímero de timina é clivada pela enzima PRE, que precisa ser ativada pela luz azul do espectro visível. (c) Reparo por BER completado pela uracil-DNA-glicosilase, pela AP-endonuclease, pela DNA-polimerase e pela DNA-ligase. A uracila é reconhecida como uma base não complementar, sendo removida e substituída pela base complementar (C). (d) Reparação de um dímero de pirimidina induzido por UV por NE).

Fonte: (a) Klug et al. (2012, p. 422); (b) Klug et al. (2012, p. 423); (c) e (d) (Klug et al. (2012, p. 424).

Reparação por excisão de nucleotídeo

1. O DNA é danificado → Lesão

2. A nuclease escinde a lesão → Produtos do gene *uvr*

3. O espaço é preenchido → DNA-polimerase I

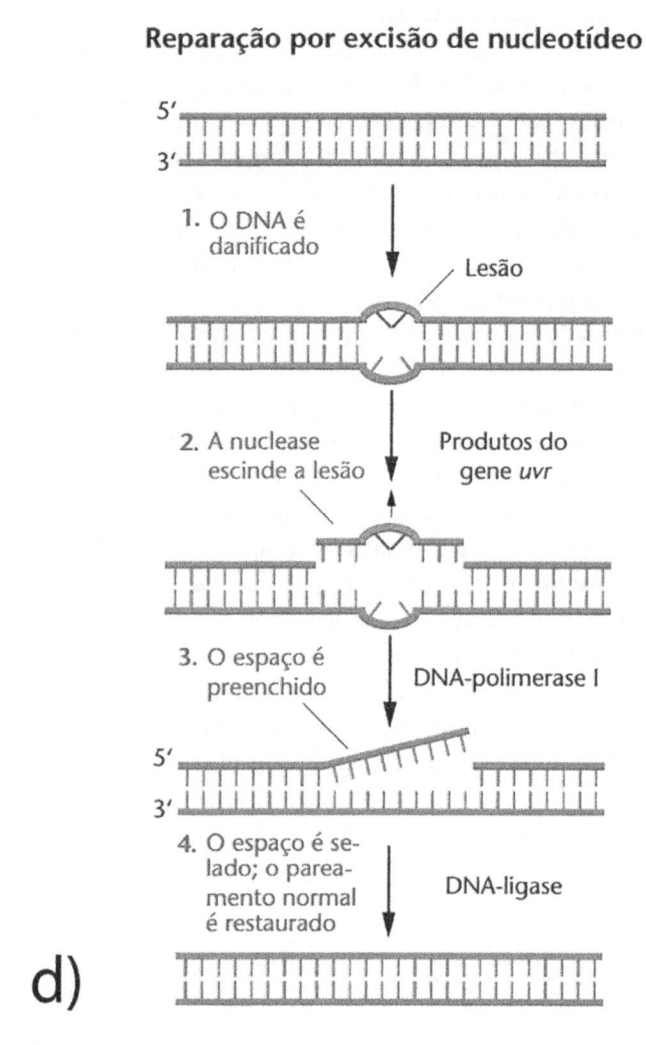

4. O espaço é selado; o pareamento normal é restaurado → DNA-ligase

d)

Figura 6. *(Continuação)* (a) A reparação pós-replicação ocorre se a replicação do DNA pulou uma lesão, tal como um dímero de pirimidina. A sequência complementar correta é recrutada da fita parental, por meio do processo de recombinação, e inserida no espaço oposto à lesão. O novo vazio é preenchido pela DNA-polimerase e pela DNA-ligase. (b) DNA danificado reparado pela reparação por fotorreativação. A ligação que cria o dímero de timina é clivada pela enzima PRE, que precisa ser ativada pela luz azul do espectro visível. (c) Reparo por BER completado pela uracil-DNA-glicosilase, pela AP-endonuclease, pela DNA-polimerase e pela DNA-ligase. A uracila é reconhecida como uma base não complementar, sendo removida e substituída pela base complementar (C). (d) Reparação de um dímero de pirimidina induzido por UV por NE.
Fonte: (a) Klug et al. (2012, p. 422); (b) Klug et al. (2012, p. 423); (c) e (d) Klug et al. (2012, p. 424).

Reparação de quebras de fitas duplas de DNA (DSB): estas vias de reparação são formas especializadas na reparação do DNA, as quais são encarregadas de religar as duas fitas de DNA. Uma das vias envolvidas é a reparação por recombinação homóloga, que apresenta como primeiro passo a ação de uma enzima que reconhece a quebra de fita dupla e depois digere as extremidades 5' da hélice de DNA rompida, deixando pendente as extremidades 3' (Figura 7). Uma extremidade 3' pendente procura uma região com complementariedade de sequência na cromátide irmã e, então, invade a dúplice de DNA homólogo, alinhando as sequências complementares. Uma vez alinhada, a síntese de DNA prossegue a partir da extremidade 3' pendente, usando a fita íntegra de DNA como molde. A interação das duas cromátides irmãs é necessária porque, se ambas as fitas de uma hélice dupla estão rompidas, inexiste uma fita de DNA parental íntegra, disponível para ser usada como fonte da sequência-molde complementar, durante o processo de reparação. Depois da síntese de reparação do DNA, a molécula heterodúplice resultante é resolvida e as duas cromátides se separam (Figura 7). Além disso, uma segunda via denominada junção de extremidades não homólogas também repara quebras de fitas duplas. Todavia, esse mecanismo não recruta uma região homóloga do DNA durante a reparação, sendo formado por um complexo de três proteínas, as quais se ligam às extremidades livres do DNA rompido, aparando-as e ligando-as novamente. Como algumas sequências nucleotídeas são perdidas no processo de junção das extremidades, esse sistema de reparação está sujeito a erros.

Quebra de fita dupla

1. As quebras são detectadas, e as extremidades 5' delas são digeridas

2. A extremidade 3' invade a região homóloga da cromátide irmã

Cromátides irmãs

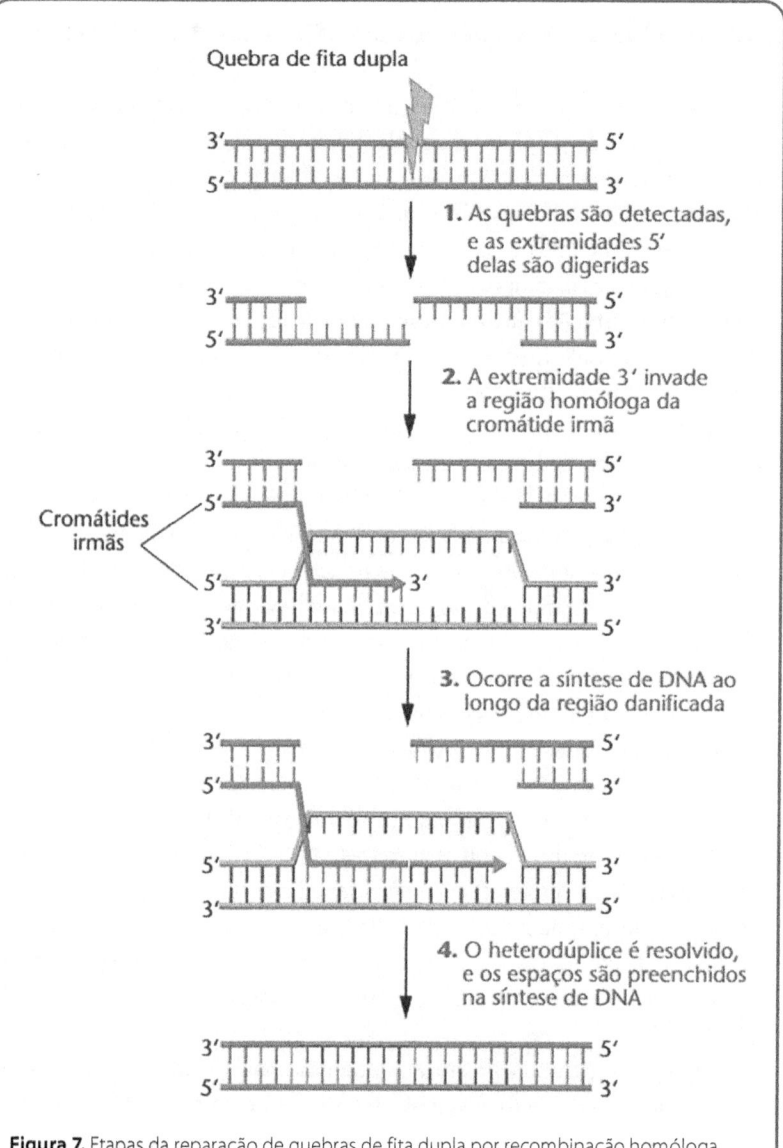

3. Ocorre a síntese de DNA ao longo da região danificada

4. O heterodúplice é resolvido, e os espaços são preenchidos na síntese de DNA

Figura 7. Etapas da reparação de quebras de fita dupla por recombinação homóloga.
Fonte: Klug et al. (2012, p. 426).

Efeitos das mutações espontâneas e induzidas

Frequentemente, os geneticistas classificam as mutações (espontâneas e induzidas) segundo os seus efeitos nos nucleotídeos que as originam, sendo que as alterações hereditárias relacionadas com mudanças em um lócus específico são denominadas **mutações gênicas**, pois envolvem a substituição, a adição ou a perda de uma única base (Figura 8). Todavia, é importante lembrar que se as alterações forem maiores, alterando a estrutura dos cromossomos, serão denominadas **mutações** ou **anomalias cromossômicas**, as quais podem estar relacionadas com alterações na estrutura ou no número dos cromossomos (BORGES-OSÓRIO; ROBINSON, 2013).

As mutações por substituição apresentam denominações diferentes, de acordo, com o tipo de bases que estão relacionadas. Quando a substituição abrange bases do mesmo tipo, isto é, substituição de uma purina por outra purina ou de uma pirimidina por outra do mesmo tipo, ela é denominada de transição. Todavia, quando a substituição envolve bases de tipos diferentes, ela é denominada de transversão. Além disso, quando a substituição de base ocasiona a troca de um aminoácido, é denominada mutação com **sentido trocado ou incorreto**, sendo que o seu efeito sobre a proteína depende da natureza da substituição do aminoácido. Essa substituição pode levar à formação de uma proteína alterada, com redução ou perda da sua atividade biológica, mas também pode levar à formação de uma proteína semelhante à normal, sem qualquer efeito funcional. Entretanto, se a substituição estiver relacionada com a formação de um códon terminal (UAA, UAG ou UGA), finalizando dessa forma a síntese proteica, a mutação será denominada **sem sentido**. Nesse último caso, normalmente a cadeia polipeptídica é encurtada e não conserva a sua atividade biológica. Além disso, conforme o seu efeito, as substituições podem ser classificadas nos seguintes tipos (Figura 9):

- **Diretas:** quando a substituição de uma base resulta na troca de um aminoácido por outro (exemplo: UU**U** – fenilalanina → UU**A** – leucina).
- **Reversas:** são responsáveis pelo processo inverso, quando ocorrem no mesmo ponto (exemplo: UU**A** – leucina → UU**U** – fenilalanina).
- **Silenciosas:** quando a alteração gera um códon que será traduzido para o mesmo aminoácido (exemplo: UU**U** – fenilalanina → UU**C** – fenilalanina).
- **Neutras**: quando a substituição de base resulta em troca de aminoácido, mas isso não afeta a atividade da proteína (BORGES-OSÓRIO; ROBINSON, 2013).

a) Substituição de par de bases

Mutação de sentido trocado

	Normal	Mutante
DNA	AAA	AGA
RNA	UUU	UCU
Proteína	Fen	Ser

Mutação sem sentido

	Normal	Mutante
DNA	AGC	ATC
RNA	UCG	UAG
Proteína	Ser	Fim

Adição ou deleção de par de bases — Mudança na fase de leitura

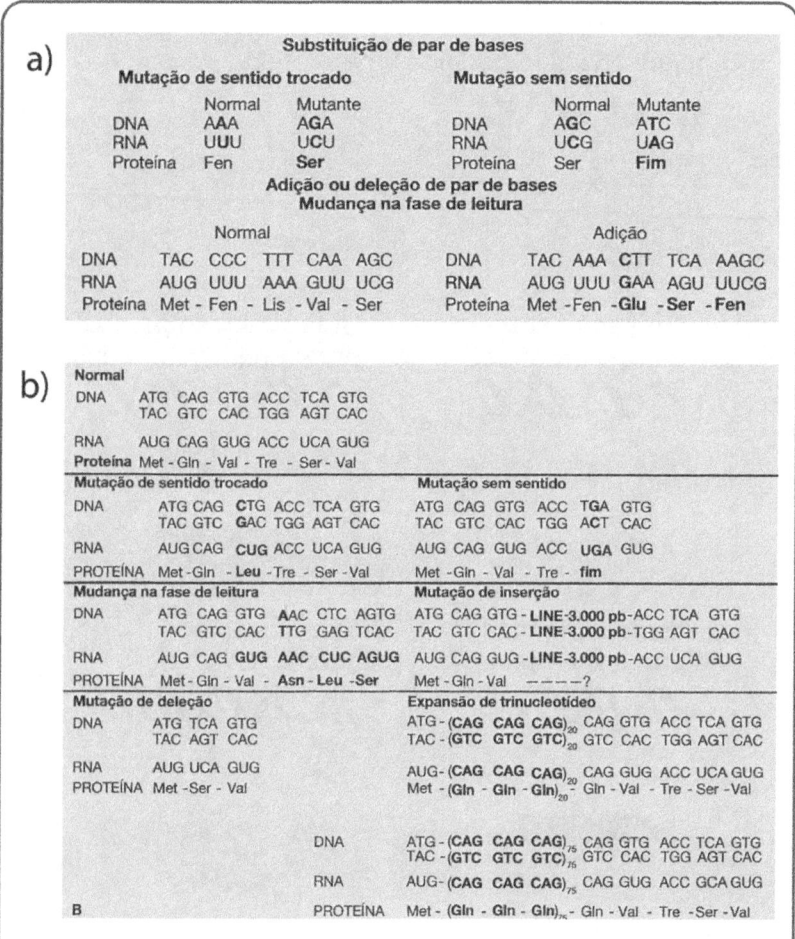

Normal:
- DNA: TAC CCC TTT CAA AGC
- RNA: AUG UUU AAA GUU UCG
- Proteína: Met - Fen - Lis - Val - Ser

Adição:
- DNA: TAC AAA CTT TCA AAGC
- RNA: AUG UUU GAA AGU UUCG
- Proteína: Met - Fen - **Glu** - **Ser** - **Fen**

b) Normal
- DNA: ATG CAG GTG ACC TCA GTG / TAC GTC CAC TGG AGT CAC
- RNA: AUG CAG GUG ACC UCA GUG
- Proteína: Met - Gln - Val - Tre - Ser - Val

Mutação de sentido trocado
- DNA: ATG CAG **C**TG ACC TCA GTG / TAC GTC **G**AC TGG AGT CAC
- RNA: AUG CAG **C**UG ACC UCA GUG
- PROTEÍNA: Met - Gln - **Leu** - Tre - Ser - Val

Mutação sem sentido
- DNA: ATG CAG GTG ACC **TGA** GTG / TAC GTC CAC TGG **ACT** CAC
- RNA: AUG CAG GUG ACC **UGA** GUG
- Proteína: Met - Gln - Val - Tre - **fim**

Mudança na fase de leitura
- DNA: ATG CAG GTG **A**AC CTC AGTG / TAC GTC CAC **T**TG GAG TCAC
- RNA: AUG CAG GUG **A**AC CUC AGUG
- PROTEÍNA: Met - Gln - Val - **Asn** - **Leu** - **Ser**

Mutação de inserção
- DNA: ATG CAG GTG - LINE-3.000 pb - ACC TCA GTG / TAC GTC CAC - LINE-3.000 pb - TGG AGT CAC
- RNA: AUG CAG GUG - LINE-3.000 pb - ACC UCA GUG
- Proteína: Met - Gln - Val — — — — ?

Mutação de deleção
- DNA: ATG TCA GTG / TAC AGT CAC
- RNA: AUG UCA GUG
- PROTEÍNA: Met - Ser - Val

Expansão de trinucleotídeo
- DNA: ATG - (CAG CAG CAG)$_{20}$ CAG GTG ACC TCA GTG / TAC - (GTC GTC GTC)$_{20}$ GTC CAC TGG AGT CAC
- RNA: AUG - (CAG CAG CAG)$_{20}$ CAG GUG ACC UCA GUG
- Proteína: Met - (Gln - Gln - Gln)$_{20}$ - Gln - Val - Tre - Ser - Val

- DNA: ATG - (CAG CAG CAG)$_{75}$ CAG GTG ACC TCA GTG / TAC - (GTC GTC GTC)$_{75}$ GTC CAC TGG AGT CAC
- RNA: AUG - (CAG CAG CAG)$_{75}$ CAG GUG ACC GCA GUG
- PROTEÍNA: Met - (Gln - Gln - Gln)$_{75}$ - Gln - Val - Tre - Ser - Val

Figura 8. Tipos de mutações que ocorrem no DNA: substituição, inserção e deleção de bases. Como essas mutações alteram o produto proteico: as mutações no DNA resultam de uma substituição de um par de bases (mutações com sentido trocado ou sem sentido), de inserção ou deleção de um ou dois pares de bases (mutações de mudança na fase de leitura), de inserção ou deleção de um grande número de pares de bases (mutações de inserção ou deleção) e de mutações de expansão de repetições trinucleotídicas.

Fonte: Borges-Osório e Robinson (2013, p. 50).

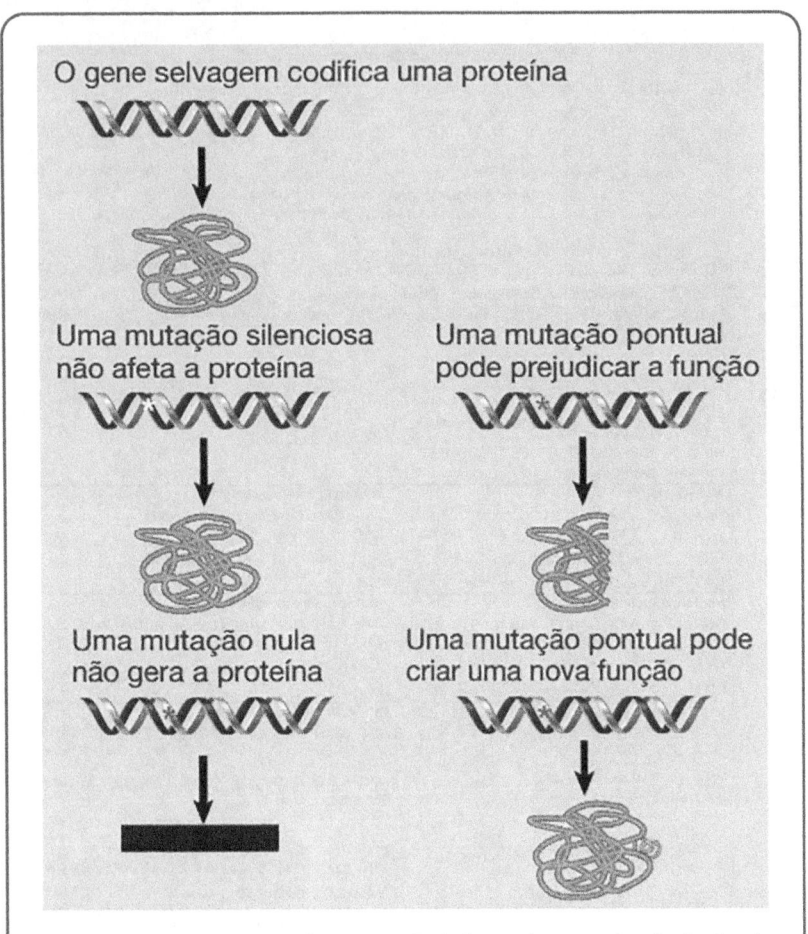

Figura 9. As mutações que não afetam a sequência da proteína ou sua função são silenciosas, enquanto as mutações que eliminam a atividade da proteína são nulas. As mutações pontuais que causam perda de função podem ser dominantes ou recessivas, todavia, as que causam ganho de função são geralmente dominantes.

Fonte: Borges-Osório e Robinson (2013, p. 51).

> **Fique atento**
>
> Nas mutações por perda ou adição de bases adjacentes, ou de múltiplos de três bases, ocorre perda ou adição de aminoácidos na cadeia polipeptídica, mas a fase de leitura das bases da sequência restante não se altera, embora o polipeptídeo resultante possa não ser funcional. Entretanto, quando essas mutações não envolvem três bases ou seus múltiplos, a leitura fica alterada até o fim da cadeia polipeptídica e, geralmente, o polipeptídeo resultante não é funcional (BORGES-OSÓRIO; ROBINSON, 2013).

As mutações também podem ser classificadas como mutações **estáveis** ou **fixas** (exemplos: substituições, inserções e deleções), quando são transmitidas inalteradas às gerações seguintes, e mutações **instáveis** ou **dinâmicas** (exemplos: sequências de trincas repetidas que ocorrem em número de cópias aumentadas, sendo denominadas expansão de trinucleotídeos), quando sofrem alterações ao serem transmitidas nas famílias. Além disso, segundo seus efeitos fenotípicos, as mutações podem ser classificadas em dois tipos: mutações de **perda de função**, que estão associadas com a redução ou a eliminação de um produto gênico, e mutações de **ganho de função**, que resultam em um produto gênico com função reforçada ou nova, sendo geralmente dominantes. De forma geral, desde uma mutação pontual até a perda de um gene inteiro pode acarretar a perda de função, sendo que as mutações relacionadas com a completa perda de função são chamadas de mutações **nulas**. Por outro lado, o ganho de função pode estar relacionado com mudanças na sequência de aminoácidos dos polipeptídeos, atribuindo-lhes uma nova atividade, ou uma mutação na região reguladora do gene, que o leva a se expressar em níveis mais elevados, ou síntese do gene em ocasiões e locais incomuns.

Exercícios

1. As mutações gênicas são a fonte da maioria dos alelos novos e a origem das variações genéticas intrapopulacionais. Ao mesmo tempo, elas também são fonte das modificações genéticas que podem levar à morte celular, às doenças genéticas e ao câncer. Considerando os agentes mutagênicos listados a seguir, assinale a alternativa que descreve corretamente a sua ação sobre o material genético.

a) Os análogos de base são substâncias químicas semelhantes às bases nitrogenadas, podendo substituí-las durante a biossíntese dos ácidos nucleicos.
b) Os agentes alquilantes são compostos químicos que se ligam à sequência do DNA, ficando inseridos entre as bases nitrogenadas adjacentes.
c) A presença dos agentes alquilantes, intercalados com as bases nitrogenadas, aumenta a sensibilidade da molécula de DNA à radiação ultravioleta.
d) Um dos principais efeitos da radiação ionizantes no DNA é a criação de dímeros de pirimidina, que distorcem e inibem a sua replicação normal.
e) A radiação ultravioleta pode modificar a integridade dos cromossomos, produzindo alterações cromossômicas como deleções e translocações.

2. As alterações que ocorrem primariamente na sequência de pares de base do DNA em um gene individual são denominadas de mutações gênicas, as quais podem ser ocasionadas por um processo de substituição, deleção ou inserção. Assinale a alternativa que apresenta a classificação correta para uma mutação por substituição (transição ou transversão) de bases:
a) ATC → AGC, substituição do tipo transição.
b) ATG → TTG, substituição do tipo transição.
c) CAT → GAT, substituição do tipo transversão.
d) TAG → TAC, substituição do tipo transição.
e) ACA → ATA, substituição do tipo transversão.

3. O xeroderma pigmentoso (XP) é uma doença genética caracterizada pela deficiência na capacidade de reverter os danos que ocorrem no DNA, em especial aqueles relacionados com a luz ultravioleta. Em razão dessa deficiência no mecanismo de reparo do DNA, os pacientes com XP apresentam elevada fotossensibilidade e desenvolvem precocemente lesões degenerativas na pele, como sardas, manchas e câncer da pele. Tendo o texto anterior como referência inicial, assinale a opção correta com relação aos mecanismos de reparo no DNA.
a) A DNA-polimerase não reconhece a inserção de nucleotídeos incorretos na sequência do DNA, por isso o reparo posterior à replicação é de extrema importância.
b) Os dímeros de pirimidina podem ser reparados após a exposição das células à luz ultravioleta, sendo essa correção denominada reparo por fotorreativação.
c) No reparo por excisão de bases (BER), a enzima AP-endonuclease reconhece e corrige os erros no material genético.
d) O reparo por excisão de nucleotídeos (NER) está relacionado com o reparo de lesões grosseiras no DNA, as quais alteram ou distorcem a hélice dupla.
e) O reparo de quebras de fitas duplas está relacionado com o religamento das duas fitas de DNA, o qual ocorre exclusivamente por meio da recombinação homóloga.

4. As mutações espontâneas são alterações na sequência nucleotídica dos genes, as quais podem ocorrer como consequência de processos biológicos ou químicos normais do organismo. Com relação aos principais processos relacionados com a formação desse tipo de alteração genética, assinale a alternativa correta.
   a) Os danos oxidativos, que apresentam baixa frequência, estão relacionados com o malpareamento durante o processo de replicação.
   b) Os erros durante a replicação do DNA estão relacionados com a ocorrência de alterações cromossômicas numéricas e estruturais.
   c) Na depurinação ocorre a conversão de uma citosina em uma uracila e de uma adenina em uma hipoxantina.
   d) A desaminação é a perda de uma base nitrogenada, geralmente uma purina, em uma molécula de DNA de hélice dupla.
   e) As mudanças tautoméricas permitem a formação de pontes de hidrogênio entre bases nitrogenadas não complementares.

5. Observe a seguir as sequências de um segmento normal e de um segmento mutato. Como podemos denominar essa mutação?
Segmento normal:
DNA: ATG CAG GTG ACC TCA ATG
TAC GTC CAC TGG AGT TAC

RNA: AUG CAG GUG ACC UCA AUG
Cadeia polipeptídica: MET GLN VAL TRE SER FIM

Segmento mutado:
DNA: ATG CAG GTG ACC T**G**A ATG
TAC GTC CAC TGG A**C**T TAC

RNA: AUG CAG GUG ACC **UGA** AUG
Cadeia polipeptídica: MET GLN VAL TRE **FIM**
   a) Substituição de base com sentido trocado.
   b) Substituição de base sem sentido.
   c) Inserção de base sem mudança na fase de leitura.
   d) Inserção de base com mudança na fase de leitura.
   e) Expansão de repetições trinucleotídicas.

Referências

BORGES-OSÓRIO, M. R.; ROBINSON, W. M. *Genética humana*. 3. ed. Porto Alegre: Artmed, 2013.

KLUG, W. S. et al. *Conceitos de genética*. 9. ed. Porto Alegre: Artmed, 2012.

Leitura recomendada

STRACHAN, T.; READ, A. *Genética molecular humana*. 4. ed. Porto Alegre: Artmed, 2014.

Genética do câncer

Objetivos de aprendizagem

Ao final deste texto, você deve apresentar os seguintes aprendizados:

- Explicar como alterações genéticas e epigenéticas podem resultar no desenvolvimento do câncer.
- Reconhecer o conceito de oncogenes e supressores tumorais e o papel das alterações epigenéticas e genéticas no seu aparecimento.
- Descrever o mecanismo de ação de fármacos que interferem na atividade de enzimas que alteram epigeneticamente o DNA ou as histonas.

Introdução

O **câncer** consiste em um grupo de doenças complexas, com comportamentos diferentes, conforme o tipo celular do qual se originam. Apesar de apresentarem variações quanto à idade de início, à velocidade de desenvolvimento, à capacidade invasiva, ao prognóstico e à capacidade de resposta ao tratamento, no nível molecular, todos os tipos de câncer apresentam características comuns a essa classe de doenças. Os genes, cujas mutações causam o câncer, são classificados como **proto-oncogenes**, que controlam o crescimento e a diferenciação celular normal, ou **supressores tumorais,** que inibem o crescimento celular anormal, reparam danos do ácido desoxirribonucleico (DNA) e mantêm a estabilidade genômica. Além disso, vários **fatores epigenéticos**, que afetam a expressão gênica sem alterar a sequência do DNA, e ambientais predispõem ao câncer.

Neste capítulo, você vai reconhecer as alterações genéticas e epigenéticas relacionadas ao desenvolvimento do câncer, reconhecendo o papel dos oncogenes e dos genes supressores tumorais nesse processo. Além disso, vai compreender o mecanismo de ação de fármacos que interferem na atividade de enzimas que alteram epigeneticamente o DNA ou as histonas.

Alterações genéticas e epigenéticas no câncer

Antes de iniciarmos nossos estudos sobre a genética e a epigenética do câncer, é importante que você compreenda alguns conceitos básico. De forma geral, **câncer** é um grupo de doenças complexas, as quais têm comportamentos diferentes, relacionados com o tipo celular do qual se originam. Essas doenças apresentam uma variação quanto à idade de início, à velocidade de desenvolvimento, à capacidade invasiva, ao prognóstico e à capacidade de resposta ao tratamento.

Todavia, todos os tipos de câncer apresentam características comuns, como a proliferação celular descontrolada, caracterizada por crescimento e divisões celulares anormais, e as metástases, um processo que permite que as células cancerosas se disseminem e invadam outras partes do corpo. Nas células normais, a proliferação e a invasão são geneticamente controladas. Nas células cancerosas, muitos desses genes apresentam mutações, o que determina a sua expressão de forma inadequada. Além disso, ao contrário das doenças cromossômicas, nas quais as alterações genéticas estão presentes em todas as células do corpo (incluindo os gametas), o câncer é uma doença das células somáticas, que se origina principalmente a partir de mutações em genes que controlam a multiplicação celular. Dessa forma, o acúmulo dessas mutações torna o câncer a doença genética mais comum na nossa espécie (BORGES-OSÓRIO; ROBINSON, 2013).

> **Saiba mais**
>
> O crescimento das células normais apresenta uma regulação muito precisa, sendo que os órgãos aumentam até o seu tamanho adequado e então param de crescer. Entretanto, as células podem escapar desse processo regulatório, o qual é denominado **neoplasia**, e o conjunto de células resultantes é denominado neoplasma ou tumor. Os tumores podem ser **benignos**, que são autolimitantes e não metastáticos, ou **malignos**, quando mostram crescimento ilimitado e metastático, ou seja, podem originar um novo foco tumoral (BORGES-OSÓRIO; ROBINSON, 2013).

Aspectos genéticos do câncer humano

Aproximadamente 1% dos casos de câncer é **hereditário**, ou seja, a mutação inicial causadora do câncer é herdada por meio dos gametas. Enquanto isso, 99% dos casos de câncer são **esporádicos**, significando que as mutações ocorrem em uma única célula somática que, então, se divide e prossegue para desenvolver um câncer. O câncer hereditário pode apresentar uma herança mendeliana simples, porém, a maior parte dos casos é uma herança do tipo multifatorial. De fato, os fatores genéticos parecem ter maior importância etiológica em pacientes com doença bilateral e de aparecimento precoce do que em pacientes com câncer unilateral e de surgimento tardio. Os genes cujas mutações causam o câncer podem ser classificados em duas categorias principais: os **proto-oncogenes**, os quais controlam o crescimento e a diferenciação celular normal, todavia, quando ativados, se transformam em oncogenes ou genes causadores de câncer; e os **genes supressores tumorais**, que são genes protetores e de manutenção, os quais inibem o crescimento celular anormal, reparam danos do DNA, e mantêm a estabilidade genômica.

Nas células cancerosas, muitos genes que estão relacionados com produtos gênicos que regulam as etapas do ciclo celular, a apoptose e a resposta celular aos sinais externos para o crescimento estão mutados ou apresentam uma expressão anormal. Dessa forma, alterações nos pontos de controle G1/S, G2/M e da anáfase do ciclo celular estão relacionadas com respostas anormais das células ao dano no DNA. Nesse contexto, a **proteína p53,** que é codificada pelo gene supressor tumoral TP53, mesmo estando pouco expressa nas células normais, apresenta um importante papel. A proteína nuclear MDM2 é um importante regulador negativo da proteína p53, uma vez que impede a sua fosforilação e algumas etapas do seu processo de ativação. Além disso, essa proteína desloca-se continuamente entre o núcleo e o citoplasma, exportando nesse processo a proteína p53 para ser degradada pelo proteossomo no citoplasma (BORGES-OSÓRIO; ROBINSON, 2013) (Figura 1).

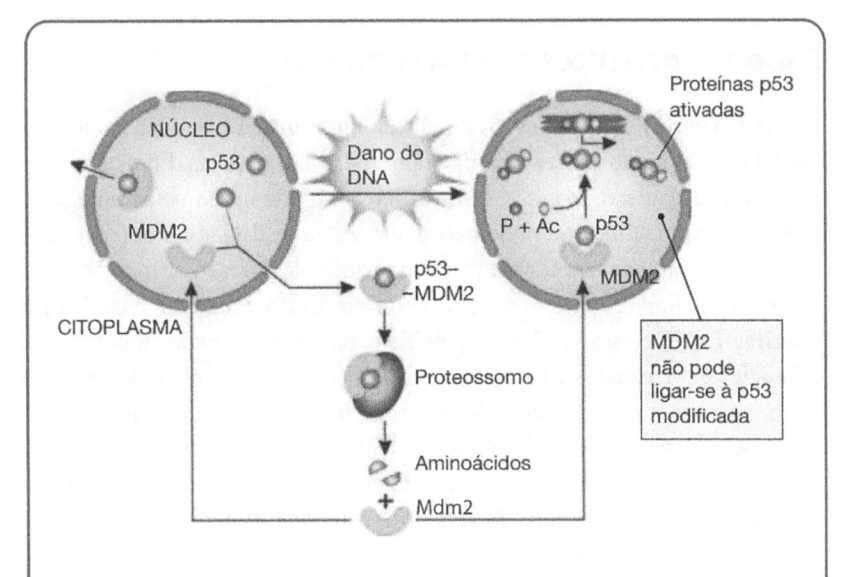

Figura 1. O efeito dos danos no DNA sobre a proteína p53. Em células normais, o nível de p53 é baixo, em parte porque a proteína MDM2 a exporta para o citoplasma, no qual é destruída pelo proteossomo. O dano no DNA resulta em fosforilação (P) e acetilação (Ac) de p53, o que incapacita a sua ligação com MDM2 e promove a sua ativação como fator de transcrição.
Fonte: Borges-Osório e Robinson (2013, p. 389).

Os mecanismos relacionados com as mutações gênicas que afetam a regulação do ciclo celular estão descritos a seguir.

Perda do controle de danos no DNA: algumas células, quando sofrem danos no seu DNA, podem parar o seu ciclo celular nas fases G_1 ou G_2. De forma geral, o dano no material genético causa a ativação de p53, suprimindo o efeito inibidor e liberando MDM2 (denominação originada da proteína murídea MDM2, de *murine doble minute* 2), o que resulta em níveis aumentados dessa proteína supressora tumoral. Por fim, a ativação de p53 ativa a transcrição de vários genes e a supressão de outros, afetando todas as fases do ciclo celular (Figura 2).

Genética do câncer 223

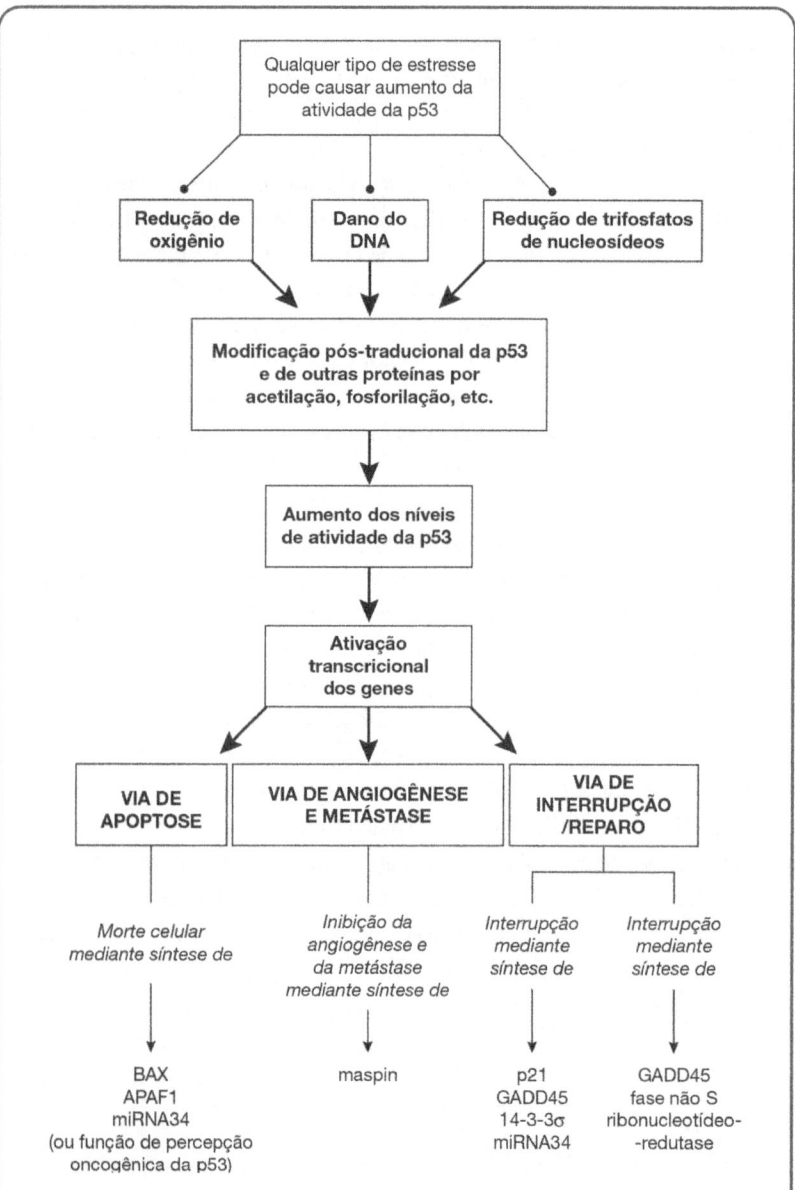

```
                  Qualquer tipo de estresse
                  pode causar aumento da
                     atividade da p53
         ┌──────────────┼──────────────┐
         ▼              ▼              ▼
   ┌──────────┐   ┌──────────┐   ┌──────────────┐
   │Redução de│   │ Dano do  │   │Redução de    │
   │ oxigênio │   │   DNA    │   │trifosfatos   │
   │          │   │          │   │de nucleosídeos│
   └──────────┘   └──────────┘   └──────────────┘
                        │
                        ▼
              Modificação pós-traducional da p53
              e de outras proteínas por
              acetilação, fosforilação, etc.
                        │
                        ▼
                Aumento dos níveis
                de atividade da p53
                        │
                        ▼
                    Ativação
                  transcricional
                    dos genes
```

VIA DE APOPTOSE	VIA DE ANGIOGÊNESE E METÁSTASE	VIA DE INTERRUPÇÃO /REPARO	
Morte celular mediante síntese de	Inibição da angiogênese e da metástase mediante síntese de	Interrupção mediante síntese de	Interrupção mediante síntese de
BAX APAF1 miRNA34 (ou função de percepção oncogênica da p53)	maspin	p21 GADD45 14-3-3σ miRNA34	GADD45 fase não S ribonucleotídeo- -redutase

Figura 2. Os eventos desencadeados pela proteína p53 incluem ativação da transcrição dos genes para p21, $GADD_{45}$, 14-3-3σ, maspin, BAX, $APAF_1$ e $miRNA_{34}$, para a via de apoptose e para a via de interrupção e reparo.

Fonte: Borges-Osório e Robinson (2013, p. 390).

O ponto de controle da transição G_1/S é mediado por níveis aumentados da proteína inibidora p21, o que resulta na inibição do complexo cicloquinase dependente de ciclina (ciclina-CDC_2) em G1, bloqueando, dessa forma, a passagem da fase G_1 para S. Na fase S, os danos no DNA reduzem a capacidade da DNA-polimerase de realizar a sua replicação, mecanismo mediado pelas proteínas p21 e $GADD_{45}$ que permite um tempo maior para a célula realizar reparos no material genético. O ponto de controle G_2/M é mediado pela proteína 14-3-3σ, que retarda a ativação do complexo ciclina-CDC2, bloqueando a transição entre G_2 e M. Entretanto, por exemplo, em caso de alterações na proteína p21, as células se acumulariam na fase G_2 e seriam incapazes de sofrer mitoses. No entanto, em razão do defeito no ponto de controle G1/S, as células entrariam em ciclos adicionais de síntese e se tornariam poliploides.

Outro exemplo é quando ocorre perda da função da proteína p53 e as células são incapazes de responder aos danos no DNA, o que pode gerar ciclos com cromossomos alterados e aumento da frequência de mutações e amplificação gênica. Além disso, a ausência da p53 significaria que a transcrição dos genes *BAX* e *APAF*1 não aumentaria, impedindo, dessa forma, o acontecimento do último evento de proteção contra células lesadas, a apoptose. Em consequência das mutações ou da inativação de genes em pontos de controle, a célula fica incapaz de reparar o seu DNA ou de atingir a apoptose. Essa incapacidade leva ao acúmulo de mais mutações nos genes que controlam o crescimento, a divisão e a metástase. Geralmente, os defeitos nos pontos de controle resultam em instabilidade genômica, sendo que o mal funcionamento do fuso pode levar à ocorrência de aneuploidias e a não duplicação do centrômero pode levar às poliploidias e, ainda, podem ocorrer translocações, deleções e amplificação gênica associadas a falhas no ponto de controle de dano do DNA (Figura 3) (BORGES-OSÓRIO; ROBINSON, 2013).

Figura 3. As falhas no ponto de controle contribuem para a instabilidade genética.
Fonte: Borges-Osório e Robinson (2013, p. 392).

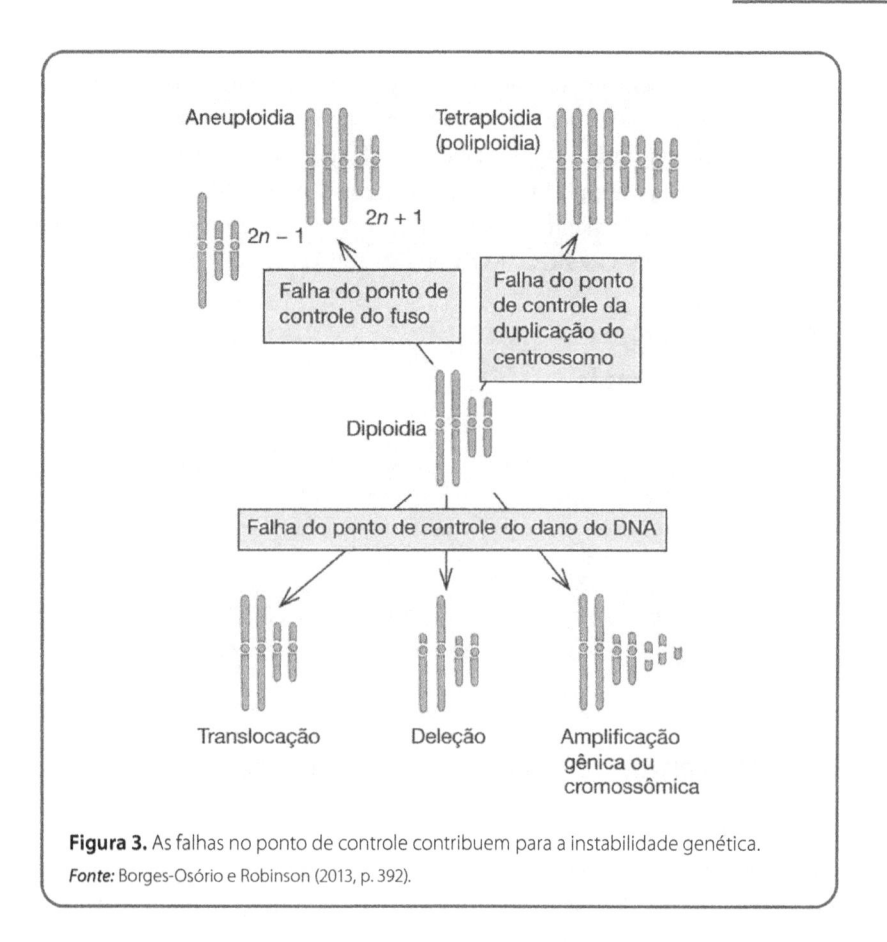

Perda do controle da apoptose: os danos no DNA, a ativação de um oncogene ou a inativação de um gene supressor tumoral podem desencadear a apoptose. Apesar de a autodestruição ser ruim para a célula, os efeitos da carcinogênese são muito maiores do que a perda de uma célula. Os tumores que afetam os tecidos do organismo humano parecem surgir de uma única célula geneticamente anormal, que escapa do programa de apoptose. As etapas da apoptose são idênticas nas células lesadas e nas que são eliminadas durante o desenvolvimento: o DNA nuclear torna-se fragmentado, as estruturas intracelulares se deterioram e a célula se dissolve em pequenas estruturas esféricas denominadas corpos apoptóticos, os quais posteriormente são fagocitados. As proteases denominadas caspases são responsáveis pelo início da apoptose e pela digestão dos componentes intracelulares. Esse processo é importante porque reduz o número de mutações transmitidas para a próxima geração, inclusive as que ocorrem nos oncogenes. Os mesmos genes que fazem a regulação do ciclo celular podem desencadear a apoptose, todavia, esses genes estão mutados em muitos tipos de câncer. Além disso, estudos demonstram que a p53 aumenta a permeabilidade das mitocôndrias, resultando na liberação da enzima mitocondrial citocromo c, a qual é responsável por desencadear a apoptose (BORGES-OSÓRIO; ROBINSON, 2013).

> **Saiba mais**
>
> A instabilidade genômica das células cancerosas pela presença de translocações, aneuploidias, deleções cromossômicas e amplificação do DNA constituem um conjunto de características denominadas de **fenótipo mutador**. Esse fenótipo relaciona-se com certas neoplasias hereditárias causadas por defeitos em genes que controlam o reparo do DNA, como o câncer de pele nos pacientes com xeroderma pigmentoso e o câncer colorretal hereditário não poliposo (BORGES-OSÓRIO; ROBINSON, 2013).

Aspectos epigenéticos do câncer humano

A **epigenética** está relacionada com o estudo dos fatores que afetam a expressão gênica de modo reversível e hereditário, mas sem alterar a sequência de nucleotídeos do DNA. A metilação do DNA e as modificações das histonas são exemplos de modificações epigenéticas. A relação entre essas modificações e o câncer está descrita a seguir:

- **Metilação do DNA:** normalmente está relacionada com o silenciamento de genes, ocorrendo principalmente (70 a 80%) nas ilhas CpG (regiões ricas em citosina e guanina) que estão localizadas nas regiões promotoras de genes supressores tumorais. Erros durante esse processo estão relacionados com a expressão gênica alterada e com a perda de pontos de controle anticâncer. Nos tumores ocorre um padrão normal de metilação, quando comparados a tecidos normais, sendo que a hipermetilação inibe a ação reguladora do crescimento dos genes supressores tumorais e a hipometilação dos proto-oncogenes conduz ao crescimento desordenado, que leva à formação de tumores. Além disso, na transformação maligna são observadas as seguintes alterações: hipometilação de genes prometastáticos e de elementos repetitivas;

hipermetilação de genes de moléculas de adesão, de reparo no DNA e de inibidores metastáticos.
- **Modificações das histonas:** o equilíbrio entre acetilação de histonas e a sua desacetilação é fundamental para a regulação da proliferação celular. As mutações ou as translocações no gene *HAT1* (OMIM 603053), que codifica a histonas-acetiltransferase 1 (HAT_1), uma das enzimas responsáveis pela acetilação das histonas, estão relacionadas com o desenvolvimento de diversos tipos de câncer. Por exemplo, o aumento anormal de várias histonas-desacetilases pode promover a inibição da transcrição de genes supressores tumorais. Isso ocorre em razão da desacetilação das histonas seguida da metilação do DNA, inativando assim o gene em questão (BORGES-OSÓRIO; ROBINSON, 2013).

Exemplo

Na **síndrome de Nijmegen** ou síndrome da imunodeficiência, a instabilidade genética e as anomalias faciais (ICF) estão relacionadas com uma deficiência na enzima DNA-metiltransferase (DNMT), causada por uma mutação no gene *DNMT1*, que resulta na compactação anormal da heterocromatina centromérica, o que gera instabilidade cromossômica (BORGES-OSÓRIO; ROBINSON, 2013).

Resumidamente, uma célula pode começar a se multiplicar de forma desordenada, ao invés de seguir o seu programa normal de diferenciação, podendo, assim, dar início a uma linhagem tumoral. A transformação maligna está relacionada com uma série de eventos relacionados com o acúmulo de mutações nos genes que controlam o crescimento e a diferenciação celular e afetam a estabilidade genômica, o reparo do DNA, as modificações da cromatina (eucromatina e heterocromatina) e os padrões de metilação do DNA (BORGES-OSÓRIO; ROBINSON, 2013).

Oncogenes e supressores tumorais

Em um importante estudo genético, os pesquisadores determinaram a sequência de DNA de 13.000 genes de células de cânceres de mama e colorretal, revelando que, em cada câncer, cerca de 90 genes estão mutados. Provavelmente, a maioria desses genes mutados não contribui para o fenótipo canceroso, mas em cada tumor, aproximadamente, 11 genes estariam contribuindo para a sua ocorrência, sendo que esses genes influenciam no crescimento e na invasão celular. Nas células cancerosas, existem duas categorias gerais de genes causadores de câncer que apresentam mutações ou uma expressão atípica (Quadro 1):

Proto-oncogenes: esses genes codificam fatores de transcrição que estimulam a expressão de outros genes, de moléculas de transdução de sinais que estimulam a divisão celular e de reguladores do ciclo celular que movimentam a célula no ciclo. Dessa forma, os seus produtos são importantes para as funções celulares normais, especialmente o crescimento e a divisão. Na maioria das células cancerosas, um ou mais proto-oncogenes estão tão alterados que a sua atividade não pode ser controlada do modo normal. Essa alteração pode estar relacionada com uma mutação e sua produção proteica anormal associada, com a superexpressão gênica ou com impossibilidade de repressão da transcrição gênica no momento correto. Nesse último caso, o proto-oncogene permanece continuamente em estado de "ligado", o que pode estimular constantemente a divisão celular. Quando ocorrem os proto-oncogenes, que contribuem para o desenvolvimento do câncer, eles podem ser denominados oncogenes. Podemos afirmar que os oncogenes são proto-oncogenes que sofreram uma alteração de ganho de função. Em consequência, basta que um alelo (fenótipo dominante) do proto-oncogene mute, ou se expresse atipicamente, para desencadear um crescimento descontrolado. A seguir serão apresentados alguns desses proto-oncogenes:

- *Ras:* os genes pertencentes à família gênica Ras estão mutados em 30% dos tumores humanos. Essa família codifica moléculas de transdução de sinais que estão associadas à membrana celular e regulam o crescimento e a divisão celular. Geralmente as proteínas Ras transmitem sinais da membrana celular para o núcleo, estimulando a célula a se dividir, em resposta a fatores externos de crescimento (Figura 4). Por exemplo, quando a célula encontra um fator de crescimento, os receptores desse fator, localizados na membrana celular, ligam-se a ele, resultando em autofosforilação da porção citoplasmática do receptor. Esse processo causa o recrutamento das proteínas conhecidas como fatores de intercâmbio de nucleotídeos para a membrana citoplasmática. Esses fatores fazem a proteína Ras liberar o difosfato de guanosina (GDP) e se ligar ao trifosfato de guanosina (GTP), tornando-se ativa. A forma ativa de Ras envia seus sinais por meio de cascatas de fosforilação proteica, as quais promovem a ativação de fatores de transcrição nucleares que estimulam a produção de genes cujos produtos levam as células da quiescência para o ciclo celular. Depois desse processo, ocorre a hidrólise do GTP em GDP e a inativação dessa proteína. Todavia, as mutações que convertem o proto-oncogene Ras em oncogene impedem a proteína Ras de realizar esse processo de hidrólise e, dessa forma, a proteína permanece na conformação "ligada", estimulando a célula a se dividir constantemente (KLUG et al., 2012).

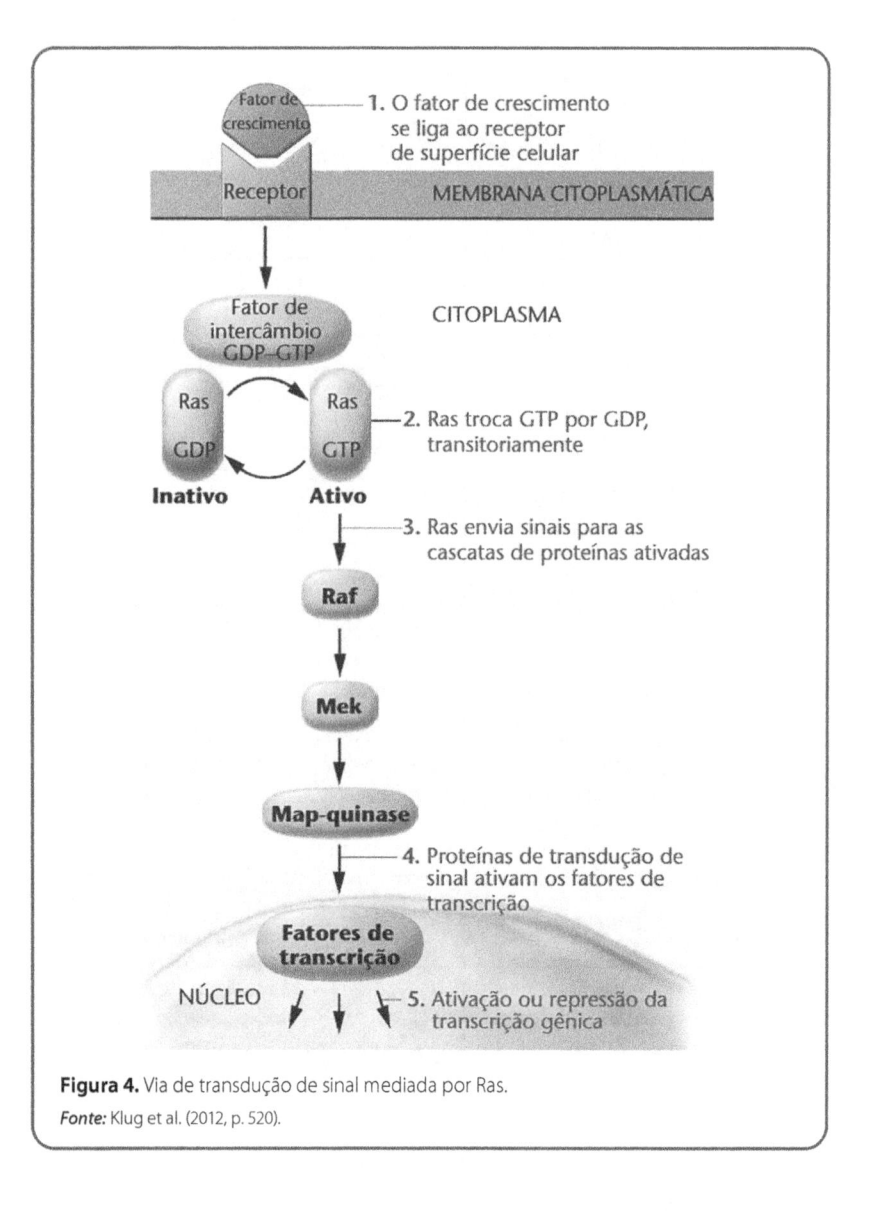

Figura 4. Via de transdução de sinal mediada por Ras.
Fonte: Klug et al. (2012, p. 520).

Quadro 1. Exemplos de proto-oncogenes e genes supressores de tumor

Proto-oncogene	Função normal	Alteração cancerígena	Cânceres relacionados
Ha-ras	Molécula de transdução de sinal; liga-se a GTP/GDP	Mutações pontuais	Colorretal, de bexiga e vários outros tipos
c-erbB	Receptor transmembrânico de fator de crescimento	Amplificação gênica e mutações pontuais	Glioblastomas e câncer de mama e de cérvice
c-myc	Fator de transcrição; regula ciclo celular, diferenciação e apoptose	Translocação, amplificação e mutações pontuais	Linfomas, leucemias, câncer de pulmão e vários outros tipos
c-kit	Tirosina-quinase; transdução de sinal	Mutação	Sarcomas
RAR	Fator de transcrição dependente de hormônio; diferenciação	Translocações cromossômicas com o gene PML e produtos de fusão	Leucemia pró-mielocítica aguda
E6	Gene codificado pelo papilomavírus humano; inativa p53	Infecção por HPV	Câncer cervical
Cyclins	Ligam-se a CDKs e regulam o ciclo celular	Amplificação gênica, superexpressão	Cânceres de pulmão, de esôfago e vários outros tipos
CDK 2, 4	Quinases dependentes de ciclinas; regulam o ciclo celular	Superexpressão e mutação	Cânceres de bexiga, de mama e vários outros tipos
Supressor de tumor	**Função normal**	**Alteração cancerígena**	**Cânceres relacionados**
p53	Pontos de controle do ciclo celular, apoptose	Mutação e inativação por produtos oncogênicos virais	Cânceres de cérebro, de pulmão, colorretal, de mama e vários outros tipos

(Continua)

(Continuação)

Quadro 1. Exemplos de proto-oncogenes e genes supressores de tumor

Supressor de tumor	Função normal	Alteração cancerígena	Cânceres relacionados
p53	Pontos de controle do ciclo celular, apoptose	Mutação e inativação por produtos oncogênicos virais	Cânceres de cérebro, de pulmão, colorretal, de mama e vários outros tipos
RB1	Pontos de controle do ciclo celular; liga-se a E2F	Mutação, deleção e inativação por produtos oncogênicos virais	Retinoblastoma, osteossarcoma e vários outros tipos
APC	Interação célula a célula	Mutação	Cânceres colorretal, de cérebro, de tireoide
Bcl2	Regulação da apoptose	A superexpressão bloqueia a apoptose	Linfomas e leucemias
BRCA2	Reparação do DNA	Mutações pontuais	Cânceres de mama, ovariano e de próstata

Fonte: Adaptado de Klug et al. (2012, p. 519).

- *Cyclin D1 e cyclin E:* sabe-se de vários genes de ciclina que estão associados ao desenvolvimento do câncer. O gene que codifica a ciclina D1, por exemplo, está amplificado em certos cânceres (como o de mama, de pulmão e de bexiga), o que aumenta a produção da proteína ciclina D1, podendo, dessa forma, contribuir para uma entrada descontrolada na fase S do ciclo celular. Da mesma forma, o gene cyclin E está amplificado ou superexpresso em algumas leucemias e em cânceres de mama e de cólon. Nesse contexto, é provável que a superexpressão desses reguladores-chave do ciclo celular, ou a supressão de sua degradação periódica, impeça as células de saírem do ciclo celular, de entrar na fase quiescente (G_0) ou de sofrer diferenciação (KLUG et al., 2012).

Genes supressores tumorais: são genes cujos os produtos normalmente regulam pontos de controle do ciclo celular e dão início ao processo de apoptose. Nas células normais, as proteínas codificadas por esses genes interrompem a progressão do ciclo celular em resposta a um dano no DNA ou a sinais de supressão de crescimento extracelulares. Dessa forma, quando ocorrem mutações ou inativação desses genes, as células são incapazes de responder normalmente nos pontos de controle do ciclo celular ou de derivar para a apoptose, caso a lesão do DNA for extensa. Essas alterações estão relacionadas com o aumento das mutações e com a incapacidade da célula de abandonar o ciclo celular. Com isso, quando ambos os alelos de um gene supressor de tumor estão inativados e outras modificações na célula a mantêm em crescimento e divisão, ela mesma pode tornar-se tumorigênica. A seguir, serão apresentados os principais genes supressores tumorais:

- *p53:* nos cânceres humanos, é o gene que apresenta maior frequência de mutações, sendo que ele codifica uma proteína nuclear que age como fator de transcrição, reprimindo ou estimulando a transcrição de mais de 50 genes diferentes. A proteína p53 é sintetizada de forma contínua, mas degradada rapidamente e, por isso, está presente em baixos níveis nas células. Como descrito anteriormente neste capítulo, a proteína p53 está ligada à proteína MDM2, a qual apresenta vários efeitos sobre ela. Os eventos que provocam o rápido aumento nos níveis nucleares da proteína p53 são os danos químicos no DNA, as quebras de fitas duplas de DNA induzidas por radiações ionizantes e a presença de intermediários da reparação de DNA gerados por exposição das células à luz ultravioleta. De forma geral, a proteína p53 inicia duas respostas diferentes ao dano no DNA: parada do ciclo celular, seguida pela reparação do DNA, e apoptose, caso o DNA não possa ser reparado. Ambas as respostas são realizadas pela p53 agindo como um fator de transcrição que estimula ou reprime a expressão dos genes envolvidos em cada resposta. Pela importância do gene p53 para a integridade do genômica, ele frequentemente é mencionado como "guardião do genoma" (KLUG et al., 2012).

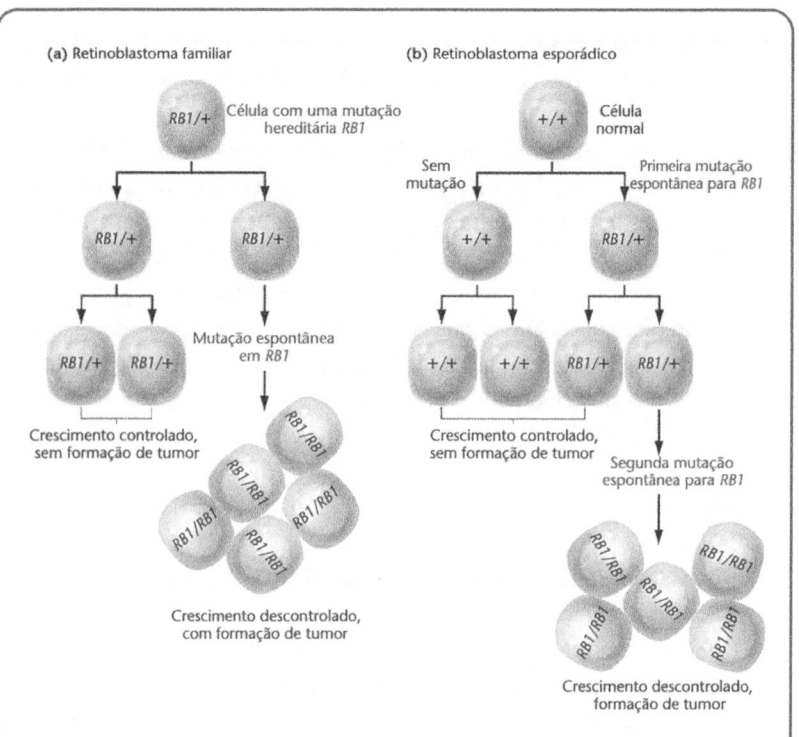

Figura 5. Via de transdução de sinal mediada por Ras. (a) No retinoblastoma familiar, uma mutação em um alelo, designado como *RB1*, é hereditária e está presente em todas as células. Uma segunda mutação em um outro alelo em qualquer célula retiniana contribui para o descontrole celular e a formação de tumor. (b) No retinoblastoma esporádico, duas mutações independentes, no gene do tipo selvagem, uma em cada alelo da mesma célula, são adquiridas em sequência e também levam à formação de um tumor.
Fonte: Klug et al. (2012, p. 521).

- *RB1:* a perda ou uma mutação no gene supressor de tumor RB1 (retinoblastoma 1) contribui para o desenvolvimento de diversos tipos de câncer, como o de mama, o ósseo e o de bexiga. Esse gene foi originalmente identificado a partir de estudos sobre o retinoblastoma, uma doença hereditária (1 caso em cada 15.000 indivíduos) relacionada com a formação de tumores nos olhos de crianças pequenas. Na forma familiar da doença, os indivíduos que herdam um gene RB1 mutante apresentam 85% de chance de desenvolver esse tipo de câncer. Todas as células somáticas dos indivíduos com retinoblastoma hereditário apresentam um alelo mutado para o gene RB1 (Figura 5a). Todavia, o retinoblastoma só se desenvolve quando o segundo alelo é perdido ou mutado em certas células retinianas. Nos indivíduos que não apresentam essa condição hereditária, o retinoblastoma é extremamente raro, porque é preciso ocorrer pelo menos duas mutações somáticas independentes em uma única célula retiniana para que ocorra a inativação de ambas as cópias do gene (Figura 5b). A proteína supressora tumoral RB1 controla o ponto de controle G_1/S do ciclo celular. Em células quiescentes normais, a presença dessa proteína impede a passagem para a fase S. Entretanto, nas células cancerosas, ambas as cópias do gene estão defeituosas, inativas ou ausentes, e a progressão ao longo do ciclo celular não é regulada (KLUG et al., 2012).

Os mecanismos de ativação dos proto-oncogenes são principalmente os seguintes:

- **Mutação pontual:** um exemplo de ativação por mutação pontual é aquela relacionada com o gene *Ras* que pode se transformar em um oncogene por meio de uma única substituição de base (GGC → GTC que acarreta na substituição de um aminoácido glicina por valina), que causa o carcinoma de bexiga. As mutações ativadoras dos genes da família *Ras* têm sido detectadas em 30% das neoplasias humanas, mas sua frequência varia muito conforme a origem do tumor.
- **Amplificação e/ou superexpressão gênica:** a amplificação gênica está relacionada com o aumento do número de cópias dos proto-oncogenes, cerca de 50 a 100 vezes, potencializando a sua função. A amplificação de oncogenes específicos parece ser característica de certos tumores, sendo frequentemente observada na família gênica *MYC*. Por exemplo, o oncogene *NMYC* está amplificado em aproximadamente 30% dos neuroblastomas. Enquanto isso, a superexpressão gênica é o aumento da função de um gene, mesmo que não ocorra aumento no número de cópias. Exemplo: a superexpressão do gene *ERBB2*, o qual é responsável por cerca de 15% dos tumores de mama.
- **Translocação cromossômica:** essa alteração pode levar à superexpressão de um proto-oncogene ou de um oncogene, à formação de um gene quimérico (fusão de genes) e à instabilidade cromossômica. Dentre os exemplos de superexpressão de um gene, está o do oncogene *MYC*

associado com a ocorrência de leucemia aguda e do linfoma de Burkitt. O linfoma de Burkitt é um tumor infantil que afeta principalmente a mandíbula, estando relacionado com uma translocação recíproca balanceada entre os cromossomos 8 e 14. Um exemplo de formação de gene quimérico é o da leucemia mieloide aguda. Nesse caso, os leucócitos leucêmicos mostram uma translocação recíproca balanceada, na qual o gene *ABL1*, presente no cromossomo 9q34 é translocado para perto do gene BCR, no cromossomo 22q11.2. Essa translocação cria uma estrutura conhecida como cromossomo Philadelphia (Figura 5).

- **Ativação retroviral:** os retrovírus são capazes de transcrever o ácido ribonucleico (RNA) em DNA, usando a enzima transcriptase reversa. Dessa forma, os retrovírus podem inserir os seus genes no DNA de uma célula hospedeira. Em um primeiro ciclo de infecção, esses vírus adquirem um oncogene, mediante a infecção de uma célula animal. Quando o retrovírus invade uma nova célula, pode transformá-la por transferência desse oncogene para o genoma do novo hospedeiro. Por exemplo, o oncogene *sis*, portado pelo vírus do sarcoma do macaco, foi identificado como uma versão alterada do gene humano *PDGFRB*, que codifica o receptor β do fator de crescimento derivado de plaquetas (PDGFRB) (BORGES-OSÓRIO; ROBINSON, 2013).

Saiba mais

Existem dois modelos para explicar a relação entre os genes supressores tumorais e a carcinogênese: a hipóteses dos dois eventos, na qual as mutações (geralmente uma germinativa e uma somática) devem causar a perda da função dos dois alelos para originar o câncer; e o modelo da haploinsuficiência, na qual apenas um alelo mutado, associado a eventos adicionais promotores de tumor, é capaz de induzir a carcinogênese, mesmo com a expressão normal do outro alelo (BORGES-OSÓRIO; ROBINSON, 2013).

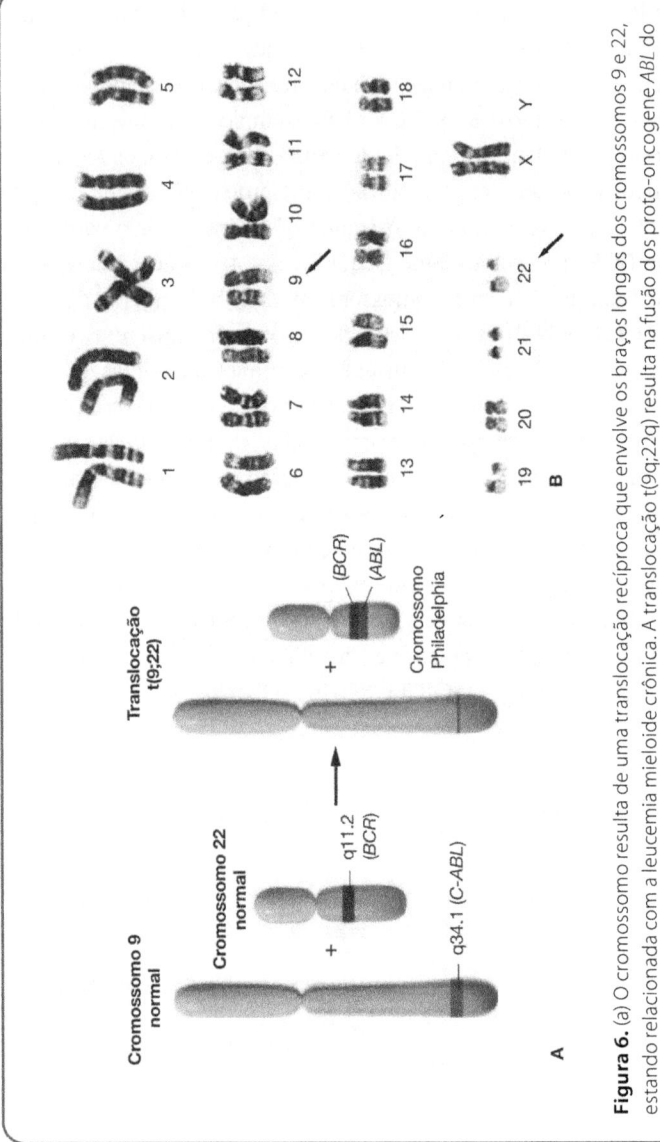

Figura 6. (a) O cromossomo resulta de uma translocação recíproca que envolve os braços longos dos cromossomos 9 e 22, estando relacionada com a leucemia mieloide crônica. A translocação t(9q;22q) resulta na fusão dos proto-oncogene *ABL* do cromossomo 9 com o gene *BCR* do cromossomo 22. A proteína de fusão é uma molécula híbrida que permite que a célula escape do controle do ciclo celular, contribuindo para o desenvolvimento dessa leucemia. (b) Cariograma de um paciente com leucemia mieloide crônica, mostrando o cromossomo Philadelphia (22), assinalado pela seta, e o cromossomo 9 translocado.
Fonte: Borges-Osório e Robinson (2013, p. 401).

Terapias epigenéticas para o câncer

A rápida aquisição de conhecimentos sobre a biologia do câncer levou à descoberta de alvos totalmente novos e mais específicos para o tratamento do câncer (como receptores de fatores de crescimento, vias de sinalização intracelulares, processos epigenéticos, vascularidade dos tumores, defeitos no reparo do DNA e vias de morte celular). Por exemplo, em muitos tumores, a proliferação e a sobrevida dependem da atividade constitutiva de uma única via de fatores de crescimento ou a denominada adicção de oncogenes, de modo que a inibição dessa via específica leva à morte celular. Assim, o imatinibe ataca a translocação *BCR-ABL* singular e específica na leucemia mieloide crônica. Enquanto isso, os anticorpos monoclonais inibem efetivamente antígenos associados a tumores, como o receptor her-2/neu amplificado em células de câncer de mama.

Além disso, alguns fármacos têm a capacidade de reverter os padrões de metilação e acetilação do DNA e das histonas. Esses que apresentam a capacidade de inibir a metilação do DNA poderiam reestabelecer o controle do ciclo celular por meio da reativação de genes silenciados em células cancerígenas. Enquanto isso, fármacos que inibem a atividades das histona-desacetilases podem promover um bloqueio do ciclo celular com consequente apoptose das células cancerígenas. Ambos os mecanismos estão sendo estudados e testados no tratamento do câncer, sendo que, nesse contexto, destacam-se:

- Os nucleosídeos análogos inibidores da metilação do DNA (exemplos: 5-azacitidina e zebularina) se incorporam no DNA durante o processo de replicação, inibem a metilação, por meio da inibição da enzima DNMT, e reativam os genes previamente inativados. Essas terapias são utilizadas para o tratamento das doenças associadas à hipermetilação, como as síndromes mielodisplásicas e as leucemias.
- Os análogos não nucleosídeos inibidores da metilação do DNA (exemplos: procaína, procainamida e hidralazina) também estão em fase de testes, sendo grandes promessas terapêuticas para reverter padrões alterados de metilação no DNA. Esses fármacos apresentam menor efeito citotóxico que os nucleotídeos análogos inibidores da metilação do DNA e não precisam ser incorporadas ao material genético.
- O oligonucleotídeos antisense (exemplo: MG98) também promovem a inibição da DNMT e, dessa forma, promovem a desmetilação de oncogenes e de genes supressores tumorais. Considerando que as regiões promotoras dos genes supressores tumorais estão frequentemente

hipermetiladas, as terapias que inibem a DNMT têm a capacidade de reativar esses genes que estavam silenciados nas células cancerígenas.
- A maior parte dos compostos inibidores das histona-desacetilases (HDACs) (exemplo: ácido valproico) apresentam como mecanismo de ação a interferência no sítio catalítico das enzimas, o que resulta no bloqueio do reconhecimento do substrato e no acúmulo de histonas acetiladas. Esses compostos têm sido utilizados em diversos tipos tumorais, pois diminuem a taxa de proliferação e aumentam a ocorrência de apoptose nessas células.

Além disso, combinações de terapias epigenéticas, como a utilização de agentes desmetiladores associados com HDACs, ou terapias epigenéticas seguidas de quimioterapias convencionais ou imunoterapias, talvez sejam mais efetivas, pois elas podem reativar genes silenciados, incluindo genes de supressão tumoral, que favoreçam a ativação de células para agirem de acordo com essas terapias, matando as células cancerígenas. Esses exemplos ressaltam que os novos conhecimentos da biologia do câncer resultarão em estratégias totalmente novas para a descoberta e o desenvolvimento de fármacos e em avanços no tratamento dos pacientes (BORGES-OSÓRIO; ROBINSON, 2013; HILAL-DANDAN; LAURENCE., 2016; KLUG et al., 2012).

Exercícios

1. O câncer é a segunda causa de mortes nos países ocidentais, sendo superado apenas pelas doenças cardíacas. Essa doença atinge pessoas de todas as idades e, em algum momento da vida, uma em cada três pessoas receberá o diagnóstico de câncer. Com relação aos conceitos fundamentais da genética do câncer, assinale a alternativa correta.
    a) Os genes supressores tumorais controlam o crescimento e a diferenciação celular normal, todavia, quando ativados, se transformam em genes causadores de câncer.
    b) Nos casos de câncer hereditário, a mutação inicial ocorre em uma única célula somática, a qual se divide e prossegue para desenvolver um câncer.
    c) Os tumores benignos são autolimitantes e não metastático e os tumores malignos mostram crescimento ilimitado e metastático.
    d) Os oncogenes são genes protetores e de manutenção, os quais inibem o crescimento

celular anormal, reparam danos do DNA e mantêm a estabilidade genômica.

e) Todos os tipos de câncer apresentam como única característica comum a proliferação celular descontrolada, que é caracterizada por crescimento e divisões celulares anormais.

2. Os linfócitos de 90% dos pacientes com leucemia mieloide crônica (CML) contêm um pequeno cromossomo anormal, o cromossomo Philadelphia (Ph1), sendo um aspecto suficientemente constante da doença para tornar questionável o diagnóstico de CML em sua ausência. Qual mecanismo de ativação dos proto-oncogenes é responsável pela formação do cromossomo Ph1?

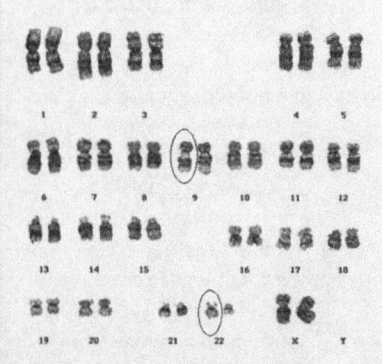

Fonte: Read e Donnai (2009, p. 303)

a) Mutação pontual.
b) Amplificação gênica.
c) Superexpressão gênica.
d) Translocação cromossômica.
e) Ativação retroviral.

3. No interior de uma célula, a metilação do DNA e as modificações concomitantes no código das histonas e na estrutura da cromatina são essenciais para a regulação gênica. Dada a natureza hereditária da metilação do CpG, é razoável supor-se que as modificações epigenéticas com base na metilação do DNA sejam importantes para estabilizar e manter a identidade celular e tecidual. A sustentação para essa suposição provém das pesquisas sobre o câncer. Nesse contexto, assinale a alternativa correta.

a) A redução das histonas-desacetilases, seguida de metilação, pode promover a inibição da transcrição de genes supressores tumorais.
b) A hipometilação inibe a ação reguladora do crescimento dos genes supressores tumorais.
c) A hipermetilação dos proto-oncogenes conduz ao crescimento desordenado, o qual leva à formação de tumores.
d) A metilação das ilhas CpG localizadas nas regiões promotoras promove o silenciamento dos genes supressores tumorais.
e) Na síndrome de Nijmegen, uma mutação no gene *DNMT1* resulta no aumento da compactação da cromatina centromérica.

4. Os genes supressores de tumor ou genes de supressão tumoral têm a função de reprimir a divisão celular e ativar a apoptose como um mecanismo normal de controle da proliferação celular. Um exemplo de inativação de um gene supressor de tumor é o do retinoblastoma, tumor maligno da retina que ocorre com uma frequência de 1 em 15 mil indivíduos, surgindo no início da vida e provocando a morte, se não for logo tratado. A figura a seguir mostra comparativamente duas genealogias com as formas hereditária e esporádica do retinoblastoma. Assinale a alternativa que descreve corretamente a genealogia e o tipo de herança mendeliana relacionada com o retinoblastoma hereditário.

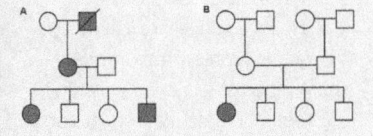

Fonte: Adaptado de Borges-Osório e Robinson (2013, p. 404)

a) Genealogia A; autossômica dominante.
b) Genealogia B; autossômica dominante.
c) Genealogia A; autossômica recessiva.
d) Genealogia B; autossômica recessiva.
e) Genealogia A; ligada ao X dominante.

5. A rápida aquisição de conhecimentos sobre a biologia do câncer levou à descoberta de alvos totalmente novos e mais específicos para o tratamento do câncer. Com relação às terapias baseadas nos mecanismos epigenéticos, assinale a alternativa correta.

a) Os nucleosídeos análogos inibidores da metilação do DNA apresentam menor efeito citotóxico, quando comparados aos análogos não nucleosídeos inibidores da metilação do DNA.
b) Os oligonucleotídeos antisense promovem a acetilação, com consequente reativação de oncogenes e de genes supressores tumorais, os quais estavam silenciados nas células cancerígenas.
c) Os compostos inibidores das HDACs diminuem a taxa de proliferação e aumentam a ocorrência de apoptose nas células tumorais.
d) Os nucleosídeos análogos inibidores da metilação do DNA se incorporam no DNA durante o processo de replicação e ativam a enzima DNMT.
e) As terapias epigenéticas, como a utilização de agentes desmetiladores, apresentam melhores resultados quando utilizadas de forma isolada.

Referências

BORGES-OSÓRIO, M. R.; ROBINSON, W. M. *Genética humana*. 3. ed. Porto Alegre: Artmed, 2013.

HILAL-DANDAN, R.; LAURENCE, L. B. *Manual de farmacologia e terapêutica de Goodman e Gilman*. 2. ed. Porto Alegre: Penso, 2016.

KLUG, W. S. et al. *Conceitos de genética*. 9. ed. Porto Alegre: Artmed, 2012.

Leituras recomendadas

READ, A.; DONNAI, D. *Genética clínica:* uma nova abordagem. Porto Alegre: Artmed, 2009.

STRACHAN, T.; READ, A. *Genética molecular humana*. 4. ed. Porto Alegre: Artmed, 2014.

Diagnóstico molecular

Objetivos de aprendizagem

Ao final deste texto, você deve apresentar os seguintes aprendizados:

- Identificar as principais técnicas de biologia molecular e suas aplicações.
- Reconhecer a importância das técnicas aplicadas à biologia molecular.
- Listar as contribuições da biologia molecular ao diagnóstico de doenças.

Introdução

A tecnologia do DNA recombinante abrange o grupo das principais técnicas de biologia molecular utilizadas para localizar, isolar, alterar e estudar segmentos de ácido desoxirribonucleico (DNA). O termo recombinante é usado porque, geralmente, o objetivo é combinar DNA de fontes diferentes. Essas técnicas são utilizadas para a produção de substâncias, para o cultivo de bactérias especializadas e para o melhoramento genético artificial de plantas e animais, os quais são importantes sob o ponto de vista econômico. Por exemplo, por intermédio dessas tecnologias, é possível realizar a transferência de genes de mamíferos para bactérias, tornando-as verdadeiras "microfábricas" capazes de produzir quantidades relativamente grandes de proteínas, tais como hormônios, interferons, vacinas, endorfinas, fatores da coagulação e produtos farmacêuticos, como a insulina. Além disso, os avanços na biologia molecular têm propiciado o desenvolvimento de novas técnicas dentro da genética médica, as quais possibilitam a análise detalhada de genes normais e mutantes e o desenvolvimento de uma ampla gama de testes laboratoriais para a detecção, o diagnóstico e o tratamento das doenças genéticas monogênicas e multifatoriais.

Neste capítulo, você irá identificar as principais técnicas de biologia molecular, reconhecendo a sua importância e suas contribuições para o diagnóstico de doenças.

Técnicas de biologia molecular e suas aplicações

No início da década de 1970, uma nova forma de analisar e explorar os principais constituintes celulares começou a ser utilizada. Essas metodologias inovadoras foram denominadas **tecnologia do DNA recombinante** e, graças elas, genes específicos puderam ser isolados em quantidade, modificados e reintroduzidos em células e organismos.

A manipulação de ácidos nucleicos *in vitro* depende, inicialmente, da existência de enzimas que tenham a capacidade de cortar, ligar e replicar o DNA ou transcrever de forma reversa o ácido ribonucleico (RNA). O segundo requerimento para as manipulações genéticas *in vitro* diz respeito ao pareamento de bases, pelo qual ocorre o reconhecimento das moléculas de DNA ou RNA. Nesse contexto, as técnicas de hibridização, envolvendo sondas de DNA ou RNA complementares, são uma maneira sensível e bastante precisa para se detectar sequências específicas de nucleotídeos. Na tecnologia do DNA recombinante, o pareamento de bases é utilizado na construção de combinações novas de DNA, bem como na detecção de sequências particulares. Essa tecnologia moderna tem fornecido, para a medicina e para a indústria, alternativas para a produção em larga escala de determinadas proteínas, antes disponíveis em quantidades reduzidas (ZAHA; FERREIRA; PASSAGLIA, 2014). Neste capítulo, serão descritas resumidamente as tecnologias do DNA recombinante e as técnicas relacionadas.

Clonagem

A **clonagem** abrange as técnicas moleculares que são utilizadas para isolar, recombinar e amplificar genes. Inicialmente, para realizar a análise molecular de um segmento de DNA, deve-se realizar o seu isolamento e a sua multiplicação. Após esse processo, deve ocorrer a transferência da sequência de DNA específica para uma única célula de um microrganismo. Esse microrganismo é, então, cultivado, de modo a reproduzir a sequência transferida junto a seu próprio complemento de DNA. Desse modo, grandes quantidades da sequência considerada podem ser isoladas em forma pura para uma análise molecular detalhada (BORGES-OSÓRIO; ROBINSON, 2013). A seguir, estão descritas as técnicas necessárias para a realização da clonagem molecular:

- **Extração do DNA**: o DNA genômico pode ser obtido a partir de vários tipos de tecidos, mas o material mais usado para a obtenção do DNA nos seres humanos é o sangue periférico, no qual o DNA é proveniente dos leucócitos. Entretanto, pode-se utilizar, por exemplo, células provenientes da mucosa bucal, coletadas por meio de um *swab* (BORGES--OSÓRIO; ROBINSON, 2013).
- **Eletroforese em gel**: essa metodologia é utilizada para separar moléculas de DNA e de RNA de acordo com o seu tamanho. As moléculas são separadas de acordo com seu tamanho quando submetidas a um campo elétrico por meio de uma matriz de gel (poliacrilamida ou agarose), um material poroso e inerte, semelhante a uma gelatina. **Considerando que o DNA apresenta carga negativa, quando for submetido a um campo elétrico, migrará através do gel em direção ao polo positivo (Figura 1).** No entanto, as moléculas maiores têm mais dificuldade para passar através dos poros do gel e, portanto, migram mais lentamente por ele do que o fazem moléculas de DNA menores. Isso significa que, após um período de "corrida" pelo gel, as moléculas de tamanhos diferentes podem ser separadas, porque elas percorrem distâncias diferentes no gel. As moléculas de DNA coradas com corantes fluorescentes (p. ex., brometo de etídeo) aparecem como "bandas", cada uma revelando uma população de moléculas de DNA de um tamanho específico. Dois tipos alternativos de matrizes de géis são utilizados: a poliacrilamida, que apresenta alta capacidade de resolução, mas pode separar DNAs somente em uma faixa de tamanho limitada; e a agarose, que possui menor capacidade de resolução do que a poliacrilamida, mas pode separar moléculas de DNA com dezenas, e até centenas, de quilobases (kb). A eletroforese também pode ser utilizada para separar moléculas de RNA quanto ao seu tamanho. Essas moléculas também apresentam carga negativa, mas, como possuem muitas estruturas secundárias e terciárias, as quais influenciam em sua mobilidade eletroforética, devem ser tratadas com reagentes (p. ex., glioxal) que impedem a formação do pareamento de bases (WATSON et al., 2015).

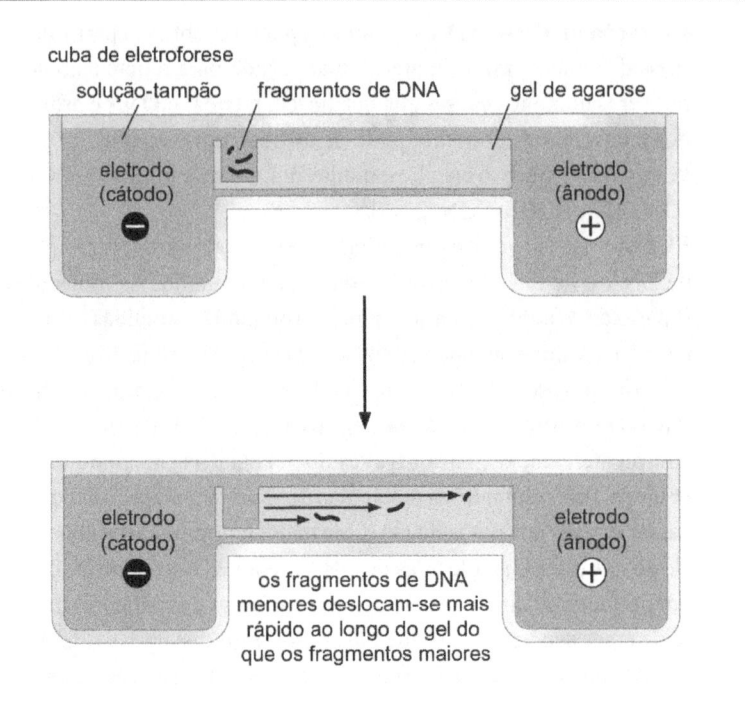

Figura 1. Separação de DNA por eletroforese em gel mostrando um corte transversal lateral de um gel. A "canaleta" (poço no gel) em que a mistura de DNA é colocada está indicada à esquerda, na parte superior do gel. Essa também é a extremidade em que o cátodo do campo elétrico está localizado, com o ânodo localizado na base do gel.
Fonte: Watson et al. (2015, p.148).

Saiba mais

Os DNAs considerados muito longos (30-50 kb) podem ser separados uns dos outros por um campo elétrico, o qual deve ser aplicado em pulsos com orientação ortogonal um em relação ao outro. Essa técnica é conhecida como **eletroforese em gel de campo pulsado** e baseia-se na mudança de orientação do campo elétrico, que promove uma reorientação das moléculas de DNA — quanto maior a molécula, mais tempo ela leva para se reorientar. Essa técnica pode ser utilizada para determinar o tamanho de genomas bacterianos, cromossomos de eucariotos inferiores inteiros (por exemplo, fungos) e moléculas de DNA contendo várias megabases de comprimento (WATSON et al., 2015).

- **Enzimas de restrição**: essa técnica é utilizada no estudo de genes e sítios individuais no DNA; dessa forma, as longas moléculas de DNA devem ser clivadas em fragmentos menores, que possam ser manipulados. Essa clivagem é realizada pelas endonucleases de restrição, que clivam o DNA em determinados sítios pelo reconhecimento de sequências específicas. Um exemplo é a enzima EcoRI, assim denominada por ser encontrada em determinadas linhagens de *Escherichia coli*, que reconhece e cliva a sequência 5'-GAATTC-3'. **Assim, se considerarmos uma molécula de DNA linear com seis cópias dessa sequência, a enzima EcoRI poderia clivá-la, originando sete fragmentos com tamanhos diferentes que refletem a distribuição dos sítios para a endonuclease (Figura 2).** Se a mesma molécula de DNA fosse clivada utilizando enzimas de restrição diferentes (p. ex., HindIII), a molécula seria clivada em posições diferentes, o que produziria fragmentos de tamanhos diferentes. Dessa forma, a utilização de enzimas de restrição diferentes permite isolar diferentes regiões de uma molécula de DNA. Além disso, permite a identificação de uma molécula de DNA com base nos padrões característicos quando o DNA é digerido com diferentes enzimas (WATSON et al., 2015).
- **Clonagem do DNA (inserção, transformação e seleção)**: a clonagem do DNA é descrita como a habilidade para construir moléculas de DNA recombinantes e introduzi-las nas células. Esse processo, geralmente, envolve um vetor que fornece a informação necessária para propagar o DNA clonado na célula hospedeira em divisão. De forma geral, uma vez clivado em fragmentos, o DNA precisa ser inserido em um vetor para que ocorra a sua propagação. Ou seja, o fragmento de DNA de interesse deve ser inserido em uma segunda molécula de DNA (vetor) para ser replicado em um organismo modelo (por exemplo, a bactéria *E. coli*). Esses vetores de DNA devem apresentar as seguintes características: conter uma origem de replicação, a qual permite a sua replicação de forma independente da replicação do hospedeiro; apresentar uma marca de seleção que permite identificar prontamente as células que possuem o vetor; possuir sítios únicos para uma ou mais enzimas de restrição, o que permite inserir fragmentos de DNA em um ponto definitivo do vetor, de maneira que a inserção não interfira nas outras funções. A inserção de um fragmento em um vetor é um processo relativamente simples. Por exemplo, um vetor pode ser preparado por sua digestão com a enzima EcoRI, a qual lineariza o

plasmídeo. Como essa enzima gera extremidades 5' coesivas que são complementares umas às outras, as extremidades coesivas são capazes de reanelamento, restaurando a molécula circular com duas quebras. O tratamento da molécula circular com a enzima DNA-ligase religará as quebras, regenerando o DNA circular. Enquanto isso, o DNA-alvo é clivado como uma enzima de restrição, nesse caso a EcoRI, para gerar possíveis insertos de DNA. **O vetor de DNA é misturado aos insertos de DNA, o que, sob condições ideais, permite a hibridização das extremidades coesivas, as quais serão ligadas pela DNA-ligase (Figura 3).** Alguns vetores, além de permitirem o isolamento e a purificação de determinado DNA, também controlam a expressão dos genes no inserto. Esses plasmídeos são denominados vetores de expressão e possuem promotores de transcrição, derivados da célula hospedeira, imediatamente adjacentes ao sítio de inserção. Esses vetores são utilizados para expressar genes mutantes, permitindo, dessa forma, a análise das suas funções. Além disso, podem ser utilizados para a produção de determinada proteína para sua posterior purificação (WATSON et al., 2015). Depois da introdução do fragmento de DNA em estudo no vetor, a molécula híbrida recombinante é colocada no interior de bactérias hospedeiras especialmente modificadas. Esse processo é denominado transformação, o qual reflete a capacidade da molécula da bactéria para captar DNA do meio externo. Alguns tipos de células sofrem transformação naturalmente e outras precisam ser tratadas fisicamente ou quimicamente para sofrer esse processo. Uma vez dentro da célula, o plasmídeo recombinante replica-se várias vezes, produzindo muitas cópias do fragmento clonado. As células transformadas por moléculas do vetor podem ser selecionadas, por exemplo, pela presença de genes de resistência a antibióticos. Dessa forma, quando as bactérias são cultivadas em um meio no qual está presente o antibiótico marcador, apenas as bactérias que incorporaram o plasmídeo poderão sobreviver e multiplicar-se (BORGES-OSÓRIO; ROBINSON, 2013).

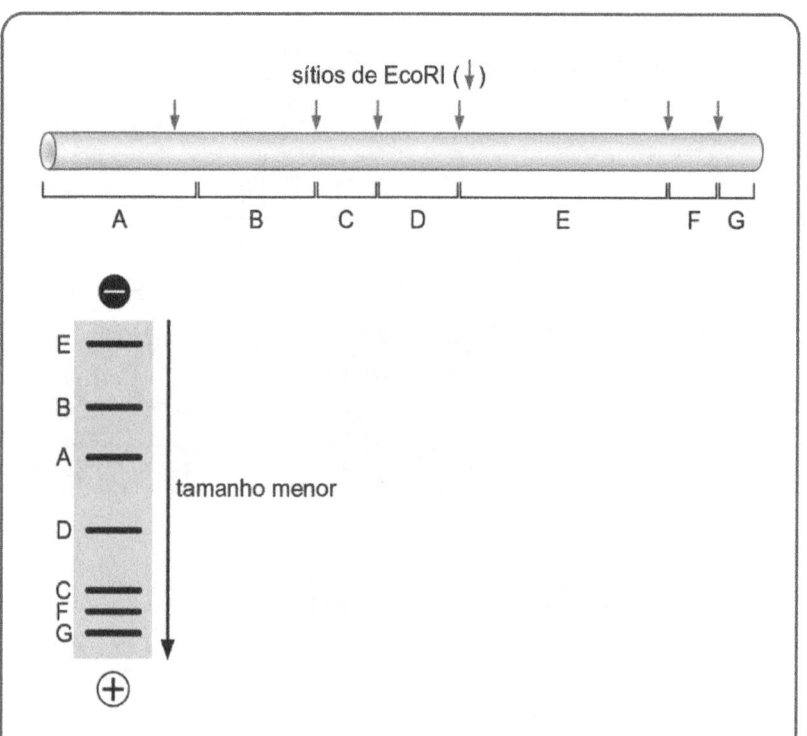

Figura 2. Digestão de um fragmento de DNA pela enzima EcoRI. A parte superior mostra uma molécula de DNA e as posições de clivagem da endonuclease. Quando a molécula digerida com essa enzima é submetida à eletroforese em gel de agarose, observa-se o padrão de bandas apresentado.
Fonte: Watson et al. (2015, p. 150).

Saiba mais

O tipo de vetor mais frequentemente usado é o **plasmídeo** de bactérias, constituído de DNA extracromossômico, em forma circular. Esses plasmídeos contêm genes para resistência a antibióticos, característica que pode ser utilizada para identificação dos clones. Os plasmídeos possuem sítios de restrição, que são locais do DNA que podem ser clivados pelas enzimas de restrição; seu DNA apresenta-se superenrolado e tem capacidade autoduplicadora, como qualquer outro DNA nele inserido, podendo replicar-se inúmeras vezes dentro da bactéria (BORGES-OSÓRIO; ROBINSON, 2013).

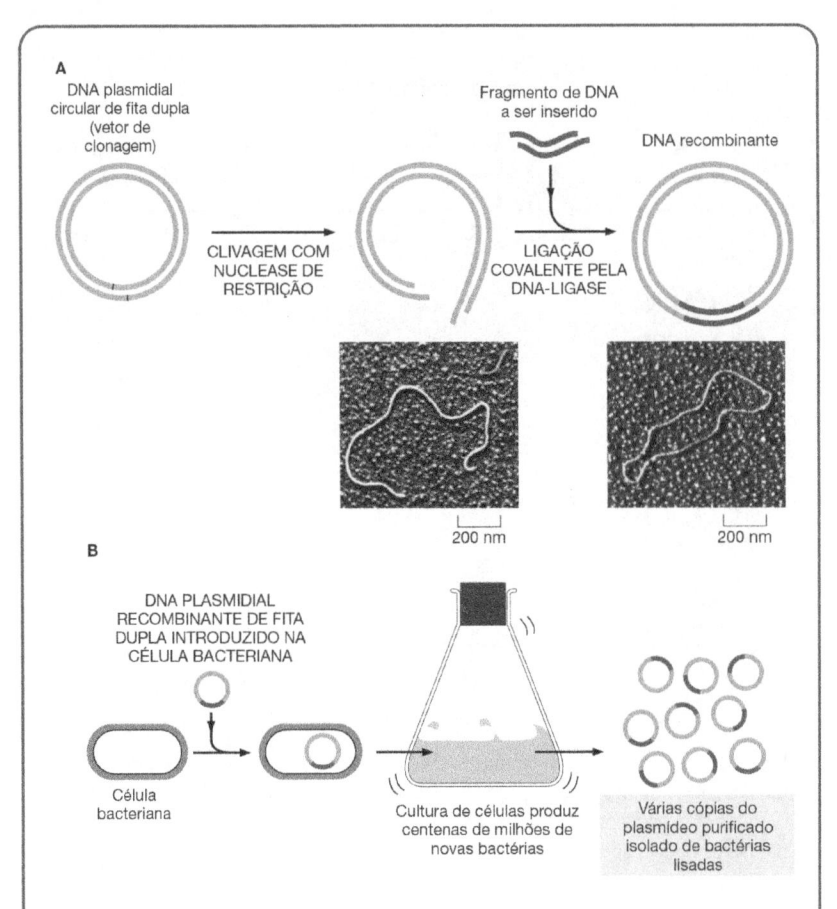

Figura 3. (a) Um fragmento de DNA é inserido em um plasmídeo bacteriano utilizando a enzima DNA-ligase. O plasmídeo é cortado com uma nuclease de restrição para abri-lo e, depois, é misturado com o fragmento de DNA a ser clonado. (b) Um fragmento de DNA pode ser replicado dentro de uma célula bacteriana. Para clonar um determinado fragmento de DNA, ele é primeiro inserido em um vetor plasmidial, como mostrado na parte (a). O DNA plasmidial recombinante resultante é, então, introduzido em uma bactéria por transformação; assim, ele pode ser replicado vários milhões de vezes à medida que as bactérias se multiplicam.

Fonte: Borges-Osório e Robinson (2013, p. 560).

Bibliotecas de DNA

A clonagem molecular tem demonstrado ser uma técnica muito útil para o isolamento de fragmentos de DNA de interesse do genoma de um organismo. Os processos de clonagem e isolamento desses fragmentos começam com a construção de uma biblioteca de DNA, que consiste em todas as moléculas recombinantes geradas pela ligação dos fragmentos de DNA componentes do genoma de um organismo de interesse que foi previamente fragmentado em um vetor apropriado (ZAHA; FERREIRA; PASSAGLIA, 2014). Essas bibliotecas podem representar um genoma inteiro, um único cromossomo ou um conjunto de genes que é expresso em um único tipo de célula. Por exemplo, o DNA genômico das células humanas pode ser isolado, quebrado em fragmentos e depois clonado em bactérias ou fagos. Dessa forma, o conjunto de bactérias ou fagos contendo esses fragmentos é considerado uma **biblioteca genômica humana**, pois contém todas as sequências de DNA encontradas no genoma humano, ou seja, íntrons, éxons, reforçadores, promotores e vastos trechos de DNA não codificador (Figura 4). Outros tipos de biblioteca são a biblioteca de DNA complementar (cDNA), que é composta exclusivamente pelo DNA encontrado nos éxons, e a biblioteca cromossômica, que proporciona uma maior precisão na localização de genes. De forma geral, as bibliotecas fornecem um meio para o estudo da organização molecular, bem como da sequência de nucleotídeos de uma região definida do genoma. Além disso, as bibliotecas são utilizadas para a obtenção de marcadores polimórficos (por exemplo, polimorfismos de microssatélites), os quais podem ser utilizados para a construção de sondas, que são marcadores de DNA ou RNA que contém uma sequência de bases complementares à sequência do gene ou do segmento de DNA desejado (BORGES-OSÓRIO; ROBINSON, 2013).

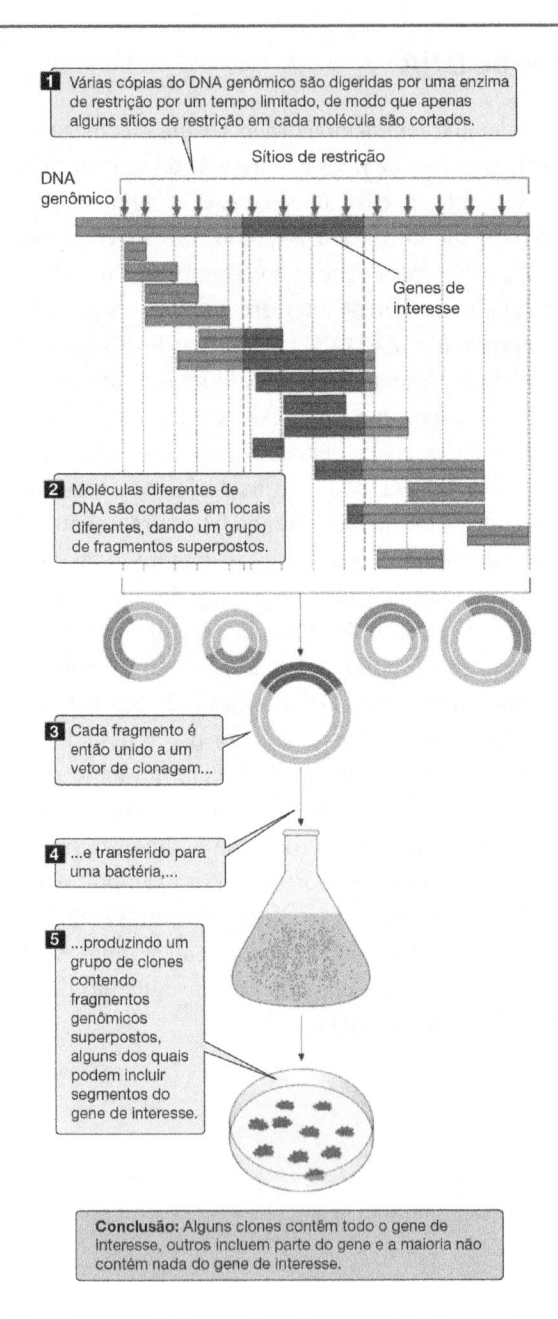

Figura 4. Uma biblioteca genômica contém todas as sequências de DNA encontradas em um genoma de um organismo.

Fonte: Borges-Osório e Robinson (2013, p. 566).

Técnicas de análise do DNA e do RNA

A seguir, confira algumas das técnicas que podem ser aplicadas para a análise do DNA e do RNA.

Reação em cadeia da polimerase (PCR)

É a técnica que representa um dos principais avanços da biologia molecular, pois permite a amplificação de fragmentos curtos de DNA e pode ser utilizada para produzir grandes quantidades de um determinado fragmento de DNA de qualquer ser vivo, desde que a sequência de bases seja conhecida, ou pode ser determinada a partir da sequência de aminoácidos de uma proteína. Essa técnica apresenta dois requisitos essenciais: um molde de DNA de fita simples do qual uma nova fita de DNA deve ser copiada e um iniciador (*primer*) com um grupo 3'-OH, ao qual novos nucleotídeos são adicionados. Essa técnica é baseada no uso da enzima DNA-polimerase para copiar um molde de DNA em ciclos repetidos e replicar o fragmento desejado. Para que esse processo ocorra, a DNA-polimerase é guiada por pequenos oligonucleotídeos iniciadores ou *primers*, que são hibridizados com o DNA molde no início e no final da sequência de DNA desejada. Orientada por esses iniciadores, a DNA-polimerase pode fazer bilhões de cópias da sequência em um espaço de tempo relativamente curto (BORGES-OSÓRIO; ROBINSON, 2013). Na prática, a reação de PCR envolve três passos:

1. O DNA a ser clonado é desnaturado por meio do aquecimento (90°C–95°C) em fitas simples. Esse DNA pode originar-se de muitas fontes, incluindo o DNA genômico, restos mortais mumificados, fósseis ou amostras forenses, como sangue ou sêmen seco, fios de cabelo ou amostras secas de prontuários médicos.
2. A temperatura da reação é abaixada a uma temperatura de anelamento, entre 50°C e 70°C, o que induz os iniciadores a se ligarem ao DNA desnaturado de fita simples, que serve como pontos de partida para a síntese de novas fitas de DNA, complementares ao DNA-alvo.
3. Uma forma termoestável de DNA-polimerase (p. ex., Taq-polimerase) é adicionada à mistura da reação para estender os iniciadores, por adição de nucleotídeos na direção 5' a 3', fazendo uma cópia de fita dupla do DNA-alvo (Figura 5).

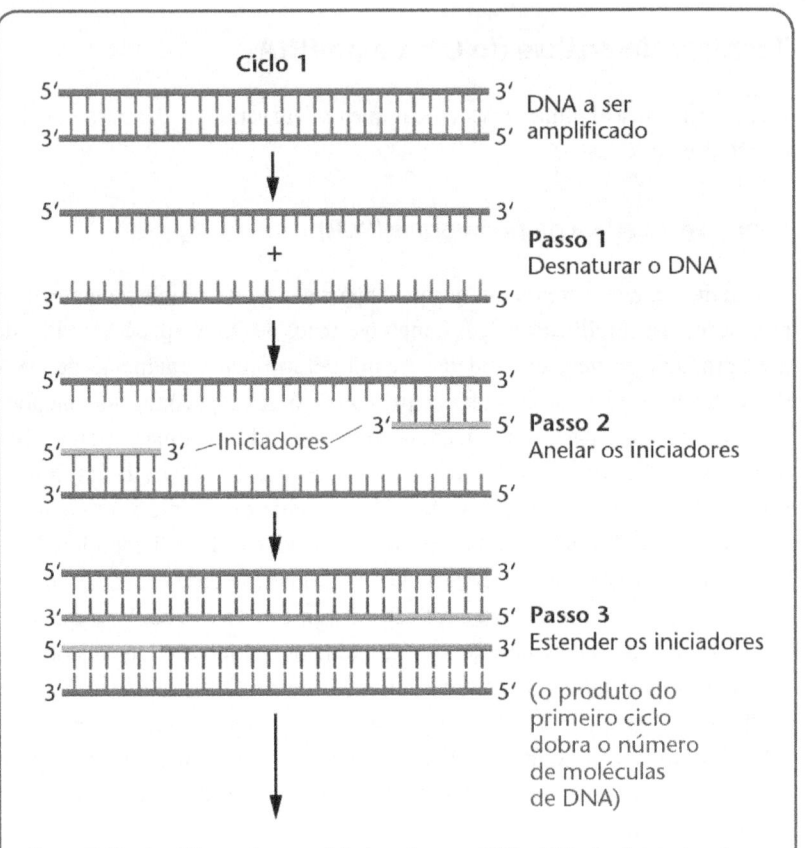

Figura 5. *(Continua)* Na reação em cadeia da polimerase (PCR), o DNA-alvo é desnaturado em fitas simples, sendo que cada fita é, então, anelada com um pequeno iniciador complementar. A DNA-polimerase estende os iniciadores na direção 5' a 3', usando o DNA de fita simples como molde. Resultam duas moléculas de DNA de fita dupla recém-sintetizadas, com os iniciadores nelas incorporados. Ciclos repetidos de PCR podem amplificar rapidamente a sequência de DNA original mais de um milhão de vezes.
Fonte: Klug et al. (2012, p. 332).

Ciclo 2

Passos 1 e 2
Desnaturar e anelar novos iniciadores

Passo 3
Estender os iniciadores

(o produto do segundo ciclo são quatro novas moléculas de DNA)

25 ciclos aumentam as cópias de DNA em > 10^6

Figura 5. (*Continuação*) Na reação em cadeia da polimerase (PCR), o DNA-alvo é desnaturado em fitas simples, sendo que cada fita é, então, anelada com um pequeno iniciador complementar. A DNA-polimerase estende os iniciadores na direção 5' a 3', usando o DNA de fita simples como molde. Resultam duas moléculas de DNA de fita dupla recém-sintetizadas, com os iniciadores nelas incorporados. Ciclos repetidos de PCR podem amplificar rapidamente a sequência de DNA original mais de um milhão de vezes.
Fonte: Klug et al. (2012, p. 332).

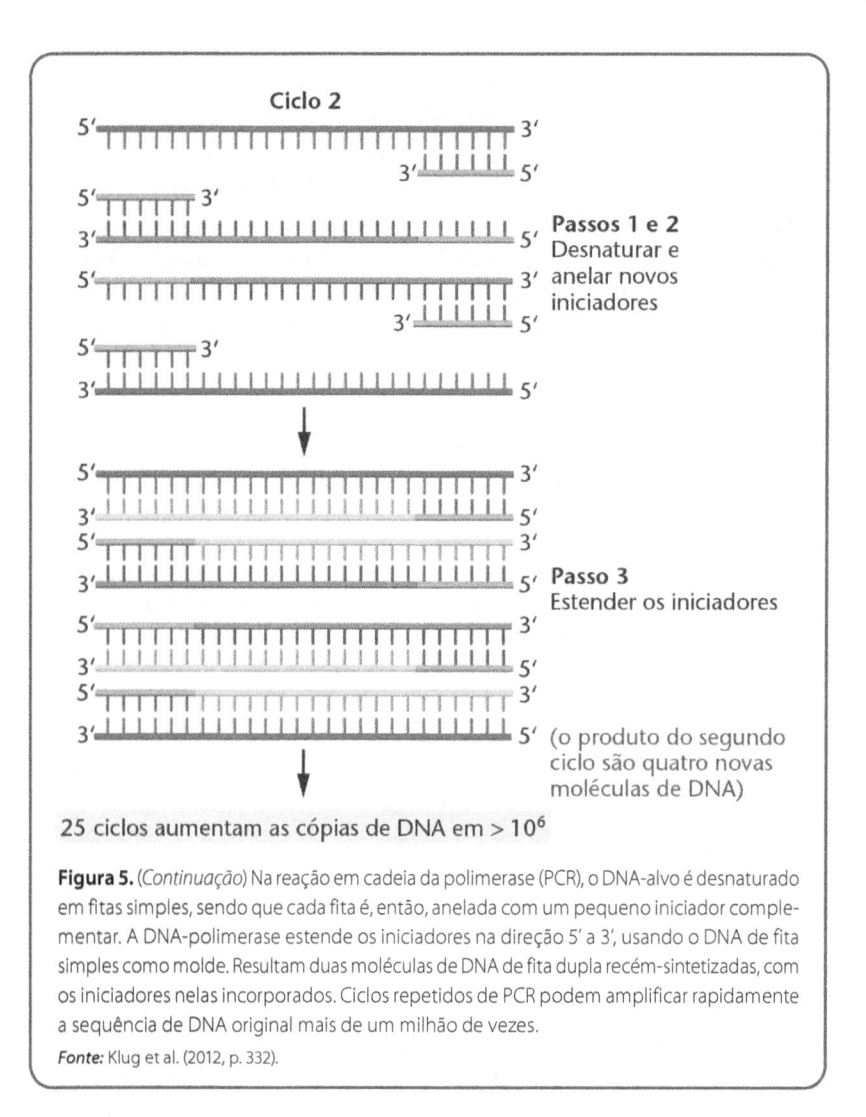

Dessa forma, cada série de três passos (desnaturação do DNA de fita dupla, anelamento dos iniciadores e extensão pela DNA-polimerase) é um ciclo. Essa técnica é uma reação em cadeia devido ao fato de o número de novas fitas de DNA em cada ciclo ser duplicado, e essas fitas novas, junto às antigas, servem como moldes no ciclo seguinte. Esse processo é automatizado por máquinas, chamadas termocicladores, que podem ser programadas para executar um número predeterminado de ciclos, produzindo grandes quantidades de uma sequência específica de DNA que pode ser usada para muitas finalidades, inclusive a clonagem em vetores plasmideais, o sequenciamento de DNA, o diagnóstico clínico e a triagem genética (KLUG et al., 2012). Um avanço importante na técnica de PCR foi o desenvolvimento de metodologias que possibilitaram o acompanhamento da amplificação do DNA em todo o processo, e não somente em seu final. A PCR em tempo real quantitativa (qPCR) é um método de detecção e quantificação confiável dos produtos gerados durante cada ciclo de amplificação, os quais são proporcionais à quantidade de molde disponível no início do processo de PCR (ZAHA; FERREIRA; PASSAGLIA, 2014).

> **Fique atento**
>
> A clonagem do DNA por PCR tem diversas vantagens sobre a clonagem dependente de célula, entre as quais se destacam: a agilidade, uma vez que a PCR pode ser realizada em poucas horas, em vez dos dias necessários para a clonagem dependente de célula; e a sensibilidade, já que a PCR também é muito sensível e amplifica sequências específicas de DNA de pequenas amostras desvanecentes de DNA (por exemplo, ciência forense e paleontologia molecular), incluindo o DNA de uma única célula (KLUG et al., 2012).

Hibridização

Muitas técnicas de biologia molecular baseiam-se na especificidade de hibridização entre duas moléculas de DNA com sequências complementares. É importante lembrar que a capacidade de um DNA desnaturado de reanelar permite a formação de moléculas híbridas quando segmentos de DNA homólogos e com origem distintas são misturados sob condições apropriadas de forças iônicas e de temperatura. Na identificação de sequências de ácidos nucleicos, são utilizadas sondas (fragmento de DNA purificado ou molécula produzida quimicamente) com sequências definidas, as quais irão procurar moléculas que contenham sequências complementares a ela. Essas sondas de DNA são marcadas para facilitar a sua localização, uma vez que tenham encontrado a sua sequência-alvo. Existem duas metodologias básicas para a marcação do DNA: a adição de marcação a uma das extremidades de uma molécula de DNA intacta, que pode ser realizada, por exemplo, pela enzima polinucleotídeo quinase, que adiciona y-fosfato, geralmente radioativo, a um grupo 5'-OH do DNA; e a síntese de um novo DNA na presença de um precursor marcado (porção fluorescente ou átomos radioativos), a qual pode ser realizada por meio da reação em cadeia da polimerase (PCR) com um precursor marcado ou pela hibridização de pequenos oligonucleotídeos aleatórios ao DNA, permitindo que a DNA-polimerase os estenda. O DNA marcado com precursores fluorescentes pode ser detectado pela irradiação da amostra com luz ultravioleta (UV) com comprimento de onda apropriado e pelo monitoramento da luz emitida em resposta. Enquanto isso, o DNA radioativo pode ser detectado pela exposição da amostra a um filme de raio X ou por fotomultiplicadores, que emitem luz em resposta à excitação pelas partículas β emitidas a partir dos isótopos ^{32}P ou ^{35}S. Existem muitas formas de uso da hibridização para detecção de fragmentos específicos de DNA ou RNA; veja a descrição das duas principais formas a seguir:

- *Southern blot:* é uma técnica que permite a identificação do tamanho de um fragmento específico, o qual contém o gene de interesse. Nesse procedimento, o DNA clivado e separado por eletroforese em gel de agarose é imerso em uma solução alcalina para desnaturar os fragmentos de DNA de fita dupla. Após esse processo, os fragmentos são transferidos para uma membrana positivamente carregada, à qual aderem, criando uma impressão ou "carimbo" (*blot*) do gel. Durante o processo de transferência, os fragmentos de DNA são ligados à membrana em posições equivalentes àquelas assumidas no gel após a eletroforese. O DNA ligado à membrana é, então, incubado com a sonda de DNA contendo uma sequência complementar a uma sequência interna do gene de interesse. **O local em que a sonda hibridiza pode ser detectado por diferentes tipos de filmes ou outros métodos que sejam sensíveis à luz ou aos elétrons emitidos pelo DNA marcado (Figura 6).**

- *Northern blot:* é uma técnica utilizada para identificar um RNA mensageiro (mRNA) específico em uma população de RNAs. Como os mRNAs são curtos, não existe a necessidade da digestão enzimática. Exceto por isso, a técnica é similar à técnica de Southern *blot*. Por exemplo, um pesquisador pode utilizar essa técnica para determinar, em vez do seu tamanho, a quantidade de mRNA na amostra. Essa medida reflete o nível de expressão do gene que codifica o mRNA em questão, podendo, dessa forma, ser utilizada para avaliar quanto de um determinado tipo específico de mRNA está presente em uma célula tratada com um indutor gênico. Além disso, pode ser utilizada para comparar os níveis relativos de mRNA em diferentes tecidos de um organismo. Após o surgimento das transferências de *Southern* e *Northern*, foi desenvolvido um método equivalente para a detecção específica de proteínas, denominado transferência de Western (WATSON et al., 2015).

À medida que o sequenciamento de genomas começou a identificar um grande número de genes, tornou-se necessário o desenvolvimento de tecnologias que permitissem a triagem e a análise de milhares de genes, bem como a análise de um genoma inteiro em uma única etapa. Um avanço nessa direção foi o desenvolvimento da técnica de **microarranjos de DNA**, a qual permite a análise da expressão de milhares de genes simultaneamente. Os microarranjos são baseados na hibridização de ácidos nucleicos, em que o fragmento de DNA é conhecido e usado como sonda para localizar sequências complementares. Em um microarranjo, vários fragmentos de DNA conhecidos são fixados em um suporte sólido (por exemplo, lâmina de vidro, membrana de náilon ou silicone), segundo um padrão ordenado, geralmente uma série de pontos, em que cada ponto apresenta uma sonda diferente. O DNA experimental é extraído das células e, por meio da transcriptase reversa, forma-se o cDNA com a marcação fluorescente. Esse cDNA marcado hibridizará com qualquer sonda complementar. Após a hibridização, a cor do ponto indica a quantidade relativa de mRNA na amostra (BORGES-OSÓRIO; ROBINSON, 2013).

Diagnóstico molecular | 259

1. Os fragmentos de DNA são separados por eletroforese em gel.
2. O gel é imerso em uma solução de álcali para desnaturar o DNA bifilamentar e, então, colocado em uma plataforma com um prato contendo um tampão.

Peso
Papel de absorção

3. Uma membrana é posicionada em cima do gel.

Nitrocelulose ou outra membrana
Gel
Papel de absorção

4. O tampão levado para a camada de cima do papel de absorção passa pelo gel, levando o DNA para a membrana.

Plataforma
Solução de álcali

Membrana
DNA

5. O DNA na membrana é fixada,...

6. ...colocado em um frasco de hibridização com solução que contém uma sonda marcada radioativamente e girado suavemente.

Sonda radioativa

7. A sonda liga-se aos fragmentos de DNA complementares na membrana,...

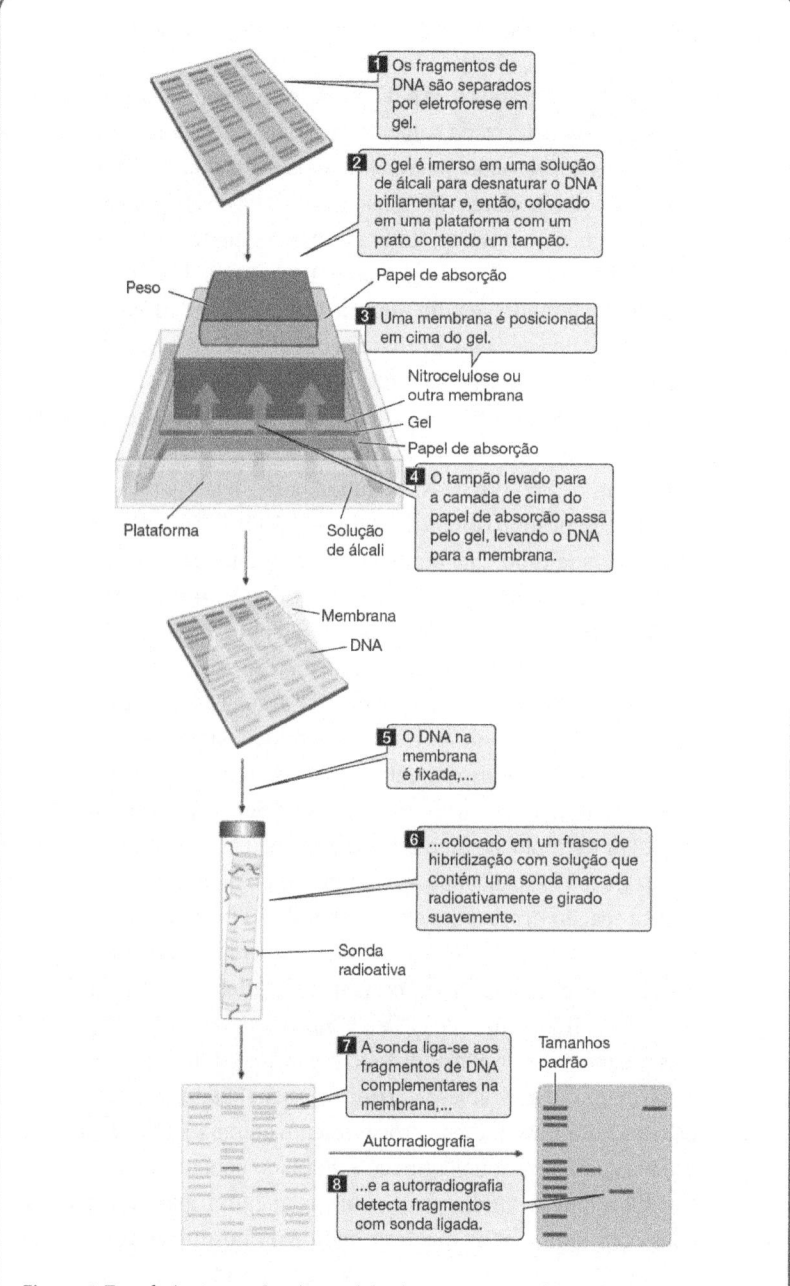

Tamanhos padrão

Autorradiografia

8. ...e a autorradiografia detecta fragmentos com sonda ligada.

Figura 6. Transferência com Southern e hibridização com sondas podem localizar alguns fragmentos de DNA em um grande *pool* de DNA.
Fonte: Borges-Osório e Robinson (2013, p. 570).

Sequenciamento do DNA

Uma molécula de DNA clonado ou de qualquer DNA, de um clone a um genoma, está completamente caracterizada somente quando sua sequência nucleotídica é conhecida. Na técnica de sequenciamento mais utilizada, desenvolvida por Fred Sanger e seus colaboradores (1977), uma molécula de DNA cuja sequência deve ser determinada é convertida em fitas simples, que são utilizadas como molde para sintetizar uma série de fitas complementares. **Cada uma dessas fitas termina aleatoriamente em um nucleotídeo específico diferente.** A série resultante de fragmentos de DNA é separada por eletroforese e analisada para revelar a sequência do DNA. Inicialmente, o DNA é aquecido para desnaturar e formar fitas simples. Esse DNA é misturado com iniciadores que se anelam à sua extremidade 3'. As amostras do DNA de fita simples, ligadas ao iniciador, são distribuídas em quatro tubos. Na segunda parte, a DNA-polimerase e os quatro trifosfatos de desoxirribonucleotídeos (dATP, dCTP, dGTP e dTTP) são adicionados a cada tubo, que também recebem uma pequena quantidade de um desoxirribonucleotídeo modificado, denominado **didesoxinucleotídeo (ddATP, ddCTP, ddGTP e ddTTP)**. Um dos desoxirribonucleotídeos, ou o iniciador, é marcado com radioatividade para análise posterior da sequência. Durante a síntese de DNA, a polimerase ocasionalmente insere um didesoxinucleotídeo, em lugar de um desoxirribonucleotídeo, em uma fita crescente de DNA. **Uma vez que o didesoxinucleotídeo não tem o grupo OH-3', não pode formar uma ligação 3' com outro nucleotídeo, e a síntese de DNA é interrompida.** Por exemplo, no tubo com adição de ddATP, a polimerase insere ddATP, em vez de dATP, causando a interrupção do alongamento da cadeia. À medida que a reação prossegue, o tubo com ddATP acumulará moléculas de DNA que terminam em todas as posições que contêm adenina (A). Nos outros tubos, as reações cessam em citosina (C), guanina (G) e timina (T), respectivamente. Os fragmentos de DNA de cada tubo de reação são separados em canaletas adjacentes por eletroforese em gel. O resultado é uma série de bandas que formam um padrão escalariforme, visualizado pela revelação do filme exposto ao gel. Entretanto, no procedimento automatizado, cada um dos quatro análogos de didesoxinucleotídeos é marcado com um corante fluorescente de cor diferente, de modo que as cadeias que terminam em adenosina são marcadas com uma cor, as que terminam em citosina, com outra cor, e assim por diante. Os quatro didesoxinucleotídeos são adicionados a um único tubo e, depois da extensão do iniciador pela DNA-polimerase, os produtos da reação são aplicados em uma canaleta de um gel. Esse gel é escaneado com laser, levando cada banda a fluorescer em cores diferentes. Um detector, na máquina de sequenciamento, lê a cor de cada banda e determina se essa cor representa A, T, C ou G. Os dados são representados como uma série de picos coloridos, cada um correspondente a um nucleotídeo da sequência (KLUG et al., 2012) (Figura 7).

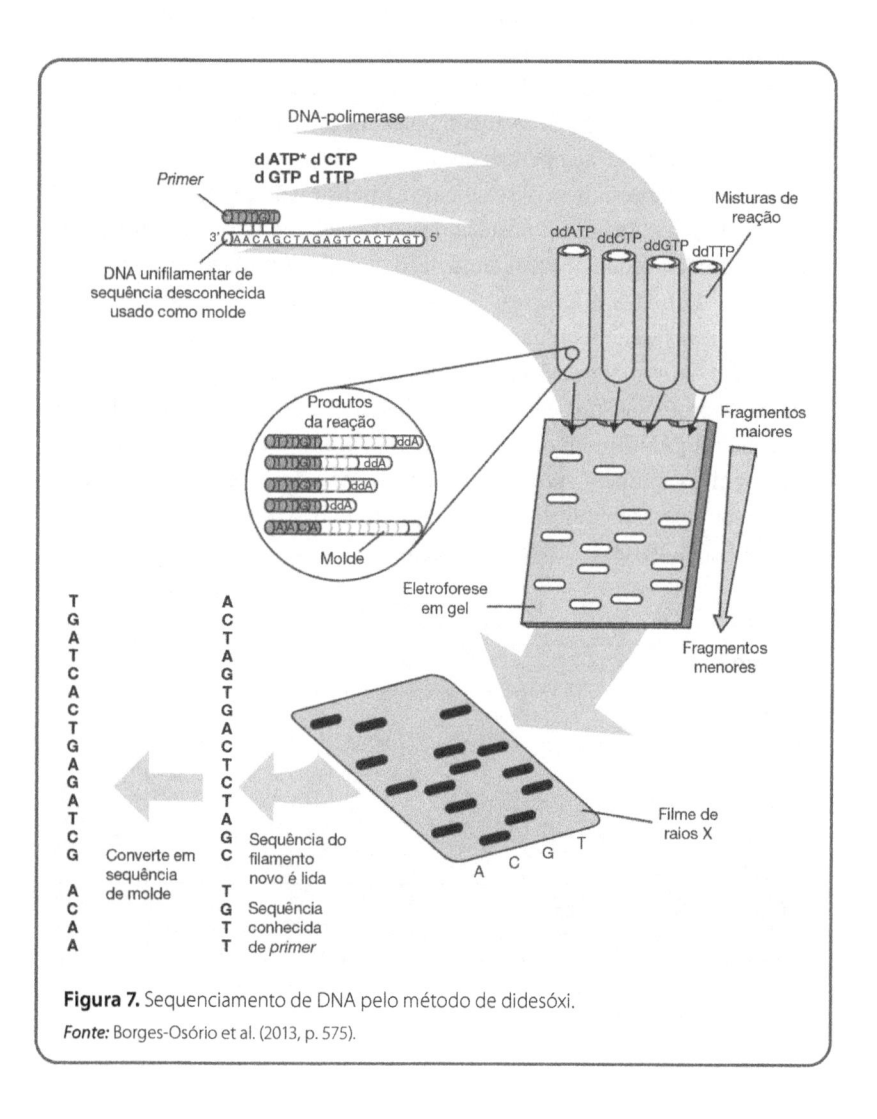

Figura 7. Sequenciamento de DNA pelo método de didesóxi.
Fonte: Borges-Osório et al. (2013, p. 575).

A importância das técnicas de biologia molecular

A **engenharia genética** é uma ciência que trata da manipulação do material genético, podendo ser considerada como um conjunto de procedimentos que resultam em uma alteração predeterminada e dirigida no genótipo de um organismo. Nesse contexto, destaca-se a tecnologia do DNA recombinante, que consiste em um grupo de técnicas moleculares com o objetivo de localizar, isolar, alterar e estudar segmentos de DNA. Esses procedimentos são técnicas experimentais que permitem o isolamento e a purificação de sequências de DNA por meio de sua clonagem e posterior manipulação *in vitro*. O termo recombinante é usado porque, frequentemente, o objetivo é realizar a recombinação entre DNA de fontes diferentes. Além disso, por seu intermédio, é possível realizar a transferência de genes de mamíferos para bactérias, tornando-as verdadeiras "microfábricas" capazes de produzir quantidades relativamente grandes de proteínas, tais como hormônios, interferons, vacinas, endorfinas, fatores da coagulação sanguínea e produtos farmacêuticos, como a insulina. Essas técnicas também são utilizadas na ciência forense, para o estudo da paternidade e para identificar ou excluir possuir possíveis suspeitos (Quadro 1) (BORGES-OSÓRIO; ROBINSON, 2013).

Quadro 1. Principais aplicações da tecnologia do DNA recombinante

Geral
Conhecimento da estrutura, localização e função gênicas
Detecção da base mutacional de muitas doenças monogênicas humanas
Sequenciamento do genoma humano
Estudo de polimorfismos de DNA
Mapeamento gênico

Genética de populações
Relação da estrutura populacional com a doença

Genética clínica
Diagnóstico pré-natal
Diagnóstico pré-sintomático
Detecção de heterozigotos
Diagnóstico e patogênese de doenças

Quadro 1. Principais aplicações da tecnologia do DNA recombinante

Biossíntese de substância orgânicas: insulina, hormônio do crescimento, fator VIII da coagulação, interferons, interleucina e outras proteínas de importância médica e econômica

Tratamento das doenças genéticas
Terapia gênica

Melhoramento animal e vegetal
Criação de modelos animais

Agricultura
Fixação de nitrogênio, etc.

Genética forense
Investigação de paternidade
Criminalística

Fonte: Adaptado de Borges-Osório e Robinson (2013, p. 571).

Enquanto isso, a **biotecnologia** está relacionada com a utilização de organismos vivos para criar um produto ou um processo que propicie a melhoria da qualidade de vida dos humanos ou de outros organismos.

A biotecnologia teve um grande desenvolvimento a partir da tecnologia do DNA recombinante, mas é uma ciência muito antiga, podendo ser definida como o conjunto de processos industriais que utilizam sistemas biológicos, envolvendo, em alguns casos, o uso de microrganismos manipulados geneticamente. Assim, a biotecnologia abrange, tradicionalmente, as tecnologias de fermentação, a cultura de microrganismos, a cultura de tecidos animais e vegetais e a tecnologia enzimática. No entanto, as técnicas mais modernas envolvem aplicações tecnológicas em saúde, agropecuária, energia, industrialização de alimentos, química fina e, atualmente, já é possível a criação de clones e novos seres transgênicos. A aplicação dessas técnicas permite não só a compreensão dos processos moleculares que ocorrem desde o gene até ao organismo inteiro, como também o desenvolvimento de uma ampla gama de testes laboratoriais para detecção, diagnóstico e tratamento de doenças genéticas. Duas tecnologias complementares, a clonagem molecular e a PCR, foram precursoras no desenvolvimento de

(Continua)

(Continuação)

mais de uma dezena de técnicas utilizadas para o estudo e diagnóstico das doenças genéticas monogênicas e multifatoriais (BORGES-OSÓRIO; ROBINSON, 2013). A seguir, estão descritas as contribuições de algumas das aplicações da tecnologia do DNA recombinante no diagnóstico de doenças e na medicina forense:

- A técnica de PCR foi utilizada, pela primeira vez, na amplificação de DNA genômico para detecção de mutações associadas à anemia falciforme. Desde então, várias outras doenças, como talassemias, distrofia muscular de Duchenne, síndrome de Lesch-Nyham, fenilcetonúria, fibrose cística, doença de Tay-Sachs e doença de Gaucher, têm sido diagnosticadas pela identificação de mutações utilizando o PCR. Para algumas doenças em que a predisposição genética é bastante alta, como doenças cardiovasculares e doenças autoimunes, o uso da PCR tem sido de grande utilidade. Por exemplo, mutações no gene do receptor de lipoproteína de baixa densidade (LDL) e polimorfismos nos lócus da apolipoproteína E (ApoE) e apolipoproteína A (ApoA) têm sido detectados por PCR e relacionados com o risco de doenças cardiovasculares. Além disso, a técnica de PCR tem tido uma grande influência no desenvolvimento do diagnóstico de doenças provocadas por vírus, bactérias, fungos e protozoários. Os vírus, como o da imunodeficiência humana tipos 1 e 2 (HIV-1 e HIV-2), do linfotrópico de célula T tipos I e II (HTLV-I e HTVL-II), que causam leucemia, da hepatite B (HBV), do citomegalovírus (CMV) e do papiloma humano (HPV), bem como protozoários parasitas, tais como *Giardia lamblia*, *Leishmania donovani* e *Trypanosoma*, têm sido detectados por PCR. Infecções bacterianas, como, por exemplo, aquelas causadas por *Mycobacterium tuberculosis*, *Neisseria meningitidis* e *Vibrio cholera* também têm sido diagnosticadas por essa técnica (Figura 8) (ZAHA; FERREIRA; PASSAGLIA, 2014).

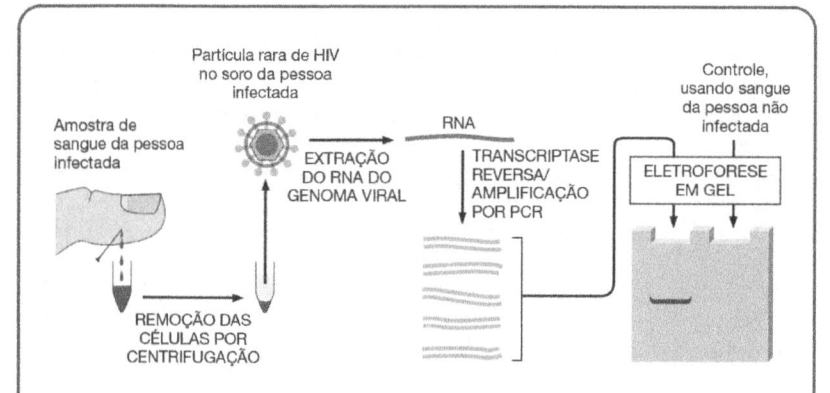

Figura 8. A PCR pode ser utilizada para detectar a presença de um genoma viral em uma amostra de sangue. Por causa da sua capacidade de amplificar muito o sinal a partir de cada molécula única de ácido nucléico, a PCR é uma metodologia extremamente sensível para detectar quantidades mínimas de vírus em uma amostra de sangue ou de tecido sem a necessidade de purificar o vírus.
Fonte: Borges-Osório e Robinson (2013, p. 564).

- Na medicina forense, a técnica de PCR tem sido utilizada porque apresenta alta sensibilidade, mesmo para amostras com mínimos traços de sangue e tecido e que conteriam restos de somente uma célula. Nesses casos, ainda é possível obter uma impressão digital do DNA (*fingerprinting*) da pessoa investigada. Usando um conjunto cuidadosamente selecionado de pares de iniciadores que abrangem as sequências altamente variáveis do genoma humano, a PCR pode gerar uma impressão digital característica do DNA de cada indivíduo. Atualmente, as sequências VNTR (de *variable number of tandem repeats* ou número variável de repetição em tandem) têm sido analisadas por PCR. Essas sequências nucleotídicas curtas, repetidas de 20 a 100 vezes, apresentam um padrão que varia de pessoa para pessoa, a menos que sejam geneticamente idênticas, como no caso de gêmeos monozigóticos (ZAHA; FERREIRA; PASSAGLIA, 2014).

Saiba mais

As sequências de DNA analisadas são repetições curtas em sequência (STRs, *short tandem repeats*). O número de repetições em cada lócus STR é bastante variável na população, vai de 4 a 40 em diferentes indivíduos. Por causa da variabilidade nessas sequências, os indivíduos, normalmente, herdam um número diferente de repetições em cada lócus STR a partir de sua mãe e de seu pai. Portanto, dois indivíduos não relacionados raramente contêm o mesmo par de sequências em um determinado lócus STR. A PCR utilizando iniciadores que reconhecem sequências únicas em cada lado de um determinado lócus STR produz um par de bandas de DNA amplificado a partir de cada indivíduo, uma banda que representa a variante da STR materna e a outra que representa a variante da STR paterna. O comprimento do DNA amplificado e, portanto, sua posição após a eletroforese em gel, dependerá do número exato de repetições no lócus. No exemplo esquemático mostrado na Figura 9 a seguir, os mesmos três *loci* são analisados em amostras a partir de três suspeitos (indivíduos A, B e C), produzindo seis bandas para cada indivíduo. O padrão de bandas pode ser utilizado como uma "impressão digital do DNA" para identificar um indivíduo de forma única. A quarta canaleta (F) contém os produtos da mesma amplificação por PCR realizada com uma amostra de DNA forense hipotética, que pode ter sido obtida a partir de um único fio de cabelo ou de uma mancha de sangue deixada na cena do crime. No caso aqui mostrado, os indivíduos A e C podem ser eliminados das investigações, enquanto B é um evidente suspeito. Uma abordagem similar é utilizada rotineiramente para teste de paternidade.

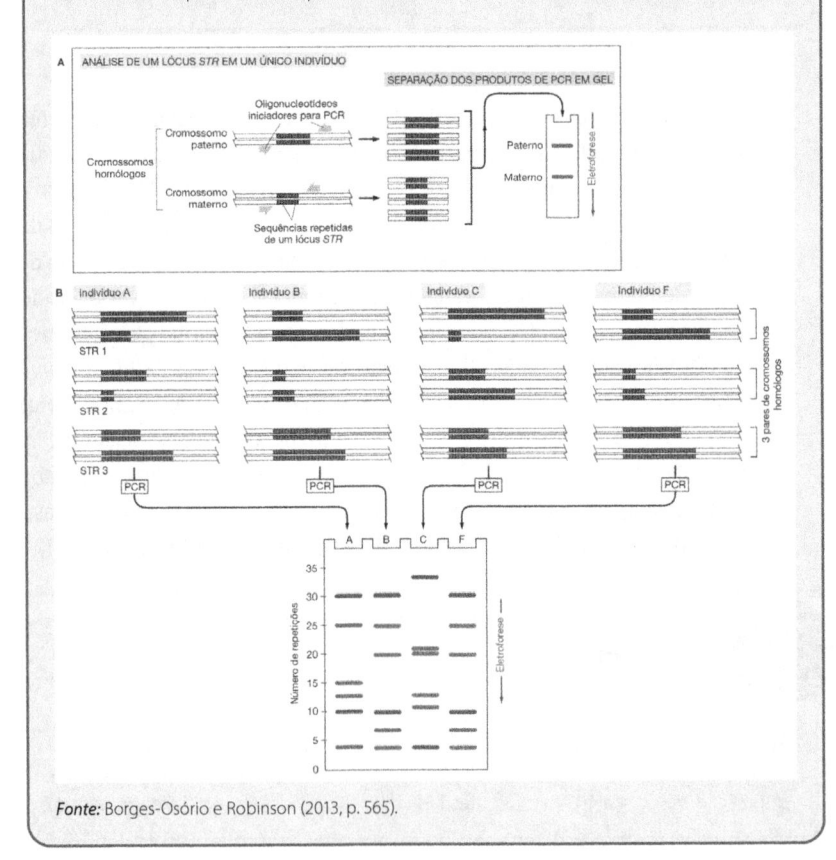

Fonte: Borges-Osório e Robinson (2013, p. 565).

- Muitas doenças genéticas podem ser detectadas no feto (diagnóstico pré-natal) por meio das técnicas de estudo do DNA. Entre essas técnicas, podemos destacar:
  - a detecção de mutações pontuais conhecidas, mutações de emenda ou pequenas inserções ou deleções por: (a) análise por endonuclease de restrição para detectar mutações que alteram os sítios de restrição; (b) hibridização de nucleotídeos aleloespecífico; (c) amplificação por PCR e sequenciamento automático direto;
  - a detecção de mutações desconhecidas por amplificação por PCR;
  - a detecção de grandes inserções, expansões, deleções, rearranjos estruturais maiores por: (a) análise da transferência de *Southern*; (b) amplificação por PCR;
  - análise baseada na ligação, usando polimorfismos de DNA intragênico, para diagnósticos de doenças que apresentam muitas mutações patogênicas e quando a mutação específica é desconhecida (BORGES-OSÓRIO; ROBINSON, 2013).

Exercícios

1. A era do DNA recombinante teve início em 1971, com um artigo publicado por Kathleen Danna e Daniel Nathans que descreveu o isolamento de uma enzima de linhagem bacteriana e o uso dessa enzima para clivar o DNA viral em sequências nucleotídicas específicas. Sobre a tecnologia do DNA recombinante, assinale a alternativa correta.
   a) A tecnologia baseia-se na troca de segmentos gênicos entre organismos da mesma espécie, formando um ser recombinante.
   b) As enzimas de restrição são especializadas em clivar fragmentos de DNA em sítios aleatórios presentes na molécula.
   c) A reação em cadeia da polimerase permite a amplificação de fragmentos curtos de DNA, podendo ser utilizada para produzir grandes quantidades de fragmentos de DNA de qualquer ser vivo.
   d) Os vetores de DNA devem apresentar diversas origens de replicação, uma marca de seleção que permita a sua identificação e diversos sítios para enzimas de restrição.
   e) Durante o processo de transformação, o DNA recombinante é misturado com células hospedeiras que, normalmente, absorvem mais de uma molécula de DNA externo.

2. Ao preparar uma reação de cadeia da polimerase (PCR), que conjuntos de iniciadores, dos três conjuntos listados a seguir, você escolheria para amplificar a sequência mostrada como uma série de asteriscos?

5'-TTAAGATCCGTTACGTATGC******AACCCGTTCCTACGAACCTT-3'
3'-AATTCTAGGCAATGCATACG******TTGGGCAAGGATGCTTGGAA-5'

Iniciadores:
Conjunto 1: 5'-TTAAGATCCGTT-3'   5'-CGTTCCTACGAA-3'
Conjunto 2: 5'-GATCCGTTACGT-3'   5'-TTCGTAGGAACG-3'
Conjunto 3: 5'-CGTATGCATTGC-3'   5'-TTCCAAGCATCC-3'

Fonte: Klug et al. (2012, p. 347)

a) Conjunto 1 e 2.
b) Conjunto 2 e 3.
c) Somente o conjunto 1.
d) Somente o conjunto 2.
e) Todos os conjuntos.

3. As sequências VNTR (de *variable number of tandem repeats* ou número variável de repetição em tandem) têm sido analisadas por PCR para determinar a impressão digital característica do DNA de cada indivíduo (*fingerprinting*). Você faz parte da equipe de um laboratório de biologia molecular que recebeu para análise amostras de DNA de um casal e de seus cinco possíveis filhos. O resultado do teste para identificar o filho do casal está representado na figura a seguir, em que as barras escuras correspondem aos genes compartilhados.

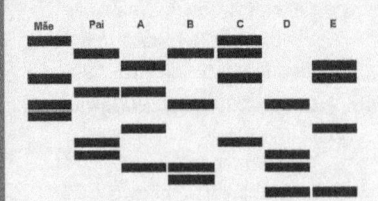

Após análise do resultado, qual dos indivíduos (A até E) é filho do casal?

a) A.
b) B.
c) C.
d) D.
e) E.

4. Muitas técnicas de biologia molecular baseiam-se na especificidade de hibridização entre duas moléculas de DNA com sequências complementares. Sobre as técnicas de hibridização, assinale a alternativa correta.

a) A capacidade de um DNA desnaturado de reanelar permite a formação de moléculas híbridas quando segmentos de DNA homólogos e com origem distintas são misturados sob condições apropriadas.
b) As sondas são fragmentos de DNA purificados ou moléculas produzidas artificialmente que irão procurar moléculas que contenham sequências iguais a elas.
c) A técnica de Northern *blot* permite a identificação do tamanho de um fragmento específico de DNA, o qual contém o gene de interesse.
d) A técnica de Southern *blot* é utilizada para identificar um mRNA específico em uma população de RNAs.
e) Os microarranjos de DNA são baseados na hibridização de ácidos nucleicos, em que o fragmento de DNA experimental é usado como sonda para localizar sequências complementares.

5. O termo "biotecnologia" surgiu no século XX, quando o cientista Herbert Boyer introduziu a informação responsável pela fabricação da insulina humana em

uma bactéria, de modo que ela passasse a produzir a substância. Essas bactérias passaram a produzir insulina humana porque receberam:
a) a sequência de DNA codificante da insulina humana.
b) a proteína sintetizada por células humanas.
c) um RNA recombinante da insulina humana.
d) o RNA mensageiro de insulina humana.
e) um cromossomo da espécie humana.

Referências

BORGES-OSÓRIO, M. R.; ROBINSON, W. M. *Genética humana*. 3. ed. Porto Alegre: Artmed, 2013.

KLUG, W. et al. *Conceitos de genética*. 9. ed. Porto Alegre: Artmed, 2012.

WATSON, J. D. et al. *Biologia molecular do gene*. 7. ed. Porto Alegre: Artmed, 2015.

ZAHA, A.; FERREIRA, H. B.; PASSAGLIA, L. M. P. (Org.). *Biologia molecular básica*. 5. ed. Porto Alegre: Artmed, 2014.

Leitura recomendada

ALBERTS, B. et al. *Biologia molecular da célula*. 6. ed. Porto Alegre: Artmed, 2017.